JN302688

An
Introduction
to Statistical
Science

統計科学の基礎
データと確率の結びつきがよくわかる数理
白石高章

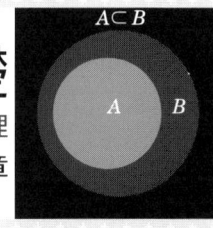

$A \subset B$

日本評論社

まえがき

　10 年前，統計学の進化として統計科学という用語を使うことが増え始めた．2003 年，著者は，教科書及び参考書として，日本評論社から，「統計科学」の題目で出版した．当時と異なり，統計科学はめまぐるしく進展し，新しい分野も開拓され，副題目に「統計科学」という用語が入った専門書が多く出版されている．今日，2003 年の題目で改訂することは教科書としてふさわしくない．統計科学の細分化された専門分野を理解するための数理の基礎として，執筆することが教科書として適している．このため，本書の題目を「統計科学の基礎」とし，初歩の統計，確率基礎論，統計的推測の一般論，1,2 標本モデルにおける統計解析について論述している．これにより，統計理論の基礎と統計的考え方が身につく．大学 1 年の教養で開講されている線形代数と微分積分学を習った後に，本書は学習されることを前提とし，数理統計理論の初学者を対象としている．

　読みやすく配慮した特長と興味のもてる内容は，次の (1)〜(7) である．特に，(5)〜(7) は最近の著者の研究内容が含まれており，理論と応用両方にインパクトがある．

　(1)　統計学の基礎となる事象，確率測度，確率変数の理解でつまずく学生も多い．確率の基礎は，論理の綺麗な部分である．しかしながら，論理が弱いと理解することが難しい．この理解を容易にするために，数理論理学 (記号論理学) の初歩を説明することから始める．統計学の書籍では初めてであるが理解を円滑にする入り方である．近年，微分積分学の本では，はじめに数理論理学の初歩を説明したものが増えている．これにならっている．また，第 2 章 2.1 節の「数理論理と事象」は，高等学校の数学の教科書の項目「論理と集合」に対応している．高校時代曖昧であった論理が記号論理を介して明瞭に理解出来る．

　(2)　統計学の理論の構築に，微分積分学と行列の知識が頻繁に使われている．使われる直前に，微分積分学と行列の内容を説明する．忘れていなければ確認程度に読んでもらうとよい．知識としてもっておいてもらいたいが理解の難しい微分積分学，極限分布の証明は，巻末の付録に書いている．

(3) 通常の統計学の教科書は，各章の最後に演習問題をいれている．本書では，定義や定理の直後に，それに関係した難しくない演習問題を配置している．これにより，順を追って円滑に理解できるようにしている．

(4) 現在高等学校の教科書で使われている記号と用語を出来る限りとりいれた．また，通常の数理統計学の教科書よりも行間を埋める必要がないように証明や解説を詳しくしている．

(5) 市販されているほとんどの統計書において，連続型のデータに関しては，正規分布に従う場合の推測論だけを載せている．これではデータ解析としては十分でないので，観測値の従う分布が未知であっても統計解析が可能な順位に基づくノンパラメトリック法も論じている．ノンパラメトリック論は，検定と信頼区間に関して，正確な手法と漸近的な手法を紹介している．さらに，分布と外れ値に関する頑健性も解説している．6.5 節にノンパラメトリック法に関して，独立性などの設定条件を緩くすることができることを述べている．

(6) 2 項分布の理論を使う比率のモデルに関する手法は，統計学の教科書ならば必ず書かれている．この場合，F 分布を使った正確な手法とよばれている推測法とストレートに中心極限定理を適用した大標本理論による手法のいずれかが紹介されている．著者の最近の研究で，正確な手法とよばれている推測法は，実は正確に保守的な推測法であることが分かり，すべての文献に正則条件も不足していることを発見した．これらの内容を第 7 章で厳密に記述し，その解説を載せている．さらに，大標本理論に基づくいくつかの手法を論述する．第 7 章の最後の節に，連続モデルの場合との漸近的な相違を述べる．

(7) 稀におこる現象の回数はポアソン分布に従う．ポアソン分布に従う観測値のデータは，大きな地震の回数，交通事故の件数などいくらでも存在し，ポアソンモデルの統計手法は重要である．しかしながら，比率のモデルに関する手法と同様に，正確な手法とよばれている推測法は，正確に保守的な推測法であり，すべての文献で正則条件も不足している．これらの内容を第 8 章に厳密に解説している．第 8 章の最後の節で，紹介した統計手法を使って，東日本大地震のデータを解析する．

統計システム「Excel」は進化によるバージョンアップがおき，使い方やコマンドが変化している．このため，このシステムの使用方法は，本文中に入れてい

ない．本書の内容で統計システムを使った方が良い場合に対して，「Excel」の使用方法を Website

$$\text{http://www.st.nanzan-u.ac.jp/info/marble/sckiso.html}$$

に掲載している．この Website の更新も逐次行う．演習問題の解答も，この Website に載せている．

　南山大学情報理工学部の木村美善教授には，原稿を丁寧に読んでいただき，有益な意見を頂戴し，大変感謝致します．出版をお世話された日本評論社編集部の佐藤大器氏にお礼申し上げます．

2012 年 7 月
白石 高章

目　次

まえがき　　i

記号一覧　　viii

第1章　データの要約と記述　　1
1.1　データの種類　　1
1.2　度数分布とグラフ　　5
1.3　標本特性値　　8
1.4　2次元データの相関と単回帰　　12
1.5　身長・体重データの解析　　21
1.6　頑健性　　25

第2章　確率の概念　　27
2.1　数理論理と事象　　27
2.2　確率測度とその基本的性質　　37
2.3　条件付確率と事象の独立性　　42
2.4　確率変数と分布関数　　48
2.5　分布の特性値　　57
2.6　2次元分布　　64
2.7　多次元分布　　73
2.8　確率変数の変数変換　　82

第3章　基本分布　　89
3.1　微分積分の基本定理　　89
3.2　特性関数　　91
3.3　1次元正規分布　　93
3.4　行列の基本定理とその性質　　99
3.5　多次元正規分布　　103
3.6　正規標本から導かれる分布　　110
3.7　離散多変量分布　　122
3.8　確率変数の和の極限分布　　126

第 4 章　統計的推測論　135

- 4.1　モデルの数理的表現 ································· 135
- 4.2　仮説検定と考え方 ··································· 137
- 4.3　推定論 ··· 147

第 5 章　1 標本連続モデルの推測　155

- 5.1　対称な連続分布 ····································· 155
- 5.2　モデルの設定 ······································· 164
- 5.3　正規母集団での最良手法 ····························· 165
- 5.4　ノンパラメトリック法 ······························· 167
- 5.5　手法の比較 ··· 176
- 5.6　分布の探索 ··· 178
- 5.7　データ解析 ··· 180

第 6 章　2 標本連続モデルの推測　183

- 6.1　モデルの設定 ······································· 183
- 6.2　正規母集団での最良手法 ····························· 185
- 6.3　ノンパラメトリック法 ······························· 188
- 6.4　手法の比較 ··· 194
- 6.5　設定条件の緩和 ····································· 197

第 7 章　比率モデルの推測　201

- 7.1　2 項分布 ··· 201
- 7.2　1 標本モデルにおける小標本の推測法 ················· 205
- 7.3　1 標本モデルにおける大標本の推測法 ················· 213
- 7.4　2 標本モデルの推測法 ······························· 216
- 7.5　連続モデルの場合との漸近的な相違 ··················· 221

第 8 章　ポアソンモデルの推測　223

- 8.1　ポアソン分布 ······································· 223
- 8.2　1 標本モデルにおける小標本の推測法 ················· 227
- 8.3　1 標本モデルにおける大標本の推測法 ················· 233
- 8.4　2 標本モデルの推測法 ······························· 235
- 8.5　地震データの解析 ··································· 239

第 9 章　尤度による推測法の導き方　243
9.1　最尤推定量 ･･････････････････････････････････････ 243
9.2　尤度比検定 ･･････････････････････････････････････ 245
9.3　順位検定の導き方 ････････････････････････････････ 248

付録 A　基礎数学と残された部分の証明　251
A.1　微分積分学 ･･････････････････････････････････････ 251
A.2　本論で残した部分の証明 ･････････････････････････ 254

付録 B　分布の数表と参考文献　261
B.1　数表 ･･ 261
B.2　参考文献 ･･ 265

あとがき　267

索引　269

記号一覧

$p \iff q$	p と q は同値
$p \implies q$	p ならば q である
$a \equiv b$	b を a とおくの意味
$[x]$	x を超えない最大の整数,ガウス記号とよばれている. 例：$[3.7] = 3, [-7.3] = -8$
R	実数全体の集合
R^n	n 次元ユークリッド空間
$P(\cdot)$	確率測度
H_0	帰無仮説
H_1, H_2, H_3	対立仮説
$P_0(\cdot)$	帰無仮説の下での確率測度
$E(X)$	X の期待値
$E_0(X)$	帰無仮説の下での X の期待値
$V(X)$	確率変数 X の分散または確率ベクトル X の分散共分散行列
$V_0(X)$	帰無仮説の下での X の分散または分散共分散行列
$I_A(x)$	$I_A(x) = 1\ (x \in A);\ I_A(x) = 0\ (x \in A^c)$
$\#A$	有限集合 A の要素の個数
$\det(\boldsymbol{A})$	正方行列 $\boldsymbol{A}$ の行列式
$\mathrm{tr}(\boldsymbol{A})$	正方行列 $\boldsymbol{A}$ の対角成分の和
$\mathrm{rank}(\boldsymbol{A})$	行列 $\boldsymbol{A}$ の階数
$\boldsymbol{A}^T$	行列 $\boldsymbol{A}$ の転置行列
$\boldsymbol{a}^T$	行または列ベクトル $\boldsymbol{a}$ の転置
$\mathrm{diag}(c_1, \cdots, c_n)$	対角成分が $c_1, \cdots, c_n$ でその他の成分が 0 の n 次対角行列
$\boldsymbol{I}_n$	n 次の単位行列
$\boldsymbol{1}_n$	すべての成分が 1 の n 次元列ベクトル
(列ベクトル $\boldsymbol{x} = (x_1, \cdots, x_n)^T$ に対しても $g(\boldsymbol{x})$ を $g(x_1, \cdots, x_n)$ で表示)	
$U(0,1)$	$(0,1)$ 上の一様分布
$N(\mu, \sigma^2)$	平均 μ,分散 σ^2 の正規分布
$X \sim D$	X は分布 D に従う
$\varphi(x)$	標準正規分布 $N(0,1)$ の密度関数
$\varPhi(z)$	標準正規分布の分布関数
$\exp(y)$	e^y の意味
$\phi(\boldsymbol{X})$	検定関数
α	有意水準
$z(\alpha)$	$N(0,1)$ の上側 α 点
χ_n^2	自由度 n のカイ二乗分布
t_n	自由度 n の t 分布
F_n^m	自由度 (m,n) の F 分布

$\xrightarrow{P}$	確率収束
$\xrightarrow{\mathcal{L}}$	分布収束
$\prod_{i=1}^{n} c_i$	$c_1, c_2, \cdots, c_n$ の n 個の積
$\bar{X}_n$	サイズ n の標本平均
$\bar{X}, \bar{Y}$	標本平均
T_S	正規分布のときの最良検定統計量
T_R	順位検定統計量
Z_R	正規化順位検定統計量
$\mathcal{R}_n \equiv \{\boldsymbol{r} \mid \boldsymbol{r} = (r_1, \cdots, r_n)$ は $(1, 2, \cdots, n)$ の各要素を並べ替えたベクトル$\}$	
$\mathcal{V}_n \equiv \{\boldsymbol{v} \mid \boldsymbol{v} = (v_1, \cdots, v_n)$ は $(x_{(1)}, \cdots, x_{(n)})$ の各要素を並べ替えたベクトル$\}$	
$\mathcal{S}_n \equiv \{\boldsymbol{s} \mid \boldsymbol{s} = (s_1, \cdots, s_n)$ で, 各 s_i は 1 または $-1\}$	
$\tilde{\delta}, \tilde{\mu}, \tilde{\sigma}^2$	正規分布の下での一様最小分散不偏推定量
$\hat{\delta}, \hat{\mu}$	順位推定量
$o(a_n)$	ランダウ記号 小文字のオー. 例: $\lim_{n \to \infty} o(a_n)/a_n = 0$

ギリシャ文字の読み方

α	アルファ	β	ベータ
Γ, γ	ガンマ	Δ, δ	デルタ
ε	エプシロン	ζ	ゼータ
η	エータ	Θ, θ	シータ
Λ, λ	ラムダ	μ	ミュー
ν	ニュー	Ξ, ξ	クシー
ρ	ロー	Σ, σ	シグマ
τ	タウ	Φ, ϕ, φ	ファイ
χ	カイ	Ψ, ψ	プシイ
Ω, ω	オメガ		

第 1 章

データの要約と記述

データを整理し，表やグラフを作ったり，標本特性値とよばれる数式などを使って，初歩的な統計解析方法を学ぶ．観測値の例として主に身長体重の生データを基にして，初歩的な統計解析で多くのことを調べることができることを示すと同時に，問題点も指摘する．

1.1 データの種類

調査や実験により，各個体の観測値 (数量や属性) を得ることができる．これらの観測値をまとめたものを**データ**という．データを得るには労力だけでなく費用を要することが多く，データを採る前にどういう対象で何を分析するかを決める必要がある．

たとえば，20 歳男性の身長の平均，小学 6 年生における肥満児の割合，首都圏における一戸建て敷地面積の平均，従来の風邪薬に対する新薬の効果，車種別の自動車の寿命などを考えた場合，対象は，それぞれ，20 歳の男性，小学 6 年生，首都圏における一戸建て，風邪の患者，自動車であり，分析は，それぞれ，身長の平均，肥満児の割合，敷地面積の平均，従来の薬よりも新薬の方が効果があるかどうか，車種別の平均寿命である．

統計学では対象の全体を**母集団**という．母集団の個々のデータがすべて得られ

ることは少ない，20歳男性の身長すべてを調査することは費用の面からも時間の面からも困難であり，その他の上であげた例も同様のことがいえる．現実的には，何回かの調査または実験によりいくつかのデータを無作為に抽出し，集めたデータにより母集団の特徴をこの本で述べる**統計的手法**により分析することとなる．

集められたデータを**標本**といい，母集団から標本を採ることを**標本抽出**という．母集団から無作為に抽出された標本とは，母集団から**ランダム**に抜き取られた標本で，母集団を公平に代表する標本にほかならない．標本抽出によって得られたデータにはいくつかの型がある．身長，体重，通学距離，さいころの目，世帯あたりの子供の数，試験の点など数量であらわされたものを**量的データ**という．量的データのなかで，身長，体重，通学距離などのように連続的な実数値として数量化可能なものを**連続型**のデータといい，さいころの目，世帯あたりの子供の数，試験の点など整数もしくはもっと広い意味の離散的な数値としてのみ表示できるものを**離散型**のデータという．

コイン投げ，性別，学歴，職業，天候などのように数値で表さない量的データとは異なるものを**質的データ**という．質的データは整数と対応させることによって離散型の量的データに変換することができる．たとえば，コイン投げのデータでは表を1裏を0に対応させればよい．

$$
\text{データ} \begin{cases} \text{量的データ} \begin{cases} \text{連続型のデータ} \\ \text{離散型のデータ} \end{cases} \\ \text{質的データ} \end{cases}
$$

$$
\text{量的データ} \xrightarrow{\text{変換可能}} \text{質的データ} \xrightarrow{\text{変換可能}} \text{離散型のデータ}
$$

表1.1は首都圏にある公立大学文系1年生の女子学生とその親の身長と体重のデータである．各データの小数第1位を四捨五入し一定数を引いて表にしている．今後は，この数値を使用していく．

表1.2は女子学生の身長データだけを取り出したものである．表1.2は1人につき1つの数値が与えられている．この表でまとめられたデータを**1次元データ**という．表1.1をもとに1人の学生につきその人の身長と体重をペアにした表

表 1.1 女子学生と親の身長と体重 (cm, kg)

女子学生		父親		母親		女子学生		父親		母親	
身	体	身	体	身	体	身	体	身	体	身	体
121	55	120	53	105	55	108	48	105	46	100	44
119	53	127	77	111	50	108	60	122	67	103	59
118	55	126	72	110	53	108	44	122	82	103	45
117	59	120	70	110	56	108	48	121	53	102	51
116	54	115	70	110	51	108	54	125	82	113	57
116	63	126	75	112	61	107	50	114	65	103	45
115	49	125	75	110	55	107	54	114	54	103	53
115	53	116	63	110	46	107	53	123	58	103	54
115	54	119	64	113	60	107	45	122	62	105	55
114	53	115	59	103	45	107	47	119	55	111	53
114	53	125	63	108	53	106	47	123	72	102	49
113	50	120	69	103	49	106	48	122	75	111	48
113	48	119	65	101	53	106	47	117	59	103	68
112	51	115	64	108	54	106	49	118	68	97	43
112	47	124	68	106	59	105	54	123	79	103	45
112	55	113	60	108	48	105	52	115	70	100	46
112	53	129	72	106	47	105	45	120	70	107	53
112	53	115	65	107	60	105	52	114	69	104	46
111	55	118	55	107	43	105	40	120	65	99	50
111	49	113	54	101	56	105	50	124	68	100	48
111	61	125	68	115	55	105	56	110	65	106	64
111	48	127	69	110	60	105	58	112	60	106	56
110	61	111	60	104	50	105	48	120	68	110	60
110	48	118	65	107	46	105	41	114	64	103	53
110	53	115	63	110	56	103	52	113	63	101	43
109	55	110	46	100	48	102	44	113	65	103	51
109	49	110	51	106	54	102	47	115	65	104	68
109	49	122	56	106	46	102	39	116	63	97	52
109	62	121	55	95	48	102	47	123	76	101	48
109	52	115	60	100	49	102	45	125	70	112	55
109	47	114	60	108	53	102	43	110	48	98	45
109	49	120	64	109	70	101	48	113	70	105	53
108	57	120	72	112	60	100	43	113	60	103	54
108	53	128	78	94	41	100	45	113	68	104	53

注：身は身長を表し，体は体重を表す

表 1.2 女子学生の身長 (cm)

121	119	118	117	116	116	115	115	115	114	114	113
113	112	112	112	112	112	111	111	111	111	110	110
110	109	109	109	109	109	109	109	108	108	108	108
108	108	108	107	107	107	107	107	106	106	106	106
105	105	105	105	105	105	105	105	105	105	103	102
102	102	102	102	102	101	100	100				

表 1.3 大学院生の興味ある新聞記事

性	記事	性	記事	性	記事	性	記事	性	記事
男	一面	女	一面	男	社会	男	一面	女	一面
女	テレビ	男	一面	男	スポーツ	男	テレビ	男	スポーツ
男	一面	女	テレビ	男	スポーツ	女	一面	男	一面
男	一面	女	テレビ	男	スポーツ	男	一面	男	スポーツ
男	一面	男	テレビ	男	一面	男	テレビ	男	一面
女	一面	男	一面	男	一面	男	スポーツ	男	一面
女	一面	男	一面	女	一面	女	一面	女	テレビ
女	一面	女	テレビ	女	テレビ	女	一面	女	社会
男	一面	男	一面	男	スポーツ	女	テレビ	男	一面
男	一面	男	一面	男	社会	男	一面	女	テレビ
女	テレビ	男	一面	男	社会				

を作ることができる．その表は 1 人の学生に対して身長と体重の 2 つの観測値を得るので，このようなデータを 2 次元データという．さらに，学生 1 人につき (その人の身長，父親の身長，母親の身長) を組にした表を作ることができる，そのデータを 3 次元データという．以下同様に，4 次元以上のデータが考えられ，表 1.1 でまとめられたデータは 6 次元データとなる．特に 2 以上の次元データを統計学では**多次元データ**という．

質的データの例として，表 1.3 は首都圏にある公立大学理科実験系の大学院修士の学生に，スポーツ新聞などの特殊新聞を除き，新聞記事で第一面，社会面 (三面記事)，スポーツ欄，テレビ欄のうちのどれに最も興味があるかアンケートをとったものである．この標本を性別と新聞記事の興味欄に区分けし条件に合う観測値の個数を記したものが表 1.4 である．この表を**分割表**という．分割表のように標本を細分することを**分類する**という．表 1.4 の分割表では 2 種類の分類が

表 1.4 性別と興味ある新聞記事の分割表

性 \ 記事	第一面	社会	スポーツ	テレビ	計
男	21	3	7	3	34
女	9	1	0	9	19
計	30	4	7	12	53

なされている．1 つは男女の分類，もう 1 つは第一面，社会面，スポーツ欄，テレビ欄の分類である．

ヒトの肥満度を表す体格指数として，次の式によって計算される BMI (Body Mass Index, ボディマス指数) がよく使われる．

$$\text{BMI} = \text{体重}_{(\text{kg})} \div (\text{身長}_{(\text{cm})})^2 \times 10000$$

日本肥満学会では，BMI が 22 の場合を標準体重としている．BMI が 22 となる標準体重は，身長から

$$\text{標準体重}_{(\text{kg})} = (\text{身長}_{(\text{cm})})^2 \times 22 \div 10000$$

と計算される．表 1.1 にあるような身長と体重データから，肥満度の次の式により，成人の肥満度を調べることができる．

$$\text{肥満度}_{(\%)} = (\text{体重実測値} - \text{標準体重}) \times 100 \div \text{標準体重}$$

肥満度が $\pm 10\%$ 以内を正常，10% を超える場合を太りすぎ，-10% より小さい場合を痩せすぎと判定したものが表 1.5 である．表 1.5 の判定部分は質的データで，量的データを質的データに変換した例である．

問 1.1 自分自身の肥満度を計算せよ．

1.2 度数分布とグラフ

1 次元の量的データが与えられたとき，データの特徴を見るために**度数分布表**を作ることを考える．表 1.2 の観測値を度数分布表にまとめたものが表 1.6 である．このように度数分布表は観測値をいくつかの階級に分ける．それぞれの階級を代表する値を**階級値**といい，階級値はその階級の中央の値を取ることが多い．

表 1.5　女子学生の肥満度と判定

肥満度	判定	肥満度	判定	肥満度	判定	肥満度	判定	肥満度	判定
−14.5	痩せ	−15.7	痩せ	−11.4	痩せ	−3.8	正常	−10.9	痩せ
3.9	正常	−18.2	痩せ	−11.5	痩せ	−9.8	正常	−10.4	痩せ
−10.4	痩せ	−14.5	痩せ	−17.9	痩せ	−11.7	痩せ	−18.6	痩せ
−4.7	正常	−8.2	正常	−8.2	正常	−3.6	正常	−14.1	痩せ
7.0	正常	−15.8	痩せ	8.3	正常	−14.8	痩せ	−5.9	正常
−1.1	正常	−11.9	痩せ	−11.9	痩せ	11.5	太い	−6.5	正常
−15.5	痩せ	−11.9	痩せ	3.8	正常	−3.5	正常	−12.6	痩せ
9.2	正常	−19.9	痩せ	−12.6	痩せ	−1.7	正常	−7.8	正常
−0.4	正常	−2.3	正常	−17.0	痩せ	−13.3	痩せ	−12.2	痩せ
−10.3	痩せ	−12.2	痩せ	−8.5	正常	2.2	正常	−1.6	正常
−14.9	痩せ	−1.6	正常	−24.3	痩せ	−5.4	正常	6.0	正常
9.7	正常	−9.2	正常	−22.4	痩せ	1.0	正常	−13.4	痩せ
−7.5	正常	−23.3	痩せ	−7.5	正常	−11.5	痩せ	−15.4	痩せ
−4.3	正常	−13.1	痩せ	−9.1	正常				

表 1.6　女子学生の身長の度数分布表

階級 (単位 cm)		階級値	度数	相対度数	累積度数	累積相対度数
97.5 以上	100.5 未満	99	2	0.029	2	0.029
100.5	103.5	102	8	0.118	10	0.147
103.5	106.5	105	14	0.206	24	0.353
106.5	109.5	108	19	0.279	43	0.632
109.5	112.5	111	12	0.177	55	0.809
112.5	115.5	114	7	0.103	62	0.912
115.5	118.5	117	4	0.059	66	0.971
118.5	121.5	120	2	0.029	68	1.000

　各階級の中での観測値の個数を**度数**といい，度数をすべての観測値の個数で割ったものを**相対度数**という．**累積度数**と**累積相対度数**は，下の階級から，それぞれ度数と相対度数を積み上げたときの数である．表 1.6 の度数を帯グラフにしたものが図 1.1 である．このグラフを**ヒストグラム**という．

　また**累積度数**グラフは図 1.2 のとおりである．表 1.2 のデータに対応して，図 1.3 は，首都圏の国立大学工学部の男子 1 年生 208 人について，一定数を引いた身長データをヒストグラムにしたものである．

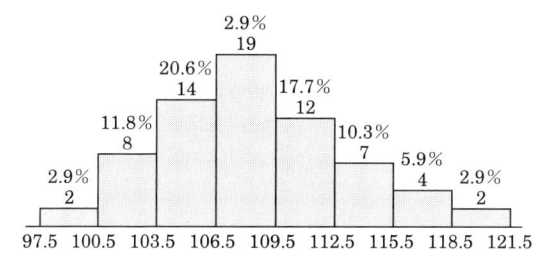

図 1.1 女子学生の身長のヒストグラム

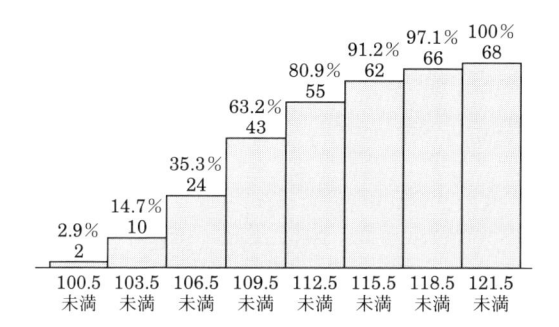

図 1.2 女子学生の身長の累積度数グラフ

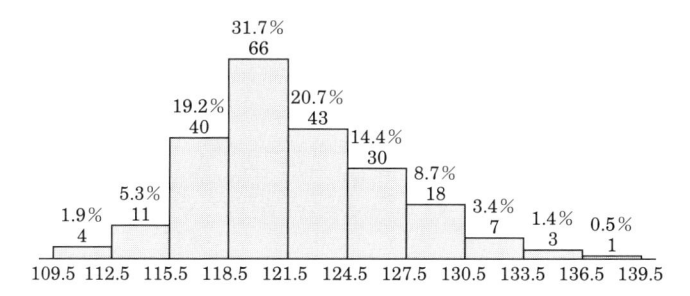

図 1.3 男子学生の身長のヒストグラム

観測値の個数を n とするとき，度数分布表とヒストグラムの階級の個数をスタージェス (Sturges) の式 $1+\log_2 n$ で決める方法がある．この値を目安に，階級幅がきれいな値になるように決めるとよい．

表 1.6 で 106.5 以上 109.5 未満の行を例にすると，以下のようになる．

1. 階級値　$108 = (106.5 + 109.5)/2$

2. 度数　19 = (106.5 cm 以上 109.5 cm 未満の人数)
3. 相対度数　0.279 = 19/68
4. 累積度数　43 = (109.5 cm 未満の人数)
5. 累積相対度数　0.632 = 43/68

問 1.2　表 1.1 の父親の身長を大きい順に並べ替えよ．

問 1.3　父親の身長の度数分布表を作成せよ．

問 1.4　父親の身長のヒストグラムを描け．

1.3　標本特性値

前節の内容はグラフによりデータの特徴を見ようとする方法であるが，グラフの判断は主観的になりがちである．1 次元量的データを要約する特性値は数値で与えられるため客観的な伝達が可能である．標本を $x_1, x_2, \cdots, x_n$ として，特性値を計算するための数式を紹介する．

(1) **標本平均**：標本に同じ重みをつけた平均

$$\bar{x} \equiv \frac{1}{n}(x_1 + x_2 + \cdots + x_n) = \frac{1}{n}\sum_{i=1}^{n} x_i$$

(2) **標本分散**：標本の散らばりの程度を表した量で非負の値をとる

$$s^2 \equiv \frac{1}{n-1}[(x_1 - \bar{x})^2 + \cdots + (x_n - \bar{x})^2] = \frac{1}{n-1}\sum_{i=1}^{n}(x_i - \bar{x})^2$$

標本分散を $(1/n)\sum_{i=1}^{n}(x_i - \bar{x})^2$ で定義している教科書もあるが上の s^2 のほうが良い性質をもっていることが後の第 4 章の例 4.3 で分かる．

(3) **標本標準偏差**：標本分散の平方根で標本の散らばりの程度を表した量

$$s \equiv \sqrt{\frac{1}{n-1}\sum_{i=1}^{n}(x_i - \bar{x})^2}$$

(4) **標本変動係数**：標本の散らばりの具合を標本平均との相対で表した量

$$CV \equiv \frac{s}{\bar{x}}$$

(5) 標本 $100\alpha\%$ (パーセント) 点：α は $1/(n+1) \leqq \alpha \leqq n/(n+1)$ を満たすとする．標本 $x_1, x_2, \cdots, x_n$ を小さい方から並べ替えたものを $x_{(1)} \leqq x_{(2)} \leqq \cdots \leqq x_{(n)}$ とする．すなわち，$x_{(1)}$ と $x_{(n)}$ は $x_1, x_2, \cdots, x_n$ の最小値と最大値である．このとき，次の z_α を標本 $100\alpha\%$ (パーセント) 点とよんでいる．

$$z_\alpha \equiv (1-c)x_{(j)} + cx_{(j+1)}$$

ただし，$j \equiv [(n+1)\alpha]$, $c \equiv (n+1)\alpha - [(n+1)\alpha]$, $[y]$ は y を超えない最大の整数を表し，$[\ ]$ はガウス記号とよばれている．すなわち，j は $(n+1)\alpha$ の整数部分を表し，c は $(n+1)\alpha$ の小数部分を表す．

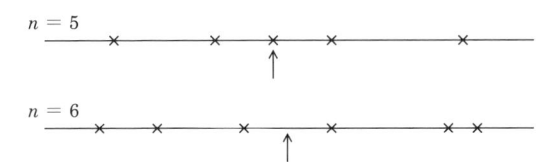

$n = 5, 6$ のときの標本中央値 (× を標本とするとき ↑ の位置が中央値)

特に，$z_{0.25}$ を**標本第 1 四分位点**, $z_{0.5}$ を**標本第 2 四分位点**または**標本中央値** (標本メディアン), $z_{0.75}$ を**標本第 3 四分位点**という．標本中央値の式は

$$\begin{aligned}z_{0.5} &= \frac{1}{2}\left(x_{\left(\left[\frac{n+1}{2}\right]\right)} + x_{\left(\left[\frac{n+2}{2}\right]\right)}\right) \\ &= \begin{cases} \frac{1}{2}\left(x_{(m)} + x_{(m+1)}\right) & (n = 2m \text{ のとき}) \\ x_{(m+1)} & (n = 2m+1 \text{ のとき}) \end{cases}\end{aligned} \tag{1.1}$$

となる．

例 1.1 $n = 6, x_1 = 5.5, x_2 = 1.3, x_3 = 6.0, x_4 = 2.5, x_5 = 2.2, x_6 = 3.7$ とするとき，

$$x_{(1)} = 1.3 < x_{(2)} = 2.2 < x_{(3)} = 2.5 < x_{(4)} = 3.7 < x_{(5)} = 5.5 < x_{(6)} = 6.0$$

となる．$\alpha = 0.2$ のとき $j = [7 \times 0.2] = [1.4] = 1, c = 0.4$ となるので，

標本 20% 点：

$$z_{0.2} = (1-0.4)\cdot x_{(1)} + 0.4\cdot x_{(2)} = 0.6\cdot 1.3 + 0.4\cdot 2.2 = 1.66$$

となる．同様に，標本第 1 四分位点，標本中央値，標本第 3 四分位点はそれぞれ
標本第 1 四分位点:

$$z_{0.25} = (1-0.75)\cdot x_{(1)} + 0.75\cdot x_{(2)} = 0.25\cdot 1.3 + 0.75\cdot 2.2 = 1.975,$$

標本中央値:

$$z_{0.5} = (0.5)\cdot x_{(3)} + 0.5\cdot x_{(4)} = 0.5\cdot 2.5 + 0.5\cdot 3.7 = 3.1,$$

標本第 3 四分位点:

$$z_{0.75} = (1-0.25)\cdot x_{(5)} + 0.25\cdot x_{(6)} = 0.75\cdot 5.5 + 0.25\cdot 6.0 = 5.625$$

となる．

箱ひげ図

下の辺の高さの位置が標本第 1 四分位点，上の辺の高さが標本第 3 四分位点になるように長方形の箱を描く．次に，箱の中に，高さの位置が標本中央値になるように横棒を引く．下の辺の中点から真下に最小値 $x_{(1)}$ の高さの位置まで縦棒を引き，最小値に小さな横棒を引く．同様に，上の辺の中点から真上に最大値 $x_{(n)}$ の高さの位置まで縦棒を引き，最大値に小さな横棒を引く．

例 1.1 のデータを基に，箱ひげ図を求めると図 1.4 のようになる．

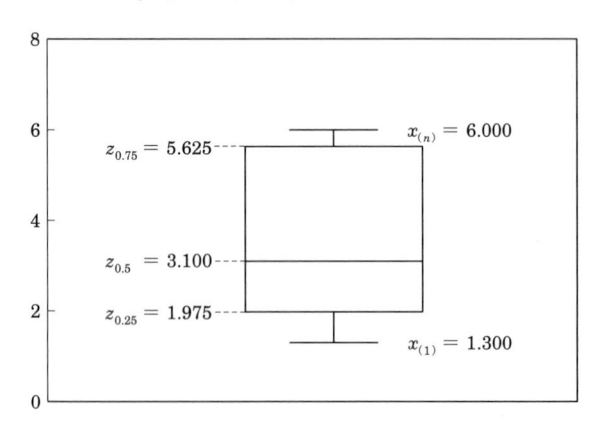

図 **1.4** 例 1.1 の箱ひげ図

(6) **標本範囲 (標本レンジ)**：標本の最大値と最小値の差
$$R \equiv x_{(n)} - x_{(1)}$$
(7) **標本歪度**：標本のかたより
$$m_1 \equiv \frac{n(n-1)^{3/2}}{(n-1)(n-2)} \cdot \frac{n^{\frac{1}{2}} \sum_{i=1}^{n}(x_i - \bar{x})^3}{\left\{\sum_{i=1}^{n}(x_i - \bar{x})^2\right\}^{3/2}}$$

この値が正 (負) であれば，ヒストグラムは左 (右) にかたより，0 に近いほど対称になる．

(8) **標本尖度**：標本の裾の長さ
$$m_2 \equiv \frac{n(n+1)(n-1)}{(n-2)(n-3)} \cdot \frac{n \sum_{i=1}^{n}(x_i - \bar{x})^4}{\left\{\sum_{i=1}^{n}(x_i - \bar{x})^2\right\}^2} - 3 \cdot \frac{(n-1)^2}{(n-2)(n-3)}$$

この値が大きいほどヒストグラムの裾が長くなり，中央が尖る．

歪度が 0 で尖度がそれぞれ 0, 3, −1.2 のデータのヒストグラムを描いたものが図 1.5 であり，尖度が 1.5 で歪度がそれぞれ 1, −1 のデータのヒストグラムを描いたものが図 1.6 である．歪度と尖度がともに 0 の

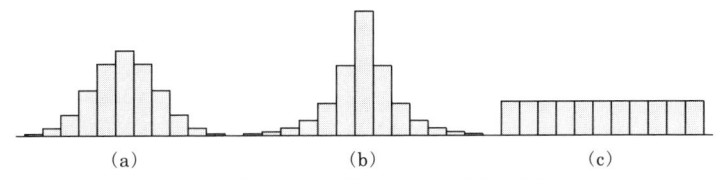

図 1.5 歪度 0 尖度 0 (a), 歪度 0 尖度 3 (b), 歪度 0 尖度 −1.2 (c) のヒストグラム

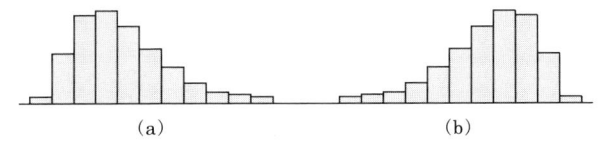

図 1.6 歪度 1 尖度 1.5 (a), 歪度 −1 尖度 1.5 (b) のヒストグラム

データのヒストグラムは富士山の形をしており，歪度が 0 で尖度が大きなデータのヒストグラムはマッターホルンのように中央が尖り裾が長い．歪度が正のデータのヒストグラムは右裾が長い．歪度が負のデータのヒストグラムは左裾が長い．標本歪度 m_1 と標本尖度 m_2 の式は，Excel，SAS システムで採用されており，世界標準の式となっている．

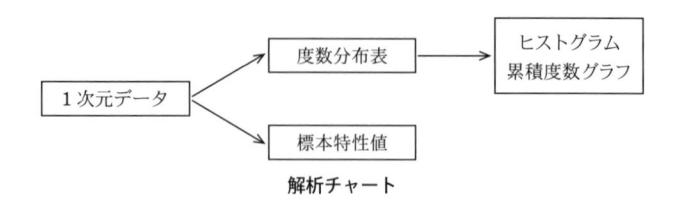

```
                    ┌─→ 度数分布表 ──→ ヒストグラム
   1次元データ ──┤                      累積度数グラフ
                    └─→ 標本特性値
                     解析チャート
```

問 **1.5** $\alpha = 0.95, 0.90, 0.75, 0.50, 0.25, 0.10, 0.05$ として父親の身長の標本 $100\alpha\%$ 点を求めよ．次に，その箱ひげ図を描け．

問 **1.6** 標本分散 s^2 は

$$s^2 = \frac{1}{n-1}\sum_{i=1}^{n} x_i^2 - \frac{n\bar{x}^2}{n-1}$$

と表されることを示せ．

1.4 2次元データの相関と単回帰

標本を $(x_1, y_1), (x_2, y_2), \cdots, (x_n, y_n)$ とする 2 次元の量的データの解析について考える．標本をそのまま 2 次元平面にプロットし，データを視覚的に見ようとしたものを**相関図**または**散布図**という．2 次元の度数分布表といえるものが**相関表**である．

相関表は，x を ℓ 個の階級，y を m 個の階級に分類し，x の i 番目の階級値を c_i，y の j 番目の階級値を d_j とし，$f_{ij} \equiv (c_i$ と d_j に分類された個数$)$, $f_{i\cdot} \equiv \sum_{j=1}^{m} f_{ij}, f_{\cdot j} \equiv \sum_{i=1}^{\ell} f_{ij}$ とおくとき，表 1.7 のように作る．

表 1.1 をもとに 1 人の女子学生につき母親の身長とその人の身長をペア (母親の身長，女子学生の身長) にした 2 次元のデータの散布図と相関表を図 1.15 (23 ページ) と表 1.8 に示す．

表 1.7 相関表

階級値	d_1	$\cdots$	d_j	$\cdots$	d_m	計
c_1	f_{11}	$\cdots$	f_{1j}	$\cdots$	f_{1m}	$f_{1\cdot}$
.	.	$\cdots$	.	$\cdots$	.	.
.	.	$\cdots$	.	$\cdots$	.	.
c_i	f_{i1}	$\cdots$	f_{ij}	$\cdots$	f_{im}	$f_{i\cdot}$
.	.	$\cdots$	.	$\cdots$	.	.
.	.	$\cdots$	.	$\cdots$	.	.
c_ℓ	$f_{\ell 1}$	$\cdots$	$f_{\ell j}$	$\cdots$	$f_{\ell m}$	$f_{\ell\cdot}$
計	$f_{\cdot 1}$	$\cdots$	$f_{\cdot j}$	$\cdots$	$f_{\cdot m}$	n

表 1.8 母親と女子学生の身長の相関表

階級値	99	102	105	108	111	114	117	120	計
94	0	0	0	2	0	0	0	0	2
97	0	2	1	0	0	0	0	0	3
100	0	2	3	3	1	1	0	0	10
103	2	2	5	6	1	2	0	0	18
106	0	1	3	3	5	0	0	1	13
109	0	0	1	2	4	3	3	0	13
112	0	1	1	3	0	1	1	1	8
115	0	0	0	0	1	0	0	0	1
計	2	8	14	19	12	7	4	2	68

2次元データに対して, x と y の相関を調べたいことが多い. この場合の量として

$$r_{xy} \equiv \frac{s_{xy}}{s_x \cdot s_y} = \frac{\sum_{i=1}^{n}(x_i - \bar{x})(y_i - \bar{y})}{\sqrt{\sum_{i=1}^{n}(x_i - \bar{x})^2}\sqrt{\sum_{i=1}^{n}(y_i - \bar{y})^2}} \tag{1.2}$$

を**標本相関係数**という. ただし, $\bar{y}$ は y_i $(i=1,\cdots,n)$ についての標本平均, s_x と s_y はそれぞれ x_i $(i=1,\cdots,n)$ と y_i $(i=1,\cdots,n)$ についての標本標準偏差, すなわち,

$$s_x \equiv \sqrt{\frac{1}{n-1}\sum_{i=1}^{n}(x_i - \bar{x})^2}, \quad s_y \equiv \sqrt{\frac{1}{n-1}\sum_{i=1}^{n}(y_i - \bar{y})^2}$$

である．s_{xy} は，
$$s_{xy} \equiv \frac{1}{n-1}\sum_{i=1}^{n}(x_i-\bar{x})(y_i-\bar{y})$$
で定義し，**標本共分散**とよばれている．
$$s_{xy} = \frac{1}{n-1}\sum_{i=1}^{n}x_iy_i - \frac{n\bar{x}\bar{y}}{n-1} \tag{1.3}$$
が示される．

問 1.7 (1.3) の等式を示せ．

高等学校の数学で導入された記号

2つの事柄 (命題) p, q に対して，「p ならば q」を $p \Longrightarrow q$，「p ならば q，かつ q ならば p」を $p \Longleftrightarrow q$ の記号を使って表す．

$p \Longleftrightarrow q$ のとき，「事柄 p と q は**同値**である」という．

命題 1.1 標本相関係数は $-1 \leqq r_{xy} \leqq 1$ の関係がある．特に，$r_{xy} = -1$ または $r_{xy} = 1$ のときには，(x_i, y_i) $(i=1,\cdots,n)$ はある直線上に並ぶ．

証明 $a_i \equiv x_i - \bar{x}, b_i \equiv y_i - \bar{y}$ とおく．$(a_i t - b_i)^2 \geqq 0$ を，両辺 i について 1 から n まで加えると，
$$\left(\sum_{i=1}^{n}a_i^2\right)t^2 - 2\left(\sum_{i=1}^{n}a_ib_i\right)t + \left(\sum_{i=1}^{n}b_i^2\right) \geqq 0$$
である．これが任意の t で成り立つためには，判別式 $D \leqq 0$ である．
$$\frac{D}{4} = \left(\sum_{i=1}^{n}a_ib_i\right)^2 - \left(\sum_{i=1}^{n}a_i^2\right)\left(\sum_{i=1}^{n}b_i^2\right) \leq 0 \tag{1.4}$$
ゆえに $-1 \leqq r_{xy} \leqq 1$ が成り立つ．次に，等式
$$2\left(\sum_{i=1}^{n}a_i^2\right)\left(\sum_{j=1}^{n}b_j^2\right) - 2\left(\sum_{i=1}^{n}a_ib_i\right)^2$$
$$= 2\left(\sum\sum_{i\neq j}a_i^2 b_j^2\right) - 2\left(\sum\sum_{i\neq j}a_ib_ia_jb_j\right) = \sum\sum_{i\neq j}(a_ib_j - a_jb_i)^2 \tag{1.5}$$

を得るので，(1.4) で等号が成り立つことと
$$\sum\sum_{i\neq j}(a_ib_j-a_jb_i)^2=0$$
とは同値である．これにより

すべての $i\neq j$ に対して，$b_i:a_i=b_j:a_j$

$\iff$ ある c が存在して，すべての i に対して，$b_i=ca_i$

と，(1.4) で等号が成り立つことは同値である．ここで，$d=-c\bar{x}+\bar{y}$ とおけば，$y_i=cx_i+d$ となる． □

問 1.8 (1.5) の 2 つの等式を示せ．

(1.4) の関係は，シュワルツの不等式とよばれている．

シュワルツの不等式

実数 $a_1,\cdots,a_n,b_1,\cdots,b_n$ に対して
$$\left|\sum_{i=1}^n a_ib_i\right|\leqq\sqrt{\sum_{i=1}^n a_i^2}\cdot\sqrt{\sum_{i=1}^n b_i^2}$$
が成り立つ．

2 変数関数の極大と極小

偏微分可能な関数 $f(x,y)$ の**極値** (極大または極小) を与える点は，連立方程式
$$\frac{\partial f(x,y)}{\partial x}=0,\qquad\frac{\partial f(x,y)}{\partial y}=0$$
の解の中に含まれる．この解の 1 つ (x_0,y_0) において，

(1) $\left\{\dfrac{\partial^2 f(x_0,y_0)}{\partial x\partial y}\right\}^2-\dfrac{\partial^2 f(x_0,y_0)}{\partial x^2}\cdot\dfrac{\partial^2 f(x_0,y_0)}{\partial y^2}<0$ のとき，

$$\frac{\partial^2 f(x_0,y_0)}{\partial x^2}>0\text{ ならば }f(x_0,y_0)\text{ は極小．}$$
$$\frac{\partial^2 f(x_0,y_0)}{\partial x^2}<0\text{ ならば }f(x_0,y_0)\text{ は極大．}$$

(2) $\left\{\dfrac{\partial^2 f(x_0, y_0)}{\partial x \partial y}\right\}^2 - \dfrac{\partial^2 f(x_0, y_0)}{\partial x^2} \cdot \dfrac{\partial^2 f(x_0, y_0)}{\partial y^2} > 0$ ならば, $f(x_0, y_0)$ は極値ではない.

次に, y が x でどのように予測 (近似) できるかを考える. x から y を説明しようとするとき, x を**説明変数 (独立変数)**, y を**被説明変数 (従属変数)** という. $y = g(x) + \varepsilon$ で誤差項 ε をできるかぎり小さくするような関数 $g(x)$ をみつけることであるが, 最も単純な場合としては, y を1次式 $g(x) = a + bx$ で近似することである. この場合のモデルは

$$y = a + bx + \varepsilon$$

で, **線形単回帰モデル**という. このとき, 最適な a, b を $\hat{a}, \hat{b}$ とし, そのときの y の近似値を $\hat{y}$ とすれば, $\hat{y} = \hat{a} + \hat{b}x$ であり, y_i の予測値は $\hat{y}_i = \hat{a} + \hat{b}x_i$ ($i = 1, \cdots, n$) となる. この a, b を客観的に決定する方法として

$$h(a, b) \equiv \sum_{i=1}^{n} \{y_i - (a + bx_i)\}^2$$

を最小にする a, b を最良とする方法を**最小二乗法**という.

$h(a, b)$ を偏微分すると,

$$\frac{\partial h(a, b)}{\partial a} = -2 \sum_{i=1}^{n} (y_i - a - bx_i), \tag{1.6}$$

$$\frac{\partial h(a, b)}{\partial b} = -2 \sum_{i=1}^{n} (y_i - a - bx_i) x_i, \tag{1.7}$$

$$\frac{\partial^2 h(a, b)}{\partial a \partial b} = 2n\bar{x}, \quad \frac{\partial^2 h(a, b)}{\partial a^2} = 2n, \quad \frac{\partial^2 h(a, b)}{\partial b^2} = 2 \sum_{i=1}^{n} x_i^2$$

となる. $a_1 = \cdots = a_n \equiv 1/n$, $b_1 \equiv x_1, \cdots, b_n \equiv x_n$ とおきシュワルツの不等式を適用すると,

$$\left\{\frac{\partial^2 h(a, b)}{\partial a \partial b}\right\}^2 - \frac{\partial^2 h(a, b)}{\partial a^2} \cdot \frac{\partial^2 h(a, b)}{\partial b^2} = 4n^2 \left\{\bar{x}^2 - \frac{1}{n} \sum_{i=1}^{n} x_i^2\right\} < 0$$

が示される. 2変数関数が極小であるための条件より, $h(a, b)$ を a と b それぞれについて偏微分して 0 とおくことによって得られた a, b の解が $h(a, b)$ を最小にする解である. すなわち, (1.6), (1.7) より

$$\sum_{i=1}^{n}(y_i - a - bx_i) = 0, \tag{1.8}$$

$$\sum_{i=1}^{n}(y_i - a - bx_i)x_i = 0 \tag{1.9}$$

である．a,b についてのこの連立方程式を解く．

(1.8) より，

$$\bar{y} - a - b\bar{x} = 0 \tag{1.10}$$

を得る．(1.8), (1.9) より

$$\sum_{i=1}^{n}(y_i - a - bx_i)(x_i - \bar{x}) = 0 \tag{1.11}$$

を得る．(1.10), (1.11) より

$$\sum_{i=1}^{n}\{(y_i - \bar{y}) - b(x_i - \bar{x})\}(x_i - \bar{x}) = 0$$

が導かれる．これにより，

$$b = \frac{\sum_{i=1}^{n}(x_i - \bar{x})(y_i - \bar{y})}{\sum_{i=1}^{n}(x_i - \bar{x})^2} = r_{xy} \cdot \left(\frac{s_y}{s_x}\right) \tag{1.12}$$

である．(1.12) を (1.10) に代入すると

$$\bar{y} - a - r_{xy} \cdot \left(\frac{s_y}{s_x}\right)\bar{x} = 0 \iff a = \bar{y} - r_{xy} \cdot \left(\frac{s_y}{s_x}\right)\bar{x} \tag{1.13}$$

となる．(1.12), (1.13) より，(1.8), (1.9) の連立方程式の解は

$$\hat{a} = \bar{y} - r_{xy} \cdot \left(\frac{s_y}{s_x}\right)\bar{x},$$

$$\hat{b} = r_{xy} \cdot \left(\frac{s_y}{s_x}\right)$$

となり，この $\hat{a}, \hat{b}$ が最小二乗法の解である．$\hat{y} = \hat{a} + \hat{b}x$ を最小二乗法による**線形単回帰直線**という．この単回帰直線は

$$\hat{y} = \bar{y} - r_{xy} \cdot \left(\frac{s_y}{s_x}\right) \cdot \bar{x} + r_{xy} \cdot \left(\frac{s_y}{s_x}\right) \cdot x \iff \frac{\hat{y} - \bar{y}}{s_y} = r_{xy} \cdot \left(\frac{x - \bar{x}}{s_x}\right) \tag{1.14}$$

と同値の方程式である．関数 $h(a,b)$ で a,b の代わりに $\hat{a},\hat{b}$ を代入した

$$RSS \equiv h(\hat{a},\hat{b}) = \sum_{i=1}^{n}(y_i - \hat{y}_i)^2 = \sum_{i=1}^{n}\{y_i - (\hat{a}+\hat{b}x_i)\}^2 \tag{1.15}$$

を**残差平方和**という．また，

$$CD \equiv 1 - \frac{RSS}{(n-1)s_y^2} = 1 - \frac{\sum_{i=1}^{n}(y_i - \hat{y}_i)^2}{\sum_{i=1}^{n}(y_i - \bar{y})^2} \tag{1.16}$$

を**寄与率**または**決定係数**という．

命題 1.2 $CD = r_{xy}^2$ となり，$0 \leqq CD \leqq 1$ が成り立つ．

証明 (1.15) より，

$$\begin{aligned}
RSS &= \sum_{i=1}^{n}\left\{(y_i - \bar{y}) - r_{xy}\cdot\left(\frac{s_y}{s_x}\right)(x_i - \bar{x})\right\}^2 \\
&= \sum_{i=1}^{n}(y_i - \bar{y})^2 - 2r_{xy}\cdot\left(\frac{s_y}{s_x}\right)\sum_{i=1}^{n}(x_i - \bar{x})(y_i - \bar{y}) \\
&\quad + \left\{r_{xy}\cdot\left(\frac{s_y}{s_x}\right)\right\}^2\sum_{i=1}^{n}(x_i - \bar{x})^2 \\
&= (n-1)s_y^2 - 2(n-1)(r_{xy}s_y)^2 + (n-1)(r_{xy}s_y)^2 \\
&= (n-1)s_y^2(1 - r_{xy}^2) \tag{1.17}
\end{aligned}$$

が導かれる．(1.17) を (1.16) に代入すると結論を得る．

命題1.1 より，$|r_{xy}| \leqq 1$ を使って $0 \leqq CD \leqq 1$ が示される． □

定義から，CD が 1 に近ければ y_i とその予測値 $\hat{y}_i$ はあまり違わないことを表し単回帰直線は意味をもつが，CD が 0 に近いと単回帰直線はあまり意味をもたない．また $(y_i, \hat{y}_i)$ $(i=1,\cdots,n)$ の標本相関係数を $r_{y\hat{y}}$ とし，

$$s_{y\hat{y}} \equiv \frac{1}{n-1}\sum_{i=1}^{n}(y_i - \bar{y})(\hat{y}_i - \bar{\hat{y}}) = \frac{\hat{b}}{n-1}\sum_{i=1}^{n}(y_i - \bar{y})(x_i - \bar{x}),$$

$$s_{\hat{y}} \equiv \sqrt{\frac{1}{n-1}\sum_{i=1}^{n}(\hat{y}_i - \bar{\hat{y}})^2} = \sqrt{\frac{\hat{b}^2}{n-1}\sum_{i=1}^{n}(x_i - \bar{x})^2}$$

とおけば,

$$r_{y\hat{y}}^2 = \frac{s_{y\hat{y}}^2}{s_y^2 \cdot s_{\hat{y}}^2} = \frac{s_{xy}^2}{s_x^2 \cdot s_y^2} = r_{xy}^2$$

の関係が成り立ち，単回帰直線への寄与率は $(y_i, \hat{y}_i)$ $(i = 1, \cdots, n)$ の標本相関係数の二乗と考えてもよい．

図 1.7 から図 1.14 は，$r_{xy} = 1.0, 0.9, 0.7, 0.3, 0.0, -0.7, -0.9, -1.0$ となる 100 組の仮想データ $(x_1, y_1), \cdots, (x_{100}, y_{100})$ について散布図に線形単回帰直線を引いたものである．

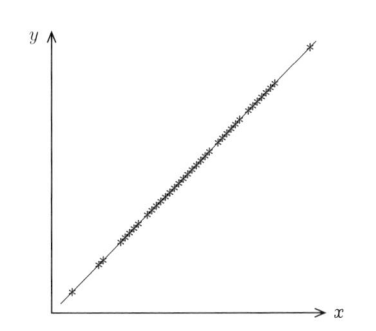

図 **1.7** 相関係数 1.0 の相関図

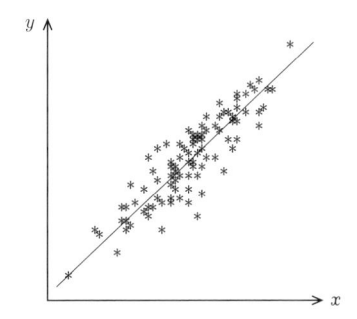

図 **1.8** 相関係数 0.9 の相関図

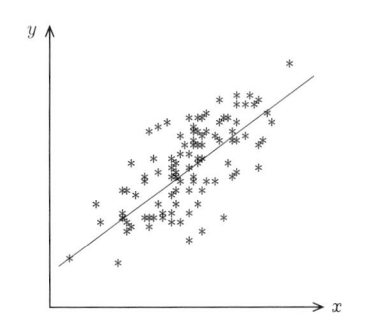

図 **1.9** 相関係数 0.7 の相関図

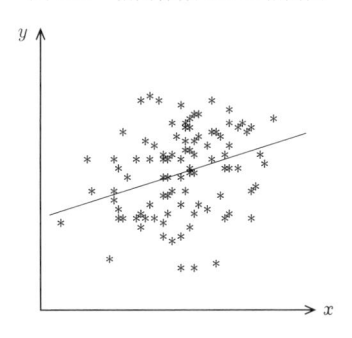

図 **1.10** 相関係数 0.3 の相関図

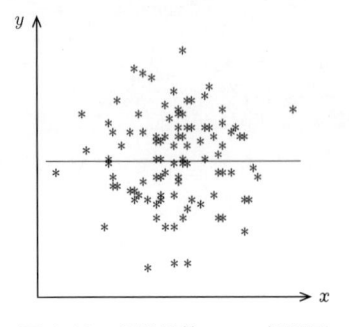

図 1.11 相関係数 0.0 の相関図

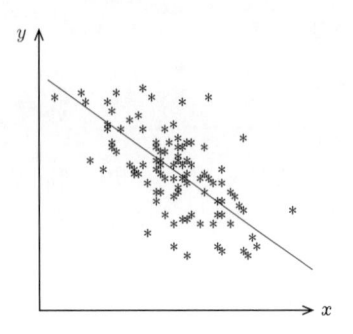

図 1.12 相関係数 −0.7 の相関図

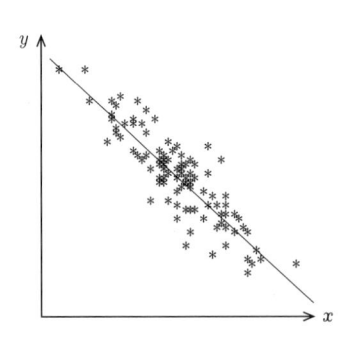

図 1.13 相関係数 −0.9 の相関図

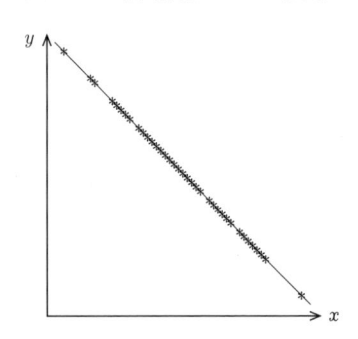

図 1.14 相関係数 −1.0 の相関図

これらの図により，r_{xy} が 1 または −1 に近いとき，単回帰直線上の近くに観測値が集まっていることがわかる．(1.14) 式より単回帰直線の y 切片は $\bar{y} - r_{xy} \cdot (s_y/s_x) \cdot \bar{x}$ となり，傾きは $r_{xy} \cdot (s_y/s_x)$ であるので，標本相関係数 r_{xy} が正であれば単回帰直線は右上がりになり，r_{xy} が負であれば単回帰直線は右下がりになる．命題 1.2 より CD (寄与率) が 1 に近ければ単回帰直線上に観測値が集まる．r_{xy} が 1 に近いほど x と y の間に正の相関が強く，r_{xy} が −1 に近いほど負の相関が強い．相関がないとき r_{xy} は 0 に近い値をとる．

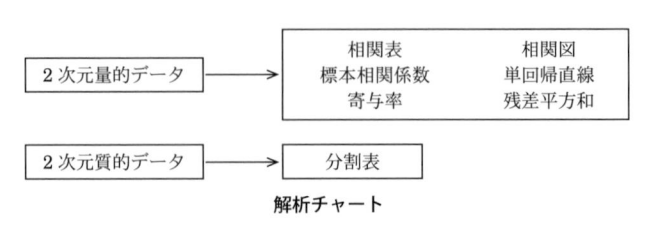

2次元量的データ	→	相関表　　　　相関図 標本相関係数　単回帰直線 寄与率　　　　残差平方和
2次元質的データ	→	分割表

解析チャート

1.5 身長・体重データの解析

表 1.1 は女子大学生とその親の身長と体重データであった．この標本を基に，前節の数式やグラフなどを使って，

女子学生の平均身長は何センチか，
母親よりどれだけ伸びたか，
女性の身長は父親と母親のどちらの影響が強いか，
背の高い親をもつ子供はますます大きくなる傾向にあるか，
親の身長から女子学生の身長を予測する式はどうか，
またその当てはまり度はどのくらいか，
肥満度は遺伝するか，
背の高い男性は背の高い女性を結婚相手として選んだか，
二十年間以上生活をともにした夫婦の体型の相関は強いか等

を調べる．

表 1.9, 1.10 に女子学生と親の身長・体重の標本特性値を示す．いくつかの計算例をあげると

(女子学生の身長の標本平均) $= (121 + 119 + \cdots + 100)/68 \approx 109$

(女子学生の身長の標本分散)
$= \{(121-109)^2 + (119-109)^2 + \cdots + (100-109)^2\}/67 \approx 23$

(女子学生の身長の 90%点)
$= (1-c)x_{(j)} + cx_{(j+1)} = 0.9 \times 115 + 0.1 \times 116 \approx 115$

ただし，$j = [69 \times 0.9] = [62.1] = 62, c = 69 \times 0.9 - [69 \times 0.9] = 0.1$

表 1.9 より，女子学生の身長は平均 109 cm で母親より平均で 4 cm 高く，体重は 51 kg で母親より 1 kg 少ないので，スタイルがよくなっていることを示している．また，女子学生と母親の身長の分散はほとんどかわらず範囲も同じである．また，表 1.10 より，女子学生の 10% は 115 cm 以上あることを示しており，中央値は 108 cm である．

表 1.11 は女子学生と親の身長の標本相関係数である．計算例として，

(女子学生と母親の身長の相関係数)

表 1.9　女子学生と親の身長・体重データの特性値

項目	平均	分散	標準偏差	最大値	最小値	範囲
学生の身長	109	23	4.7	121	100	21
学生の体重	51	27	5.2	63	39	24
父親の身長	118	28	5.3	129	105	24
父親の体重	65	65	8.1	82	46	36
母親の身長	105	21	4.6	115	94	21
母親の体重	52	40	6.3	70	41	29

表 1.10　女子学生の身長のパーセント点

95% 点	90% 点	75% 点	50% 点	25% 点	10% 点	5% 点
117	115	112	108	105	102	102

表 1.11　女子学生と親の身長の相関係数

項目	父親	母親
女子学生	0.32	0.42

$$= \frac{(121-109) \times (105-105) + \cdots + (100-109) \times (104-105)}{67 \times 4.7 \times 4.6} \approx 0.42$$

この表により女子学生の身長は父親より母親の方に影響を強く受けることがわかるが，相関は強くはない．ここで，y を女子学生の身長，x を母親の身長として線形単回帰モデル $y = a + bx + \varepsilon$ を考えた場合の線形単回帰直線は

$$\hat{y} = \bar{y} - r_{xy} \cdot \left(\frac{s_y}{s_x}\right) \cdot \bar{x} + r_{xy} \cdot \left(\frac{s_y}{s_x}\right) \cdot x$$
$$= 109 - 0.42 \cdot \left(\frac{4.7}{4.6}\right) \cdot 105 + 0.42 \cdot \left(\frac{4.7}{4.6}\right) \cdot x$$
$$= 93 + 0.43x,$$

すなわち，

$$(女子学生の身長) = 93 + 0.43 \times (母親の身長)(単位 cm)$$

となる．残差平方和は

$$RSS = (n-1)s_y^2(1 - r_{xy}^2) = 67 \times 23 \times (1 - 0.42^2) = 1269$$

となり，寄与率 CD は 0.18 である．相関図と線形単回帰直線を重ね合わせたグラフが図 1.15 である．寄与率が小さく，線形単回帰直線上に 2 次元の標本 (x_i, y_i) $(i = 1, \cdots, 68)$ は集まらないが，この直線は傾向性を見るためには非常に重要な役目をしている．

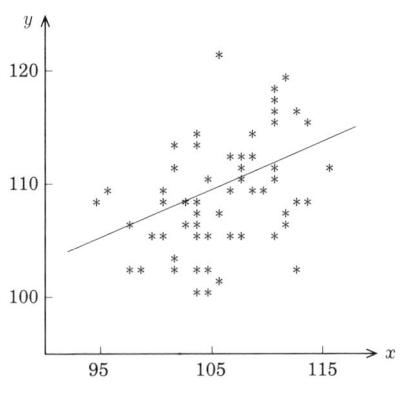

図 **1.15** 母親と女子学生の身長

以上は，母親のみを予測に使った単回帰モデルを考えたが，y を女子学生の身長，x_1 を父親の身長，x_2 を母親の身長とした線形モデル $y = a + b_1 x_1 + b_2 x_2 + \varepsilon$ が考えられる．このモデルは**線形重回帰モデル**とよばれる．$(x_{1i}, x_{2i}, y_i) = (i$ 番目の女子学生の父親の身長，母親の身長，女子学生の身長) として，

$$h(a, b_1, b_2) = \sum_{i=1}^{n} \{y_i - (a + b_1 x_{1i} + b_2 x_{2i})\}^2$$

を最小にする a, b_1, b_2 を $\hat{a}, \hat{b}_1, \hat{b}_2$ として，$\hat{y} = \hat{a} + \hat{b}_1 x_1 + \hat{b}_2 x_2$ を最小二乗法による**線形重回帰式**といい，求め方は巻末の参考文献 (続 5) を参照のこと．結果は $\hat{y} = 70 + 0.19 x_1 + 0.36 x_2$，すなわち

(女子学生の身長) $= 70 + 0.19 \times$ (父親の身長) $+ 0.36 \times$ (母親の身長)

である．残差平方和と寄与率は単回帰の場合と同様に，それぞれ

$$RSS \equiv h(\hat{a}, \hat{b}_1, \hat{b}_2) = \sum_{i=1}^{n} \{y_i - (\hat{a} + \hat{b}_1 x_{1i} + \hat{b}_2 x_{2i})\}^2$$

$$CD \equiv 1 - \frac{h(\hat{a}, \hat{b}_1, \hat{b}_2)}{\sum_{i=1}^{n}(y_i - \bar{y})^2}$$

で定義され，$CD = 0.22$ となり，線形単回帰直線のほうが寄与率よりも向上する．

女子学生の母親の平均身長は表 1.9 より 105 cm で母親が 105 cm 以上ある親子は 68 組中 35 組あり，この 35 組の家族の母親の平均身長は 109 cm，その背の高い母親をもつ 35 人の娘の平均身長は 111 cm．一方，母親が 104 cm 以下の家族は 33 組ありその 33 人の母親の平均身長は 101 cm，背の低い母親をもつ 33 人の娘の平均身長は 106 cm であることが，標本平均の式により計算できる．これにより，背の高い母親をもつ女子学生は母親より平均で 2 cm しか大きくないが，背の低い母親をもつ女子学生は母親より平均で 5 cm 大きくなっている．これは，背の高い母親がますます背の高い子供を産み，背の低い母親がますます背の低い子供を産むわけではなく，次の世代では平均化の方に引き寄せられていることがわかる．

表 1.12　女子学生と親の肥満度の相関係数

項目	父親	母親
女子学生	0.07	0.01

表 1.13　夫婦の相関係数

身長	肥満度
0.28	-0.09

女子学生と親の肥満度の相関係数は表 1.12 のように，父親とも母親とも相関がほとんどなく，肥満は本人次第ということで自己管理の問題となる．身長と肥満度について女子学生の父親と母親の相関係数を表 1.13 をみると，身長の相関は低く，背の高い男性は背の高い女性を結婚相手として選ぶことは多くはない．また，肥満度の相関はほとんどなく二十年間以上生活を共にした夫婦の体型は似てきていない．肥満判定の分割表は表 1.14 のとおりである．

その結果，女子学生の半数以上が痩せすぎで太りすぎは 1 人であった．また，母親より父親の方が太りすぎが多い．

女子学生の場合と対比として，首都圏にある国立大学工学部 1 年生の男子学生とその親の身長体重データ 208 組の標本特性値は表 1.15, 1.16 のとおりである．

表 1.14 肥満判定の分割表

項目	痩せすぎ	正常	太りすぎ	計
女子学生	35	32	1	68
父親	10	39	19	68
母親	16	44	8	68
計	51	115	28	204

表 1.15 男子学生と親の身長・体重データの特性値

項目	平均	分散	標準偏差	最大値	最小値	範囲
学生の身長	122	24	4.9	138	110	28
学生の体重	62	42	6.5	95	47	48
父親の身長	117	30	5.4	135	104	31
父親の体重	65	65	8.1	108	47	61
母親の身長	106	21	4.6	120	95	25
母親の体重	51	29	5.4	70	38	32

表 1.16 男子学生の身長のパーセント点

95% 点	90% 点	75% 点	50% 点	25% 点	10% 点	5% 点
131	129	125	121	119	116	115

この章では，統計データの初歩的な解析方法を述べた．Windows 上で動く統計システム Excel を使って，初歩的な解析方法によるデータ解析が可能である．Excel によるデータ解析方法を，「まえがき」の最後に記述した Website に掲載しているので参考にしてほしい．

1.6 頑健性

1.3 節の標本平均，標本分散，1.4 節の標本相関係数，最小二乗法による線形単回帰直線等を使って標本の特性値を調べることは，ヒストグラムが図 1.5 (a) のような富士山型のきれいな形で標本歪度と標本尖度がともに 0 に近い標本 (後に述べる正規分布に従う標本) に対して最良の方法であることが理論的に示される．一方，ヒストグラムが富士山型でない標本の場合 (図 1.5 (b), (c), 図 1.6 の場合) には方法としてはよくないことが知られている．これに対して，ヒストグラムが富士山型の場合には上記の方法に少し劣るが，それ以外の場合には上記の

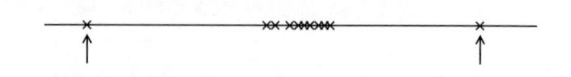

異常値 (×を標本とするとき↑が標本の異常値である)

方法に比べて数理論的に良くなる方法を分布に関する**頑健**な手法という．

また，データの中で他の値とかけ離れた値があるときそれを**異常値**または**外れ値**とよぶ．異常値は標本が無作為に取られるためにたまたま出現したり，測定ミス，記録ミスなどによっても現れる．異常値があると，標本平均，標本分散，標本相関係数，最小二乗法による線形単回帰直線は不安定な特性値を与える．

これに対して，異常値があってもあまり影響を受けない手法を，異常値に関する頑健な手法という．標本 $x_1, x_2, \cdots, x_n$ で，x_1 を異常値 y に代えた場合の標本平均と元の標本平均との違いは $(y - x_1)/n$ であり，y が異常に大きいときにはこの値が大きくなり不安定となる．異常値のある具体的な例として，表 1.2 で 121 cm の人が記録ミスにより 90 cm にかわったとすると，女子学生の身長の平均は 109 cm から 108 cm にかわり 1 cm の違いが出てくる．もっと深刻なことは標本分散は 23 から 27 となり大幅に違いが出てきて標本分散に意味がなくなってくることである．この例では標本の数が比較的大きく，異常値が 1 つのため標本平均の変動が少なかったが，標本の数が小さければ標本平均も異常値の影響をかなり受ける．

ヒストグラムが富士山型の標本に対しては後に紹介する正規分布の理論による手法が最もよく，一般に分布の頑健性も異常値の頑健性もない．ヒストグラムが富士山型からかなりずれている場合は，ノンパラメトリック法とよばれる順位に基づく手法が一般に使われ頑健性を持っている．

第2章

確率の概念

不確定要因をもつ観測値のモデルは確率モデルが当てはまり，統計手法を導いたり統計データの解析を行うためには確率論の知識が必要となる．確率論の最初に出てくる事象，確率測度や確率変数などを理解するには，数理論理学 (記号論理学) の基本を知っておくことが大事である．このため，数理論理学の基本から始めて，統計の基礎となる確率論へと進める．

2.1　数理論理と事象

調査や実験により，データを得ることができる．このデータを得る操作を**試行**という．データが取り得るすべての値 (数値とは限らない) からなる集合を**標本空間**または**全事象**といい，ギリシャ文字 Ω で表す．全事象のことを試行の対象となる集団とみなし**母集団**という．ある性質を満たす要素からなる Ω の部分集合を**事象**という．Ω の要素を１つも含まない事象を特に**空事象**といい，$\emptyset$ で表す．事象は集合であるので，集合論で習った同じ表示，演算が成り立ち，同じようなよび名がついている．以下詳細に述べる．

事象はアルファベットの大文字 $A, B, C, \cdots$ で表す．要素 ω が事象 A に属することを $\omega \in A$ とかく．A の全ての要素が B に属することを $A \subset B$ とかく．事象 A, B のうち少なくとも一方に含まれている要素の全体を $A \cup B$ で表し，事

象 A, B の**和事象**という．A, B に共通に含まれている要素の全体を $A \cap B$ で表し，事象 A, B の**積事象**という．特に $A \cap B = \varnothing$ であるとき，事象 A, B は互いに**排反**であるという．A, B が互いに排反であるとき $A \cup B$ を特に $A + B$ で表し**直和**という．A に属さない Ω の要素全体を A^c で表し事象 A の**補事象**または**余事象**という．$A \cap B^c$ を $A - B$ で表し**差事象**とよぶ．

- $\omega \in A \iff \omega$ が事象 A に属する
- B が A を含む

$$A \subset B \iff A \text{ の全ての要素が } B \text{ に属する}$$
$$\iff \omega \in A \text{ ならば } \omega \in B$$

- $A \cup B$: 事象 A, B の**和事象**

$$\omega \in A \cup B \iff \omega \in A \text{ または } \omega \in B$$

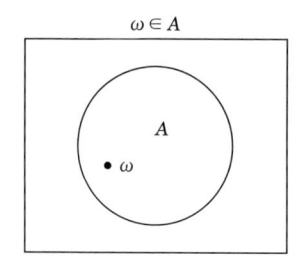

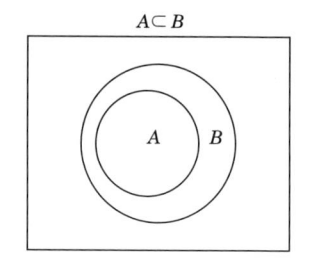

- $A \cap B$: 事象 A, B の**積事象**

$$\omega \in A \cap B \iff \omega \in A \text{ かつ } \omega \in B$$

- $A \cap B = \varnothing$ であるとき，事象 A, B は互いに**排反**

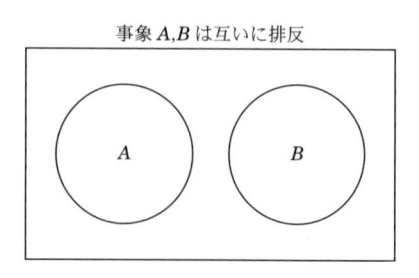

- A, B が互いに排反であるとき $A \cup B$ を $A + B$ で表し**直和**という
- A^c : A の補事象

$$\omega \in A^c \iff \omega \notin A$$
$$A^c = \{\omega \mid \omega \notin A\} = \{\omega \mid (\omega \in A) \text{ の否定}\}$$

- $A - B \equiv A \cap B^c$: 差事象

問 2.1 $\Omega = \{1, 2, 3, 4, 5, 6\}$ とする.

(1) $A = \{2, 4, 6\}, B = \{3, 4, 5\}$ のとき, 和事象 $A \cup B$, 積事象 $A \cap B$, 補事象 A^c, 差事象 $A - B$ を求めよ.

(2) $A = \{2, 4, 6\}, B = \{3, 4, 5, 6\}$ のとき, 和事象 $A \cup B$, 積事象 $A \cap B$, 補事象 A^c, 差事象 $A - B$ を求めよ.

問 2.2 $\Omega = (-\infty, \infty) = R = (\text{実数}) = \{\omega \mid \omega \in R\}$ とする.

(1) $A = (-\infty, 1] = \{\omega \mid \omega \leq 1\}, B = (0, \infty) = \{\omega \mid 0 < \omega\}$ のとき, 和事象 $A \cup B$, 積事象 $A \cap B$, 補事象 A^c, 差事象 $A - B$ を求めよ.

(2) $A = [1, 10) = \{\omega \mid 1 \leq \omega < 10\}, B = (5, 20] = \{\omega \mid 5 < \omega \leq 20\}$ のとき, 和事象 $A \cup B$, 積事象 $A \cap B$, 補事象 A^c, 差事象 $A - B$ を求めよ.

事象の等式を証明するときのアドバイス

$$\begin{aligned} A = B &\iff A \subset B \text{ かつ } B \subset A \\ &\iff (\omega \in A \text{ ならば } \omega \in B) \text{ かつ } (\omega \in B \text{ ならば } \omega \in A) \\ &\iff (\omega \in A \Rightarrow \omega \in B) \text{ かつ } (\omega \in B \Rightarrow \omega \in A) \\ &\iff (\omega \in A \Leftrightarrow \omega \in B) \end{aligned}$$

を示せばよいことに注意する.

記号論理

真であるか偽であるか定まっている式や文章を命題という. 2つの命題 p, q に対して,「p かつ q」という命題を論理積といい, $p \wedge q$ で表す.「p または q」という命題を論理和といい, $p \vee q$ で表す.「p でない」という否定を, $\bar{p}$ で表す.

これら論理記号の間の演算について次の公式 (a1) から (a6) が成り立つ.

(a1) $p \vee q = q \vee p, \quad p \wedge q = q \wedge p$ （交換法則）

(a2) $p \vee (q \vee r) = (p \vee q) \vee r,$
$\quad\ \ p \wedge (q \wedge r) = (p \wedge q) \wedge r$ （結合法則）

(a3) $p \wedge (q \vee r) = (p \wedge q) \vee (p \wedge r),$
$\quad\ \ p \vee (q \wedge r) = (p \vee q) \wedge (p \vee r)$ （分配法則）

(a4) $\overline{p \vee q} = \bar{p} \wedge \bar{q}, \quad \overline{p \wedge q} = \bar{p} \vee \bar{q}$ （ド・モルガン）

(a5) $\overline{(\bar{p})} = p$ （二重否定の法則）

(a6) $(p \Rightarrow q) = \bar{p} \vee q$

(a6) は直観と一致しないかもしれないが, $\overline{(p \Rightarrow q)} = p \wedge \bar{q}$ であることを否定することにより, (a6) を得ることができる. これ以上複雑な論理演算の等式は, 真理値表により示される. 真理値表については, 巻末の参考文献 (数1) を参照.

変数 x の定義域が定められているとし, 変数 x のおのおのに対して, 命題 $p(x)$ の真偽が確定するものとする. このとき,「すべて (任意) の x に対して $p(x)$ が成り立つ」を $\forall x\ p(x)$ の記号を使って表す.

存在命題

「ある x が存在して, $p(x)$ が成り立つ」を $\exists x\ p(x)$ で表す.

$$\exists x\ p(x) \iff \text{ある } x \text{ が存在して, } p(x) \text{ が成り立つ}$$
$$\iff p(x) \text{ をみたすある } x \text{ が存在する}$$
$$\iff \text{ある } x \text{ に対して } p(x) \text{ が成り立つ}$$

x が有限個の値 $x_1, x_2, \cdots, x_n$ だけをとるとき,

$$\forall x\ p(x) = p(x_1) \wedge p(x_2) \wedge \cdots \wedge p(x_n) \tag{2.1}$$
$$\exists x\ p(x) = p(x_1) \vee p(x_2) \vee \cdots \vee p(x_n) \tag{2.2}$$

である.

ド・モルガン

「すべて (任意) の x に対して $p(x)$ が成り立つ」の否定を，$\overline{\forall x \ p(x)}$ で表し，「ある x が存在して $p(x)$ が成り立つ」の否定を，$\overline{\exists x \ p(x)}$ で表す．

このとき，次の (a7), (a8) が成り立つ．

(a7) $\quad \overline{\forall x \ p(x)} = \exists x \ \overline{p(x)}$
(a8) $\quad \overline{\exists x \ p(x)} = \forall x \ \overline{p(x)}$

証明 $\quad x$ が有限個の値 $x_1, x_2, \cdots, x_n$ だけをとるときのみを示す．(a4), (2.1), (2.2) を使って，

$$\overline{\forall x \ p(x)} = \overline{p(x_1) \wedge p(x_2) \wedge \cdots \wedge p(x_n)}$$
$$= \overline{p(x_1)} \vee \overline{p(x_2)} \vee \cdots \vee \overline{p(x_n)}$$
$$= \exists x \ \overline{p(x)}$$

である．ここで，(a7) が示された．(a8) も同様に示される．　□

証明方法

2 つの命題 p, q に対して，$p \Longrightarrow q$ の証明を行う方法として，次の，直接法，背理法，対偶法がある．

(1) **直接法**: p が真であるならば，q が真であることを示す．
(2) **背理法**: p が真であると仮定する．このとき，結論 q を否定すると，矛盾がおきることを示す．

　　(a4), (a6) より，$(p \Rightarrow q)$ の否定は，$p \wedge \overline{q}$ である．$(p \Rightarrow q)$ の二重否定が $(p \Rightarrow q)$ であるので，$p \wedge \overline{q}$ を仮定して，矛盾がおきれば，$(p \Rightarrow q)$ を二重否定したことになる．

(3) **対偶法**: q の否定が真であるならば，p の否定が真であることを示す．

　　(a1), (a5), (a6) より，$(\overline{q} \Rightarrow \overline{p}) = \overline{(\overline{q})} \vee \overline{p} = \overline{p} \vee q = (p \Rightarrow q)$

通常は (1) の直接法を行うが，(2) の背理法もよく使う．

可算集合

A を空 ($\emptyset$) でない集合とする.

(1) **可算**: A が無限個の要素からなり，A のすべての要素に異なる自然数の番号がつけられる．このとき，A は可算であるという．例：整数の集合 $\mathbf{Z}$, 有理数の集合 $\mathbf{Q}$ は可算である．

(2) **高々可算**: A が可算，または，A が有限個の要素からなる．このとき，A は高々可算であるという．

(3) **非可算**: A が高々可算でないとき，A は非可算であるという．例：実数の集合 $\mathbf{R}$, 区間 $(0,2]$ は非可算である．

事象の公式

事象の間の演算については，(a1) から (a8) を使って，次の公式 (A1) から (A8) が導かれる．

(A1) $A \cup A^c = \Omega, \quad A \cap A^c = \emptyset$

(A2) $A \cup B = B \cup A, \quad A \cap B = B \cap A$ （交換法則）

(A3) $A \cup (B \cup C) = (A \cup B) \cup C,$
$A \cap (B \cap C) = (A \cap B) \cap C$ （結合法則）

(A4) $A \cap (B \cup C) = (A \cap B) \cup (A \cap C),$
$A \cup (B \cap C) = (A \cup B) \cap (A \cup C)$ （分配法則）

(A5) $(A \cup B)^c = A^c \cap B^c, \quad (A \cap B)^c = A^c \cup B^c$ （ド・モルガン）

(A6) $A \subset B \implies A \cap B = A, A \cup B = B$

(A7) $A \cup \emptyset = A, \quad A \cap \emptyset = \emptyset, \quad A \cup \Omega = \Omega, \quad A \cap \Omega = A$

(A8) $(A^c)^c = A, \quad \Omega^c = \emptyset, \quad \emptyset^c = \Omega$

(A1) の前半の証明

$$\omega \in \Omega \iff \omega \in A \text{ または } \omega \notin A$$
$$\iff \omega \in A \text{ または } \omega \in A^c$$
$$\iff \omega \in A \cup A^c$$

（別証明） $\Omega = \{\omega \mid \omega \in A \text{ または } \omega \notin A\}$

$$= \{\omega \mid \omega \in A \text{ または } \omega \in A^c\} = A \cup A^c$$

□

(A1) の後半の証明 (背理法)

$\omega_0 \in A \cap A^c$ となる ω_0 が存在したとする．このとき，

$$\omega_0 \in A \text{ かつ } \omega_0 \in A^c \iff \omega_0 \in A \text{ かつ } \omega_0 \notin A$$

を得る．これは矛盾しているので，$\omega_0 \in A \cap A^c$ となる ω_0 は存在しない．すなわち，$A \cap A^c = \varnothing$ である． □

(A4) の前半の証明

$$\begin{aligned}
\omega \in A \cap (B \cup C) &\iff \omega \in A \text{ かつ } \omega \in B \cup C \\
&\iff (\omega \in A) \text{ かつ } (\omega \in B \text{ または } \omega \in C) \\
&\iff (\omega \in A \text{ かつ } \omega \in B) \text{ または } \\
&\quad (\omega \in A \text{ かつ } \omega \in C) \\
&\iff (\omega \in A \cap B) \text{ または } (\omega \in A \cap C) \\
&\iff \omega \in (A \cap B) \cup (A \cap C)
\end{aligned}$$

□

(A5) の前半の証明

$$\begin{aligned}
\omega \in (A \cup B)^c &\iff (\omega \in A \text{ または } \omega \in B) \text{ の否定} \\
&\iff (\omega \in A \text{ でない}) \text{ かつ } (\omega \in B \text{ でない}) \\
&\iff \omega \in A^c \text{ かつ } \omega \in B^c \\
&\iff \omega \in A^c \cap B^c
\end{aligned}$$

□

事象 A, B, C

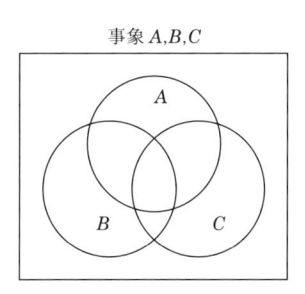

(A8) の前半の証明

$$(A^c)^c = \{\omega \mid (\omega \in A^c) \text{ の否定}\}$$
$$= \{\omega \mid (\omega \notin A) \text{ の否定}\} = \{\omega \mid \omega \in A\} = A \qquad \square$$

問 2.3 (A1) から (A8) で証明を与えていない部分を示せ．

問 2.4 $\Omega = \{1,2,3,4,5,6\}$, $A = \{2,4,6\}$, $B = \{3,4,5\}$, $C = \{4,5,6\}$ とする．

(1) 和事象 $A \cup B \cup C$, 積事象 $A \cap B \cap C$ を求めよ．

(2) $A \cup (B \cap C)$, $A \cap (B \cup C)$ を求めよ．

問 2.5 $\Omega = (-\infty, \infty) = R = \{\omega \mid \omega \in R\}$,

$$A = (-\infty, 1] = \{\omega \mid \omega \leqq 1\}, \qquad B = (0, \infty) = \{\omega \mid 0 < \omega\},$$
$$C = [-10, 10] = \{\omega \mid -10 \leqq \omega \leqq 10\}$$

とする．

(1) 和事象 $A \cup B \cup C$, 積事象 $A \cap B \cap C$ を求めよ．

(2) $A \cup (B \cap C)$, $A \cap (B \cup C)$ を求めよ．

無限個の積事象，和事象

$N \equiv \{1,2,3,\cdots\}$ を自然数の集合とし，各 $n \in N$ に対して，事象 A_n が与えられているものとする．このとき，次の記号を導入する．

(1) $\displaystyle\bigcap_{n=1}^{\infty} A_n \equiv \{\omega \mid \text{すべての } n \in N \text{ に対して } \omega \in A_n\}$ とする．これを A_n ($n \in N$) の積事象という．

(2) $\displaystyle\bigcup_{n=1}^{\infty} A_n \equiv \{\omega \mid \text{ある } n \in N \text{ が存在して}, \omega \in A_n\}$ とする．これを A_n ($n \in N$) の和事象という．

定義 2.1 すべての事象を集めたものを事象族といい，$\mathcal{A}$ で表す．事象族 $\mathcal{A}$ について次の性質 (B1) から (B3) を満たす必要がある．

(B1) $\Omega, \emptyset \in \mathcal{A}$

(B2) $A \in \mathcal{A} \Longrightarrow A^c \in \mathcal{A}$

(B3) $A_n \in \mathcal{A}\ (n=1,2,\cdots) \Longrightarrow \bigcup_{n=1}^{\infty} A_n \in \mathcal{A}$

• Ω の部分集合すべて集めたものを $\mathcal{A}$ とすれば，上の (B1), (B2), (B3) を満たす．しかしながら数学の論理的合理性から意味のある集合以外は事象にする必要がないという立場により，事象族は (B1), (B2), (B3) を満たしていればよいことになっている．理系向けでない統計の本の中には，Ω の部分集合すべてを事象として考えているものがあり，その場合は (B1), (B2), (B3) を考える必要がない．

命題 2.1 各 $n \in \boldsymbol{N}$ に対して，事象 A_n, B_n が与えられているものとする．このとき，次の (1) から (4) が成り立つ．

(1) $A \cap \left(\bigcup_{n=1}^{\infty} B_n \right) = \bigcup_{n=1}^{\infty} (A \cap B_n)$

(2) $A \cup \left(\bigcap_{n=1}^{\infty} B_n \right) = \bigcap_{n=1}^{\infty} (A \cup B_n)$

(3) $\left(\bigcup_{n=1}^{\infty} A_n \right)^c = \bigcap_{n=1}^{\infty} A_n^c$

(4) $\left(\bigcap_{n=1}^{\infty} A_n \right)^c = \bigcup_{n=1}^{\infty} A_n^c$

証明 (1), (4) を示す．(2), (3) は，それぞれ，(1), (4) と同様に示すことができる．

(1)
$$\omega \in A \cap \left(\bigcup_{n=1}^{\infty} B_n \right)$$
$$\Longleftrightarrow \omega \in A \text{ かつ } \omega \in \bigcup_{n=1}^{\infty} B_n$$
$$\Longleftrightarrow (\omega \in A) \text{ かつ } (\text{ある } n \in \boldsymbol{N} \text{ が存在して}, \omega \in B_n)$$
$$\Longleftrightarrow \text{ある } n \in \boldsymbol{N} \text{ が存在して}, (\omega \in A \text{ かつ } \omega \in B_n)$$
$$\Longleftrightarrow \text{ある } n \in \boldsymbol{N} \text{ が存在して}, \omega \in A \cap B_n$$
$$\Longleftrightarrow \omega \in \bigcup_{n=1}^{\infty} (A \cap B_n)$$

(4) (a7) を使って，次の同値関係を得る．

$$\omega \in \left(\bigcap_{n=1}^{\infty} A_n\right)^c \iff \left(\omega \in \bigcap_{n=1}^{\infty} A_n\right) \text{ の否定}$$
$$\iff (\text{すべての } n \in \mathbf{N} \text{ に対して } \omega \in A_n) \text{ の否定}$$
$$\iff \text{ある } n \in \mathbf{N} \text{ が存在して, } \omega \notin A_n$$
$$\iff \text{ある } n \in \mathbf{N} \text{ が存在して, } \omega \in A_n^c$$
$$\iff \omega \in \bigcup_{n=1}^{\infty} A_n^c \qquad \square$$

問 2.6 命題 2.1 の (2), (3) を示せ.

命題 2.2 $\mathcal{A}$ を事象族とすれば,次の性質 (1), (2) を満たす.

(1) $A_1, A_2 \in \mathcal{A} \Longrightarrow A_1 \cup A_2, A_1 \cap A_2 \in \mathcal{A}$

(2) $A_n \in \mathcal{A}\ (n=1,2,\cdots) \Longrightarrow \bigcap_{n=1}^{\infty} A_n \in \mathcal{A}$

証明 (1) $A_n \equiv \varnothing\ (n=3,4,5,\cdots)$ とおき,(B3) を使うと,

$$A_1 \cup A_2 = A_1 \cup A_2 \cup \varnothing \cup \varnothing \cup \cdots \in \mathcal{A}$$

である. (B2) より, $A_1^c, A_2^c \in \mathcal{A}$ となる. 前半部分の結論より, $A_1^c \cup A_2^c \in \mathcal{A}$ となる.

(A5), (A8), (B2) より,

$$A_1 \cap A_2 = (A_1^c \cup A_2^c)^c \in \mathcal{A}$$

を得る.

(2) (B2) より, $A_n^c \in \mathcal{A}$ である. ここで, (B3) より

$$B \equiv \bigcup_{n=1}^{\infty} A_n^c \in \mathcal{A}$$

となる. (A8), (B2), 命題 2.1 の (3) を使って, 次式を得る.

$$\bigcap_{n=1}^{\infty} A_n = B^c \in \mathcal{A} \qquad \square$$

- 事象のことを解析学の用語では可測集合といい,事象族 $\mathcal{A}$ を可測集合族という.

2.2 確率測度とその基本的性質

事象 A の確率を $P(A)$ で表すことにし，一般的な定義を述べる．

定義 2.2 $P(\cdot)$ が次の 3 つの条件 (C1) から (C3) を満たすとき，$P(\cdot)$ は $(\Omega, \mathcal{A})$ 上の確率測度であるという．

(C1) $0 \leqq P(A) \leqq 1 \quad (A \in \mathcal{A})$

(C2) $P(\Omega) = 1, \quad P(\emptyset) = 0$

(C3) $A_n \in \mathcal{A} \ (n = 1, 2, \cdots)$ かつ $A_\ell \cap A_m = \phi \quad (\ell \neq m)$
$$\Longrightarrow P\left(\bigcup_{n=1}^{\infty} A_n\right) = \sum_{n=1}^{\infty} P(A_n)$$

- $a_n \equiv P(A_n) \geqq 0.\ b_n \equiv \sum_{n=1}^{k} P(A_n).\ \{a_n\}_{n=1,2,\cdots}, \{b_n\}_{n=1,2,\cdots}$ は非負の数列．
$$\sum_{n=1}^{\infty} P(A_n) = \sum_{n=1}^{\infty} a_n = \lim_{k \to \infty} b_k$$

- $P(\cdot)$ は，(C1) から (C3) を満たす $\mathcal{A}$ 上で定義された実数値関数である．

$(\Omega, \mathcal{A}, P)$ を**確率空間**とよぶ．

定理 2.3 $(\Omega, \mathcal{A}, P)$ を確率空間とすれば，次の (D1) から (D6) が成り立つ．ただし，集合はすべて $\mathcal{A}$ の要素とする．

(D1) $P(A^c) = 1 - P(A)$

(D2) $A_\ell \cap A_m = \emptyset \ (\ell \neq m) \Longrightarrow P\left(\bigcup_{n=1}^{k} A_n\right) = \sum_{n=1}^{k} P(A_n)$

(D3) $A \subset B \Longrightarrow P(A) \leqq P(B)$

(D4) $P(A \cup B) = P(A) + P(B) - P(A \cap B)$

(D5) $A_1 \subset A_2 \subset \cdots \subset A_n \subset \cdots$
$$\Longrightarrow P\left(\bigcup_{n=1}^{\infty} A_n\right) = \lim_{n \to \infty} P(A_n)$$

(D6) $A_1 \supset A_2 \supset \cdots \supset A_n \supset \cdots$
$$\Longrightarrow P\left(\bigcap_{n=1}^{\infty} A_n\right) = \lim_{n \to \infty} P(A_n)$$

証明 (D1) $A_1 \equiv A,\ A_2 \equiv A^c,\ A_n \equiv \emptyset \ (n = 3, 4, 5, \cdots)$ とする．

$$\Omega = A \cup A^c \cup \varnothing \cup \varnothing \cup \cdots = \bigcup_{n=1}^{\infty} A_n$$

であるので，(C3) より，次の等式を得，結論が導かれる．

$$1 = P(\Omega) = P\left(\bigcup_{n=1}^{\infty} A_n\right)$$
$$= \sum_{n=1}^{\infty} P(A_n) = P(A) + P(A^c) + 0 + 0 + \cdots$$
$$= P(A) + P(A^c)$$

(D2) $A_n \equiv \varnothing \ (n = k+1, k+2, \cdots)$ とする．(C3) を当てはめると，

$$P\left(\bigcup_{n=1}^{k} A_n\right) = P\left(\bigcup_{n=1}^{\infty} A_n\right) = \sum_{n=1}^{\infty} P(A_n) = \sum_{n=1}^{k} P(A_n)$$

(D3) $B = A \cup (B \cap A^c)$, $P(B \cap A^c) \geqq 0$, (D2) より，次を得る．

$$P(B) = P(A) + P(B \cap A^c) \geqq P(A)$$

(D4) $A = (A \cap B) \cup (A \cap B^c)$ かつ $(A \cap B) \cap (A \cap B^c) = \varnothing$ より (D2) を使うと，

$$P(A) = P(A \cap B) + P(A \cap B^c) \tag{a}$$

である．同様にして

$$P(B) = P(A \cap B) + P(A^c \cap B) \tag{b}$$

を得る．さらに，

$$A \cup B = (A \cap B) \cup (A \cap B^c) \cup (A^c \cap B)$$

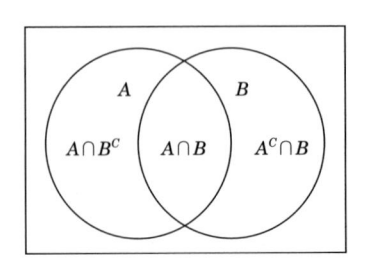

かつ $A \cap B$, $A \cap B^c$, $A^c \cap B$ は互いに排反であるので，(D2) より

$$P(A \cup B) = P(A \cap B) + P(A \cap B^c) + P(A^c \cap B) \quad \text{(c)}$$

を得る．(c)−(a)−(b) は

$$P(A \cup B) - P(A) - P(B) = -P(A \cap B)$$

であるので，結論を得る．

(D5), (D6) の証明は付録の A.2 節を参照せよ． □

- 定理 2.3 の中で，項目の番号として (1) から (6) ではなく (D1) から (D6) を使った理由は，今後も定理 2.3 の結論が頻繁に使われるためである．

以後，$(\Omega, \mathcal{A}, P)$ を確率空間とし，集合はすべて $\mathcal{A}$ の要素とする．

問 2.7 $\Omega = (0, 1] = \{\omega \mid 0 < \omega \leq 1\}$ とし，$0 \leq a < b \leq 1$ に対して，$P((a, b]) = b - a$ で確率測度 $P(\cdot)$ を定義するとき，次の値を求めよ．

(1) $P((0.1, 0.5] \cup (0.3, 0.7])$

(2) $P((0.1, 0.5] \cap (0.3, 0.7])$

(3) $P((0.1, 0.5] \cup (0.6, 0.7])$

問 2.8 $\Omega = (0, 1] = \{\omega \mid 0 < \omega \leq 1\}$ とし，$0 \leq a < b \leq 1$ に対して，$P((a, b]) = b - a$ で確率測度 $P(\cdot)$ を定義し，$A_n = (0, 1 - 1/(2n)]$ とするとき，次の値を求めよ．

(1) $P\left(\bigcup_{n=1}^{\infty} A_n\right)$　　(2) $P\left(\bigcap_{n=1}^{\infty} A_n\right)$　　(3) $P\left(\bigcap_{n=1}^{\infty} A_n^c\right)$

問 2.9 次の (1), (2) に答えよ．

(1) $P(A) = 0.7$, $P(B) = 0.5$, $P(A \cap B) = 0.3$ とするとき，$P(A \cup B)$ の値を求めよ．

(2) $P(A) = 0.3$, $P(B) = 0.5$, $P(A \cup B) = 0.6$ とするとき，$P(A \cap B)$ の値を求めよ．

命題 2.4 $P(A) = 1$ ならば，$P(A \cap B) = P(B)$ である．

証明 $A \subset A \cup B$, (定理 2.3 の) (D3), (C1) より,
$$1 = P(A) \leqq P(A \cup B) \leqq 1$$
である．ゆえに $P(A \cup B) = 1$ となる．(D4) より，次の等式を得る．
$$P(A \cap B) = P(A) + P(B) - P(A \cup B) = 1 + P(B) - 1 = P(B) \qquad \square$$

命題 2.5 次の (1) から (4) が成り立つ．

(1) $P\left(\bigcup_{n=1}^{m} A_n\right) \leqq \sum_{n=1}^{m} P(A_n)$

(2) $P\left(\bigcap_{n=1}^{m} A_n\right) \geqq 1 - \sum_{n=1}^{m} P(A_n^c)$

(3) $P(A_n) = 0 \ (n = 1, 2, \cdots, m) \Longrightarrow P\left(\bigcup_{n=1}^{m} A_n\right) = 0$

(4) $P(A_n) = 1 \ (n = 1, 2, \cdots, m) \Longrightarrow P\left(\bigcap_{n=1}^{m} A_n\right) = 1$

証明 (1) m に関しての数学的帰納法で証明を行う．

(i) $m = 2$ のとき，(D4) と (C1) より，
$$P(A_1 \cup A_2) = P(A_1) + P(A_2) - P(A_1 \cap A_2) \leqq P(A_1) + P(A_2)$$
である．よって成り立つ．

(ii) $m = k$ のとき成り立つと仮定する．すなわち，
$$P\left(\bigcup_{n=1}^{k} A_n\right) \leqq \sum_{n=1}^{k} P(A_n) \tag{2.3}$$
を仮定する．$B \equiv \bigcup_{n=1}^{k} A_n$ とおく．$m = k+1$ のとき，(i) と (2.3) より，
$$P(B \cup A_{k+1}) \leqq P(B) + P(A_{k+1}) \leqq \sum_{n=1}^{k+1} P(A_n)$$
である．ゆえに，$m = k+1$ のときも成り立つ．

(2) (1) より，
$$P\left(\bigcup_{n=1}^{m} A_n^c\right) \leqq \sum_{n=1}^{m} P(A_n^c) \tag{2.4}$$

が成り立つ．(A1) より，
$$\left(\bigcap_{n=1}^{m} A_n\right) \cup \left(\bigcap_{n=1}^{m} A_n\right)^c = \Omega$$
である．ここで，(D1), (A5), (2.4) より，次の不等式を得られ，結論が導かれる．
$$P\left(\bigcap_{n=1}^{m} A_n\right) = 1 - P\left(\left(\bigcap_{n=1}^{m} A_n\right)^c\right)$$
$$= 1 - P\left(\bigcup_{n=1}^{m} A_n^c\right) \geqq 1 - \sum_{n=1}^{m} P(A_n^c)$$

(3) (C1), (1) を使って，次のはさみうちの原理から結論を得る．
$$0 \leqq P\left(\bigcup_{n=1}^{m} A_n\right) \leqq \sum_{n=1}^{m} P(A_n) = 0$$

(4) $P(A_n) = 1$ より，$P(A_n^c) = 0$ である．このことと，(C1), (D1), (D3) より，次が導かれ結論を得る．
$$P\left(\bigcap_{n=1}^{m} A_n\right) = 1 - P\left(\bigcup_{n=1}^{m} A_n^c\right) = 1 \qquad \Box$$

定理 2.6 次の (1) から (4) が成り立つ．

(1) $P\left(\bigcup_{n=1}^{\infty} A_n\right) \leqq \sum_{n=1}^{\infty} P(A_n)$

(2) $P\left(\bigcap_{n=1}^{\infty} A_n\right) \geqq 1 - \sum_{n=1}^{\infty} P(A_n^c)$

(3) $P(A_n) = 0 \ (n = 1, 2, \cdots) \Longrightarrow P\left(\bigcup_{n=1}^{\infty} A_n\right) = 0$

(4) $P(A_n) = 1 \ (n = 1, 2, \cdots) \Longrightarrow P\left(\bigcap_{n=1}^{\infty} A_n\right) = 1$

証明 (1) $B_1 \equiv A_1$, $B_n \equiv A_n - \left(\bigcup_{i=1}^{n-1} A_i\right) \ (n = 2, 3, \cdots)$ とおく．このとき，各 B_i は排反となり，
$$\bigcup_{n=1}^{\infty} A_n = \bigcup_{n=1}^{\infty} B_n, \qquad P(B_n) \leqq P(A_n)$$
が成り立つ．ゆえに，次の結果の不等式が導かれる．

$$P\left(\bigcup_{n=1}^{\infty} A_n\right) = P\left(\bigcup_{n=1}^{\infty} B_n\right) = \sum_{n=1}^{\infty} P(B_n) \leqq \sum_{n=1}^{\infty} P(A_n)$$

(2) から (4) は，命題 2.5 の (2) から (4) と同様に示すことができる．　□

問 2.10 定理 2.6 の (2) から (4) を示せ．

起こり得るすべての場合が n 通り．それらのどの場合が起こることも**同様に確からしい**とき，この n 通りのうちある事象 A が起こる場合の数が m 通りならば，A の起こる確率は，$P(A) = m/n$ で与えられる．

例 2.1 'さいころを投げる' 試行の確率空間は $\Omega = \{1, 2, 3, 4, 5, 6\}$，$\mathcal{A} = \{\Omega$ の部分集合全体 $\}$．$P(\{i\}) = 1/6 \ (i = 1, 2, \cdots, 6)$ は，i の目が出る確率を表す．(D2) より，$A \subset \Omega$ ならば，

$$P(A) = \sum_{i \in A} P(\{i\}) = \frac{\#A}{6}$$

となる．ただし，$\#A$ は事象 A の要素の個数を表す．例えば $A = \{1, 3, 5\}$ のとき $P(A) = 3/6 = 1/2$ である．

2.3　条件付確率と事象の独立性

$P(\cdot)$ を，事象 C に対して $P(C) > 0$ を満たす確率測度とする．このとき，任意の $A \in \mathcal{A}$ に対して

$$P(A \mid C) \equiv \frac{P(A \cap C)}{P(C)}$$

とおく．

命題 2.7 $\mathcal{A}$ 上の関数 $P(\cdot \mid C)$ は定義 2.2 の (C1) から (C3) を満たす．
すなわち，次の (C1)′ から (C3)′ が成り立つ．

(C1)′　$0 \leqq P(A \mid C) \leqq 1$
(C2)′　$P(\Omega \mid C) = 1, P(\varnothing \mid C) = 0$
(C3)′　$A_n \in \mathcal{A} \ (n = 1, 2, \cdots)$ かつ $A_\ell \cap A_m = \varnothing \ (\ell \neq m)$
$\implies P\left(\bigcup_{n=1}^{\infty} A_n \middle| C\right) = \sum_{n=1}^{\infty} P(A_n \mid C)$

問 **2.11** 命題 2.7 を示せ.

この命題により，$P(\,\cdot\mid C)$ は $(\Omega, \mathcal{A})$ 上の確率測度となる．すなわち，$P_C(\cdot) = P(\,\cdot\mid C)$ とおけば，$(\Omega, \mathcal{A}, P_C)$ は確率空間である．

定義 2.3 $P(A\mid C)$ を事象 C が与えられたときの事象 A の**条件付確率**といい，$P(\,\cdot\mid C)$ を C が与えられたときの**条件付確率測度**という．

例 2.2 'さいころを投げる' 試行の確率空間では $C=\{1,3,5\}$，$A=\{1,2,3\}$ とすれば，$A\cap C=\{1,3\}$ で条件付確率は

$$P(A\mid C)=\frac{P(A\cap C)}{P(C)}=\frac{2/6}{3/6}=\frac{2}{3}$$

となる．

定理 2.8 Ω が互いに排反な事象 $A_1,A_2,\cdots,A_n$ であらわされるとする．すなわち，$\Omega=A_1\cup A_2\cup\cdots\cup A_n$ かつ $A_i\cap A_j=\emptyset$ $(i\ne j)$ とする．さらに $P(A_i)>0$ $(i=1,\cdots,n)$ とする．このとき，次の (1), (2) が成り立つ．

(1) (全確率の法則) $\displaystyle P(B)=\sum_{i=1}^{n}P(A_i)P(B\mid A_i)$

(2) (ベイズの法則) $\displaystyle P(B)>0 \Longrightarrow P(A_j\mid B)=\frac{P(A_j)P(B\mid A_j)}{\sum_{i=1}^{n}P(A_i)P(B\mid A_i)}$

証明 (1) 条件付確率の定義より，

$$\sum_{i=1}^{n}P(A_i)P(B\mid A_i)=\sum_{i=1}^{n}P(B\cap A_i)=P((B\cap A_1)\cup\cdots\cup(B\cap A_n))$$

を得る．事象の分配法則 (A4) より，

$$(B\cap A_1)\cup\cdots\cup(B\cap A_n)=B\cap(A_1\cup\cdots\cup A_n)=B\cap\Omega=B$$

である．これにより，上式の右辺は $P(B)$ となる．

(2) 結論の式の右辺は (1) より，

$$\frac{P(A_j)P(B\mid A_j)}{P(B)}=\frac{P(A_j\cap B)}{P(B)}$$

が成り立つ．これは，$P(A_j \mid B)$ であることを意味する． □

ベイズの法則は，条件付き確率が，条件の事象と条件後の事象を交換して計算できることを意味している．特に，$n=2, A_1 \equiv A, A_2 \equiv A^c$ として，

$$P(A \mid B) = \frac{P(A)P(B \mid A)}{P(A)P(B \mid A) + P(A^c)P(B \mid A^c)} \tag{2.5}$$

が成り立つ．

例 2.3 ある会社では，毎日 50 分以上歩いている人が 30%，そうでない人は 70% である．この冬，毎日歩いている人がインフルエンザに罹った割合は 10%，歩いていない人が罹った割合は 60% である．$A \equiv \{$毎日 50 分以上歩いている人の事象$\}$，$B \equiv \{$インフルエンザに罹った人の事象$\}$ とすると，

$$P(A) = 0.3, \quad P(A^c) = 0.7, \quad P(B|A) = 0.1, \quad P(B|A^c) = 0.6$$

である．このとき，インフルエンザに罹った人のうち毎日 50 分以上歩いている人の割合は，(2.5) 式を使って，

$$P(A|B) = \frac{0.3 \times 0.1}{0.3 \times 0.1 + 0.7 \times 0.6} = 0.067$$

である．また，インフルエンザに罹った人の割合は，全確率の法則より，

$$P(B) = 0.3 \times 0.1 + 0.7 \times 0.6 = 0.45$$

となる．

定義 2.4 2 つの事象 A, B が**互いに独立**であるとは

$$P(A \cap B) = P(A)P(B)$$

が成り立つときをいい，独立でないとき**従属**であるという．

命題 2.9 2 つの事象 A, B は互いに独立であるとする．このとき，次の (1), (2) が成り立つ．

(1) A, B^c は互いに独立

(2) A^c, B^c は互いに独立

証明 (1) $A = A \cap (B \cup B^c) = (A \cap B) \cup (A \cap B^c), (A \cap B) \cap (A \cap B^c) = \emptyset$ より,
$$P(A) = P(A \cap B) + P(A \cap B^c) = P(A)P(B) + P(A \cap B^c)$$
である．これにより,
$$P(A \cap B^c) = P(A)(1 - P(B)) = P(A)P(B^c)$$
を得る．すなわち, A, B^c は互いに独立である．

(2) $C \equiv B^c$ とおく．このとき, (1) を使って,
$$(A, B \text{ は互いに独立}) \Longrightarrow (A, C \text{ は互いに独立})$$
$$\Longrightarrow (C, A^c \text{ は互いに独立})$$
$$\Longrightarrow (A^c, B^c \text{ は互いに独立}) \qquad \square$$

A, B が互いに独立で $P(A) > 0$ のとき，次が成り立つ．
$$P(B \mid A) = \frac{P(B \cap A)}{P(A)} = \frac{P(B)P(A)}{P(A)} = P(B)$$

例 2.4 赤と青の 2 つのさいころをふることを考える．
$$\omega \equiv (\text{赤いさいころの目}, \text{青いさいころの目})$$
とする．このとき,
$$\Omega = \{(i,j) \mid i,j = 1,2,3,4,5,6\}$$
となり,
$$A \equiv \{\text{赤いさいころの目が } 1\} = \{(1,j) \mid j = 1,2,3,4,5,6\},$$
$$B \equiv \{\text{青いさいころの目が } 5\} = \{(i,5) \mid i = 1,2,3,4,5,6\},$$
$$A \cap B = \{\text{赤いさいころの目が } 1, \text{青いさいころの目が } 5\} = \{(1,5)\}$$
である．ここで
$$P(A \cap B) = \frac{1}{36} = \frac{1}{6} \times \frac{1}{6} = P(A)P(B)$$
となり, A, B は互いに独立である．また,

$C \equiv \{$赤いさいころの目が奇数$\} = \{(i,j) \mid i=1,3,5,\ j=1,2,3,4,5,6\},$

$D \equiv \{$青いさいころの目が偶数$\} = \{(i,j) \mid i=1,2,3,4,5,6,\ j=2,4,6\}$

とするとき,

$$C \cap D = \{(i,j) \mid i=1,3,5,\ j=2,4,6\},$$
$$P(C \cap D) = \frac{9}{36} = \frac{1}{2} \times \frac{1}{2} = P(C)P(D)$$

となり, C, D も互いに独立である.

例 2.5 同じ大きさの赤玉 5 つと白玉 5 つが袋の中によくかきまぜて入れられているとき, 1 つの玉を抜き出し, 抜いた玉を元に戻すことなく, 2 つめの玉を抜き出す.

$$\omega \equiv (1\text{つめの玉},\ 2\text{つめの玉})$$

とおく. このとき,

$\Omega = \{($赤玉, 赤玉$), ($赤玉, 白玉$), ($白玉, 赤玉$), ($白玉, 白玉$)\}$

となり,

$$P(\{($赤玉, 赤玉$)\}) = P(\{($白玉, 白玉$)\}) = \frac{5}{10} \times \frac{4}{9} = \frac{2}{9},$$
$$P(\{($赤玉, 白玉$)\}) = P(\{($白玉, 赤玉$)\}) = \frac{1}{2} \times \frac{5}{9} = \frac{5}{18}$$

となる.

$A \equiv \{1$つめが赤玉である$\} = \{($赤玉, 赤玉$), ($赤玉, 白玉$)\},$

$B \equiv \{2$つめが白玉である$\} = \{($赤玉, 白玉$), ($白玉, 白玉$)\}$

とするとき, $A \cap B = \{($赤玉, 白玉$)\},$

$$P(A \cap B) = \frac{5}{10} \times \frac{5}{9} \neq \frac{5}{10} \times \frac{5}{10} = P(A)P(B)$$

となり, A, B は従属の関係にある.

3 つ以上の事象の独立性の定義は次のとおりである.

定義 2.5 n 個の事象 $A_1,\cdots,A_n$ が**互いに独立**であるとは，$2 \leqq k \leqq n$ となる任意の整数 k と $1 \leqq i_1 < i_2 < \cdots < i_k \leqq n$ となる任意の整数の組 $(i_1,\cdots,i_k)$ に対して

$$P(A_{i_1} \cap A_{i_2} \cap \cdots \cap A_{i_k}) = P(A_{i_1})P(A_{i_2})\cdots P(A_{i_k})$$

が成り立つときをいう．

特に，$n=3$ のときは次で与えられる．

事象 A,B,C が互いに独立であるとは，(i) から (iv) が成り立つことである．

(i)　$P(A \cap B \cap C) = P(A)P(B)P(C)$
(ii)　$P(A \cap B) = P(A)P(B)$
(iii)　$P(B \cap C) = P(B)P(C)$
(iv)　$P(A \cap C) = P(A)P(C)$

例 2.6 1 から 8 が書かれた 8 枚のカードから 1 枚を引くものとする．
(1) (i) は成り立つが A,B,C が互いに独立でない例．

$$A = \{1,2,3,4\}, \qquad B = \{1,6,7,8\}, \qquad C = \{1,2,5,6\}$$

とすると，$A \cap B \cap C = \{1\} = A \cap B$ である．

$$P(A \cap B \cap C) = \frac{1}{8} = \frac{1}{2} \times \frac{1}{2} \times \frac{1}{2} = P(A)P(B)P(C)$$

であるが，

$$P(A \cap B) = \frac{1}{8} \neq \frac{1}{2} \times \frac{1}{2} = P(A)P(B)$$

となり，A,B,C は互いに独立でない．

(2) (ii) から (iv) は成り立つが A,B,C が互いに独立でない例．

$$A = \{1,2,3,4\}, \qquad B = \{1,2,5,6\}, \qquad C = \{1,2,7,8\}$$

とする．

$$A \cap B = B \cap C = A \cap C = A \cap B \cap C = \{1,2\}$$

より，

$$P(A \cap B) = P(B \cap C) = P(A \cap C) = \frac{1}{4}$$

$$= \frac{1}{2} \times \frac{1}{2} = P(A)P(B) = P(B)P(C) = P(A)P(C)$$

であるが,

$$P(A \cap B \cap C) = \frac{1}{4} \neq \frac{1}{2} \times \frac{1}{2} \times \frac{1}{2} = P(A)P(B)P(C)$$

となる.

問 2.12 1から8が書かれた8枚のカードから1枚を引くものとする.このとき,互いに独立となる事象 A, B, C の例をあげよ.

2.4 確率変数と分布関数

確率変数の定義を述べる前に, Ω 上の実数値関数と写像について述べる.

Ω 上の実数値関数

Ω の任意の要素 ω を実数 R の要素 x に対応させる規則 $X(\cdot)$ が与えられたとき, $X(\cdot)$ を Ω 上の実数値関数とよび,

$$X(\cdot): \Omega \to R$$

と書く.また, ω が $X(\cdot)$ により x に対応しているとき, $x = X(\omega)$ と書く.

Ω 上の実数値関数 $X(\cdot)$ と事象 $A \subset \Omega$ に対して,

$$X(A) \equiv \{X(\omega) \mid \omega \in A\}$$

とおいて, $X(A)$ を A の $X(\cdot)$ による像 (image) とよぶ.

Ω 上の実数値関数 $X(\cdot)$ と $E \subset R$ に対して,

$$X^{-1}(E) \equiv \{\omega \mid X(\omega) \in E\} \equiv \{\omega \in \Omega \mid X(\omega) \in E\}$$

とおいて, $X^{-1}(E)$ を E の $X(\cdot)$ による逆像 (inverse image) とよぶ.

命題 2.10 Ω 上の実数値関数 $X(\cdot)$,および, $A_1, A_2 \subset \Omega$ と $E_1, E_2 \subset R$ に対して,定義から明らかに次の (1), (2) が成り立つ.

(1) $A_1 \subset A_2 \implies X(A_1) \subset X(A_2)$
(2) $E_1 \subset E_2 \implies X^{-1}(E_1) \subset X^{-1}(E_2)$

2.4 確率変数と分布関数

問 2.13 $\Omega = R = (-\infty, \infty)$, $X(\omega) = \omega^3$ とする．

(1) $A = (1,2)$, $B = (-1,3)$ のとき，$X(A), X(B), X(\Omega)$ を求めよ．

(2) $E = (-1, 125]$, $F = (-\infty, -8]$ のとき，$X^{-1}(E), X^{-1}(F), X^{-1}(R)$ を求めよ．

問 2.14 $\Omega = R = (-\infty, \infty)$, $X(\omega) = |\omega|$ とする．

(1) $A = (1,2)$, $B = (-6,5)$ のとき，$X(A), X(B), X(\Omega)$ を求めよ．

(2) $E = (-\infty, -1]$, $F = (-\infty, 2]$, $G = (1,2)$, のとき，$X^{-1}(E), X^{-1}(F), X^{-1}(G), X^{-1}(R)$ を求めよ．

問 2.15 $\Omega = [0, \infty) = \{\omega \mid 0 \leqq \omega\}$, $X(\omega) = |\omega|$ とする．

(1) $A = (1,2)$, $B = [1,5]$ のとき，$X(A), X(B), X(\Omega)$ を求めよ．

(2) $E = (-5, 2)$, $F = (-\infty, 2]$, $G = (1,2)$, のとき，$X^{-1}(E), X^{-1}(F), X^{-1}(G), X^{-1}(R)$ を求めよ．

問 2.16 さいころを投げる．$\Omega = \{1,2,3,4,5,6\}$, $X(\omega) = 1$ (目が奇数のとき)，$X(\omega) = 0$ (目が偶数のとき) とする．

(1) $A = \{1,3,5\}$, $B = \{2,6\}$, $C = \{2,3,5\}$ のとき，$X(A), X(B), X(C), X(\Omega)$ を求めよ．

(2) $E = \{0\}$, $F = (-\infty, 0.3]$, $G = (-\infty, 2]$, $H = (0, 2]$ のとき，$X^{-1}(E), X^{-1}(F), X^{-1}(G), X^{-1}(H), X^{-1}(R)$ を求めよ．

定義 2.6 確率空間 $(\Omega, \mathcal{A}, P)$ において，Ω 上の実数値関数 $X(\cdot) : \Omega \to R$ が**確率変数**であるとは，

$$\text{任意 } a \in R \text{ に対して } \{\omega \mid X(\omega) \leqq a\} \in \mathcal{A} \tag{2.6}$$

が成り立つときをいう．

$(2.6) \iff$ 任意 $a \in R$ に対して $X^{-1}((-\infty, a]) \in \mathcal{A}$

である．$X(\cdot)$ を，簡略化した記号として X と書く．

例 2.7 1 つのさいころを投げるとき，例 2.1 より $\Omega = \{1,2,3,4,5,6\}$, $\mathcal{A} =$

{Ω の部分集合全体} であった．いま $X(\cdot)$ を，

$$X(\omega) = \begin{cases} 1 & (\omega \in \{1,3,5\} \text{ のとき}) \\ 2 & (\omega \in \{2,4\} \text{ のとき}) \\ 3 & (\omega = 6 \text{ のとき}) \end{cases}$$

で定義すれば，

$$\{\omega \mid X(\omega) \leqq a\} = \begin{cases} \varnothing & (a < 1) \\ \{1,3,5\} & (1 \leqq a < 2) \\ \{1,2,3,4,5\} & (2 \leqq a < 3) \\ \Omega & (3 \leqq a) \end{cases}$$

となり，$X(\cdot)$ は確率変数となる．

アルキメデスの公理

正の実数 a, b に対して，$na > b$ となる自然数 $n \in \boldsymbol{N}$ が存在する．

アルキメデスの公理より，次の (E1)〜(E3) が導かれる．

(E1) 正の実数 a に対して，$\dfrac{1}{n} < a$ となる $n \in \boldsymbol{N}$ が存在する．

(E2) 実数 a に対して，$a < n$ となる $n \in \boldsymbol{N}$ が存在する．

(E3) 実数 a に対して，$a > -n$ となる $n \in \boldsymbol{N}$ が存在する．

問 2.17 $\Omega = (0, \infty) = \{\omega \mid 0 < \omega\}$，$A_n = (0, n] = \{\omega \mid 0 < \omega \leqq n\}$ $(n = 1, 2, \cdots)$ とする．このとき，次の (1) から (4) を求めよ．

(1) 和事象 $\bigcup_{n=1}^{\infty} A_n$ (2) 積事象 $\bigcap_{n=1}^{\infty} A_n$

(3) 積事象 $\bigcap_{n=1}^{\infty} A_n^c$ (4) 和事象 $\bigcup_{n=1}^{\infty} A_n^c$

補題 2.11 X を $(\Omega, \mathcal{A}, P)$ 上の確率変数とする．このとき，次の (1) から (3) が成り立つ．

(1) $n = 1, 2, \cdots$ に対して，

$$A_n \equiv \left\{\omega \mid X(\omega) \leqq a - \frac{1}{n}\right\}, \tag{2.7}$$

$$B_n \equiv \left\{\omega \mid X(\omega) \leqq a + \frac{1}{n}\right\} \tag{2.8}$$

とおく．このとき，次が成り立つ．

$$\bigcup_{n=1}^{\infty} A_n = \{\omega \mid X(\omega) < a\}, \qquad \bigcap_{n=1}^{\infty} B_n = \{\omega \mid X(\omega) \leqq a\}$$

(2) $n = 1, 2, \cdots$ に対して，

$$A_n \equiv \{\omega \mid X(\omega) \leqq n\}, \tag{2.9}$$

$$B_n \equiv \{\omega \mid X(\omega) \leqq -n\} \tag{2.10}$$

とおく．このとき，$\bigcup_{n=1}^{\infty} A_n = \Omega$, $\bigcap_{n=1}^{\infty} B_n = \varnothing$ である．

(3) A_n を次で定義する．

$$A_1 \equiv \{\omega \mid |X(\omega) - \mu| \geqq 1\},$$

$$A_i \equiv \left\{\omega \ \middle| \ \frac{1}{i-1} > |X(\omega) - \mu| \geqq \frac{1}{i}\right\} \quad (i \geqq 2) \tag{2.11}$$

このとき，$\bigcup_{n=1}^{\infty} A_n = \{\omega \mid |X(\omega) - \mu| > 0\}$ が成り立つ．

証明 (1), (2) の証明は，付録 A.2 を参照せよ．

(3) $E \equiv \{\omega \mid |X(\omega) - \mu| > 0\}$ とおく．$A_i \subset E$ より，(b) $\bigcup_{n=1}^{\infty} A_n \subset E$ である．$\omega \in E$ とすると，$|X(\omega) - \mu| > 0$ より，(E1) を使って，$|X(\omega) - \mu| > 1/n_0$ を満たす $n_0 \in \mathbf{N}$ が存在する．(c) $\omega \in \bigcup_{i=1}^{n_0} A_i \subset \bigcup_{i=1}^{\infty} A_i$ である．(b), (c) より結論を得る． □

定理 2.12 X を $(\Omega, \mathcal{A}, P)$ 上の確率変数とすれば，任意の $a \in R$ に対して $\{\omega \mid X(\omega) < a\} \in \mathcal{A}$ である．

証明 A_n を (2.7) で定義する．補題 2.11 の (1) より，$\{\omega \mid X(\omega) < a\} = \bigcup_{n=1}^{\infty} A_n$ と表され，任意の自然数 n に対して $A_n \in \mathcal{A}$ が成り立つ．ここで，(定義 2.1 の) (B3) より結論が導かれる． □

系 2.13 X を $(\Omega, \mathcal{A}, P)$ 上の確率変数とすれば,$a < b$ となる $a, b \in R$ に対して,$\{\omega \mid a \leqq X(\omega) \leqq b\}$, $\{\omega \mid a < X(\omega) \leqq b\}$, $\{\omega \mid a \leqq X(\omega) < b\}$, $\{\omega \mid a < X(\omega) < b\} \in \mathcal{A}$ である.

証明 $\{\omega \mid a \leqq X(\omega) \leqq b\} \in \mathcal{A}$ を示す.他は同様に示される.(B2) より $\{\omega \mid a \leqq X(\omega)\} = \{\omega \mid X(\omega) < a\}^c \in \mathcal{A}$.命題 2.2 の (1) より,$\{\omega \mid a \leqq X(\omega) \leqq b\} = \{\omega \mid a \leqq X(\omega)\} \cap \{\omega \mid X(\omega) \leqq b\} \in \mathcal{A}$ を得る. □

問 2.18 $\{\omega \mid a \leqq X(\omega) < b\}$, $\{\omega \mid a < X(\omega) < b\} \in \mathcal{A}$ を示せ.

X を $(\Omega, \mathcal{A}, P)$ 上の確率変数とする.D を $X(\Omega) \subset D \subset R$ とし,$g(\cdot)$ を D から R への通常考えるような関数 (可測関数) とする.このとき,$g(X(\cdot))$ は $(\Omega, \mathcal{A}, P)$ 上の確率変数となる.

例 2.8 例 2.7 で,$g(\cdot) : \{1, 2, 3\} \to R$ を $g(1) = 1$, $g(2) = g(3) = 2$ で定義すれば,$\{\omega \mid g(X(\omega)) = 1\} = \{1, 3, 5\}$, $\{\omega \mid g(X(\omega)) = 2\} = \{2, 4, 6\}$,

$$\{\omega \mid g(X(\omega)) \leqq a\} = \begin{cases} \varnothing & (a < 1) \\ \{1, 3, 5\} & (1 \leqq a < 2) \\ \Omega & (2 \leqq a) \end{cases}$$

となり,$g(X(\cdot)) : \Omega \to R$ は確率変数となる.

- $g(\cdot)$ が連続関数であれば,$g(X(\cdot))$ は確率変数となるが,$g(X(\cdot))$ として通常考えるような連続でない関数に対しても $g(X(\cdot))$ は確率変数となる.むしろ $g(X(\cdot))$ が確率変数とならないような関数 $g(\cdot)$ を作るほうが大変である.このため,可測性を無視した教科書も多い.可測の定義は,巻末の参考文献 (数 8) を参照のこと.

事象 $\{\omega \mid X(\omega) \leqq a\}$ を簡略化した記号を使って $X \leqq a$ で表す.一般的には,事象 $\{\omega \mid X(\omega) \in B\}$ を $X \in B$ で表す.たとえば,

$$|\sin(X) - 0.5| > c \iff X \in \{x \mid |\sin(x) - 0.5| > c\}$$

は $\{\omega \mid |\sin(X(\omega)) - 0.5| > c\}$ を意味する.

定義 2.7 X を確率空間 $(\Omega, \mathcal{A}, P)$ 上の確率変数とする.任意の $x \in R$ に対して

$$F_X(x) \equiv P(X \leqq x) = P(\{\omega \mid X(\omega) \leqq x\})$$

で定義される関数 $F_X(x)$ を確率変数 X の**分布関数**という．

$Y \equiv g(X)$ の分布関数は $F_Y(x) \equiv P(Y \leqq x) = P(\{\omega \mid g(X(\omega)) \leqq x\})$ である．

例 2.9 例 2.7, 例 2.8 の設定で，$X, Y \equiv g(X)$ の分布関数をそれぞれ $F_X(x)$, $F_Y(x)$ とすれば，

$$F_X(x) = \begin{cases} 0 & (x < 1) \\ \dfrac{1}{2} & (1 \leqq x < 2) \\ \dfrac{5}{6} & (2 \leqq x < 3) \\ 1 & (3 \leqq x), \end{cases} \qquad F_Y(x) = \begin{cases} 0 & (x < 1) \\ \dfrac{1}{2} & (1 \leqq x < 2) \\ 1 & (2 \leqq x) \end{cases}$$

となる．

このとき，分布関数の重要な性質として次の定理が成り立つ．

定理 2.14 X を $(\Omega, \mathcal{A}, P)$ 上の確率変数とする．このとき，次の (1) から (4) が成り立つ．

(1) $a < b$ となる任意の $a, b \in R$ に対して

$$P(a < X \leqq b) = F_X(b) - F_X(a)$$

(2) 任意の $x \in R$ に対して $0 \leqq F_X(x) \leqq 1$ であり，かつ，

$$F_X(\infty) \equiv \lim_{x \to \infty} F_X(x) = 1, \qquad F_X(-\infty) \equiv \lim_{x \to -\infty} F_X(x) = 0$$

(3) $F_X(x)$ は非減少関数である．すなわち，

$$x < y \Longrightarrow F_X(x) \leqq F_X(y)$$

(4) $F_X(x)$ は右連続である．すなわち，

$$F_X(x+0) \equiv \lim_{h \to +0} F_X(x+h) = F_X(x)$$

証明 (1) $A \equiv \{\omega \mid X(\omega) \leqq a\}$, $B \equiv \{\omega \mid X(\omega) \leqq b\}$, $C \equiv \{\omega \mid a < X(\omega) \leqq b\}$ とおけば,$B = A + C$ より

$$F_X(b) = P(X \leqq b) = P(B) = P(A) + P(C)$$
$$= P(X \leqq a) + P(a < X \leqq b) = F_X(a) + P(a < X \leqq b)$$

(2) 確率測度の定義 2.2 の (C1) より,$0 \leqq F_X(x) = P(X \leqq x) \leqq 1$ は自明である.$A_n \equiv \{\omega \mid X(\omega) \leqq n\}$ とおくと $A_1 \subset A_2 \subset \cdots \subset A_n \subset \cdots$ となる.さらに,補題 2.11 の (2) より,$\bigcup_{n=1}^{\infty} A_n = \Omega$.ここで,(D5) より

$$F_X(+\infty) = \lim_{n \to +\infty} F_X(n) = \lim_{n \to \infty} P(A_n) = P\left(\bigcup_{n=1}^{\infty} A_n\right) = P(\Omega) = 1$$

$B_n \equiv \{\omega \mid X(\omega) \leqq -n\}$ とおくと $B_1 \supset B_2 \supset \cdots \supset B_n \supset \cdots$ である.さらに,補題 2.11 の (2) より,$\bigcap_{n=1}^{\infty} B_n = \emptyset$ である.ここで,(D6) より

$$F_X(-\infty) = \lim_{n \to \infty} F_X(-n) = \lim_{n \to \infty} P(B_n) = P\left(\bigcap_{n=1}^{\infty} B_n\right) = P(\emptyset) = 0$$

(3) $F_X(x) \leqq P(X \leqq x) + P(x < X \leqq y) = P(X \leqq y) = F_X(y)$

(4) $B_n \equiv \{\omega \mid X(\omega) \leqq x + 1/n\}$ とおくと $B_1 \supset B_2 \supset \cdots \supset B_n \supset \cdots$ である.さらに,補題 2.11 の (1) より,$\bigcap_{n=1}^{\infty} B_n = \{\omega \mid X(\omega) \leqq x\}$ である.ここで,(D6) より,次が成り立つ.

$$F_X(x + 0) = \lim_{n \to \infty} P(B_n) = P\left(\bigcap_{n=1}^{\infty} B_n\right) = F_X(x) \qquad \square$$

定理 2.14 の (4) より,分布関数は右連続である.さらに次の興味ある定理が導かれる.

定理 2.15 分布関数の不連続点は高々可算個である.

証明 $A_n \equiv \{x \mid 1/(n+1) < F_X(x) - F_X(x-0) \leqq 1/n\}$ とおく.このとき,

$$(F_X(x) \text{ の不連続点の集合}) = \bigcup_{n=1}^{\infty} A_n$$

を得る.A_n の要素の個数は n 以下であることを示す.$\#A_n \geqq n+1$ とすると,

$\{x_1, \cdots, x_{n+1}\} \subset A_n$ となる $x_1 < \cdots < x_{n+1}$ が存在する.

$$1 = F_X(\infty) - F_X(-\infty) \geqq \sum_{i=1}^{n+1} \{F_X(x_i) - F_X(x_i - 0)\} > \sum_{i=1}^{n+1} \frac{1}{n+1} = 1$$

であるので, 矛盾がおこる. これにより, A_n の要素の個数は n 以下である. $A_1, A_2, \cdots, A_n, \cdots$ の要素の順で番号を付けると, A_n の任意の要素は, $\sum_{k=1}^{n} k = n(n+1)/2$ 以下の番号が付く. ゆえにすべての不連続点に自然数の番号が付けられる. □

定理 2.15 は後に述べる重要なスラツキーの定理の証明で使われる.

確率変数 X が, さいころの目, 世帯あたりの子供の数, 試験の点などのように有限または可算無限個のある値 $x_1, x_2, \cdots, x_n, \cdots$ のみをとるとき**離散型確率変数** といい, その分布を**離散分布**とよぶ. 離散分布は各 x_i における確率

$$f_X(x_i) \equiv P(X = x_i) = P(\{\omega \mid X(\omega) = x_i\}) \quad (i = 1, 2, \cdots)$$

によって決定され, $f_X(\cdot)$ を**確率関数**または**頻度関数**とよぶ. X が有限個の値 $x_1, x_2, \cdots, x_n$ 以外をとらないとき, 形式的に $f_X(x_{n+1}) = f_X(x_{n+2}) = \cdots = 0$ と考える.

確率関数は次の性質 (F1) から (F3) をもつ.

(F1) $f_X(x_i) \geqq 0$

(F2) $\sum_{i=1}^{\infty} f_X(x_i) = 1$

(F3) 分布関数 $F_X(x) = \sum_{x_i \leqq x} f_X(x_i)$

ただし, (F3) の右辺は ($x_i \leqq x$ となる x_i についての $f_X(x_i)$ の和) を表す.

確率変数 X が, 身長, 体重, 通学距離などのように連続的な値をとるとき**連続型確率変数** といい, その分布を**連続分布**とよぶ. 連続分布の分布関数 $F_X(x)$ は微分可能までは仮定されており, その微分 $f_X(x) = dF_X(x)/dx$ を X の**密度関数**という. 密度関数は次の性質 (F1) から (F3) をもつ.

(F1) $f_X(x) \geqq 0$

(F2) $\int_{-\infty}^{\infty} f_X(x)dx = 1$

(F3)　分布関数 $F_X(x) = \int_{-\infty}^{x} f_X(y)dy$

積分の定義より，連続型確率変数の 1 点における確率は 0 である．すなわち，$P(X = x) = 0$.

問 2.19 次の確率分布の分布関数を求めよ．

X	1	2	3	4	5	6
確率	1/6	1/6	1/6	1/6	1/6	1/6

問 2.20 $a < b$ とし，X の分布関数が

$$F_X(x) = \begin{cases} 0 & (x < a) \\ \dfrac{x-a}{b-a} & (a \leqq x < b) \\ 1 & (x \geqq b) \end{cases}$$

で与えられるとき，X の密度関数を求めよ．

例 2.10 確率変数 X は連続型で分布関数が

$$F_X(x) = \begin{cases} 0 & (x \leqq 0) \\ \dfrac{x^2}{2} & (0 < x < 1) \\ 2x - \dfrac{x^2}{2} - 1 & (1 \leqq x < 2) \\ 1 & (x \geqq 2) \end{cases}$$

で与えられるとき，密度関数は

$$f_X(x) = \begin{cases} x & (0 \leqq x < 1) \\ 2-x & (1 \leqq x \leqq 2) \\ 0 & (その他) \end{cases}$$

で与えられる (図 2.2 参照)．この密度関数が三角形を作るので三角分布とよばれている．

図 2.1 と 2.2 はそれぞれ例 2.7 の確率関数と例 2.10 の密度関数，図 2.3 と 2.4

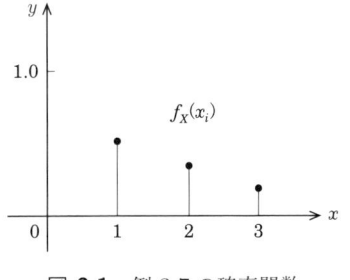

図 2.1 例 2.7 の確率関数

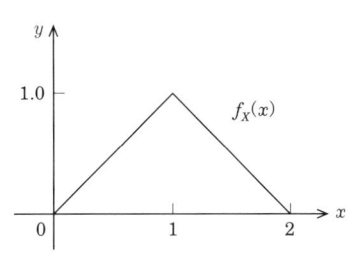

図 2.2 三角分布の密度関数

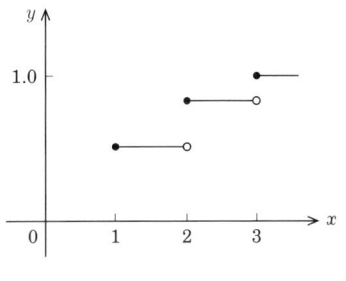

図 2.3 図 2.1 の分布関数

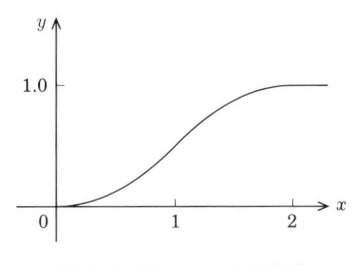

図 2.4 図 2.2 の分布関数

はそれぞれの分布関数である.

2.5 分布の特性値

X を確率変数,X の分布関数を $F_X(x)$,すなわち $F_X(x) \equiv P(X \leqq x)$ とする.このとき,確率変数 $g(X)$ の**期待値**を $E\{g(X)\}$ と書き,

$$E\{g(X)\} \equiv \int_{-\infty}^{\infty} g(x) dF_X(x) = \begin{cases} \sum_{i=1}^{\infty} g(x_i) f_X(x_i) & (離散型) \\ \int_{-\infty}^{\infty} g(x) f_X(x) dx & (連続型) \end{cases} \tag{2.12}$$

で定義する.(2.12) の真ん中の式は**スティルチェス積分**とよばれ,$f_X(\cdot)$ は離散型の場合に確率関数を表し,連続型の場合は密度関数を表すとスティルチェス積分は最右辺のように書きかえられる.スティルチェス積分の定義は付録の A.1 節の最後にある.$g(X)$ の期待値が存在する (有限である) ためには,離散型の場合

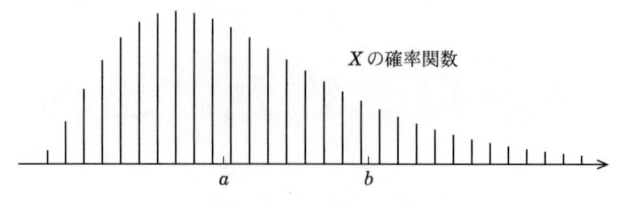

図 2.5 X が離散分布に従う場合の $P(a \leqq X \leqq b)$

には，$\sum_{i=1}^{\infty} |g(x_i)| f_X(x_i) < \infty$，連続型の場合には，$\int_{-\infty}^{\infty} |g(x)| f_X(x) dx < \infty$ であれば十分である．ここでは，スティルチェス積分の紹介だけにとどめているので，(2.12) 式の真ん中の式は，最右辺の意味の単なる記号と思ってもらってよい．

$I_A(x)$ を

$$I_A(x) \equiv \begin{cases} 1 & (x \in A) \\ 0 & (x \in A^c) \end{cases} \tag{2.13}$$

で定義し，(2.12) で $g(X) = I_A(X)$ とおくことにより，

$$E\{I_A(X)\} = \begin{cases} \sum_{i=1}^{\infty} I_A(x_i) f_X(x_i) = \sum_{x_i \in A} f_X(x_i) & \text{(離散型)} \\ \int_{-\infty}^{\infty} I_A(x) f_X(x) dx = \int_A f_X(x) dx & \text{(連続型)} \end{cases}$$

$$= P(X \in A) \tag{2.14}$$

が成り立ち，期待値が確率になる．

$A = [a, b]$ $(a < b)$ に対して

$$P(a \leqq X \leqq b) = E\{I_A(X)\} = \begin{cases} \sum_{x_i \in [a,b]} f_X(x_i) & \text{(離散型)} \\ \int_a^b f_X(x) dx & \text{(連続型)} \end{cases}$$

となる．X の分布が，離散型ならば $P(a \leqq X \leqq b)$ は図 2.5 の区間 $[a, b]$ 上の縦棒の長さの和であり，連続型ならば図 2.6 の $[a, b]$ 上の面積となる．

X の期待値は $E(X)$ であり，**平均値**ともよばれ，μ の記号を使うことが多い．すなわち，(2.12) で，$g(X) \equiv X$ とおくことにより，

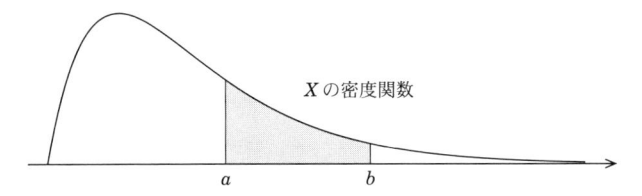

図 **2.6** X が連続分布に従う場合の $P(a \leqq X \leqq b)$

$$\mu \equiv E(X) = \begin{cases} \sum_{i=1}^{\infty} x_i f_X(x_i) & \text{(離散型)} \\ \int_{-\infty}^{\infty} x f_X(x) dx & \text{(連続型)} \end{cases}$$

である．

整数 $k = 1, 2, \cdots$ に対して $E(X^k)$ を X の k 次のモーメント，$\mu \equiv E(X)$ とおくとき $E\{(X - \mu)^k\}$ を X の平均まわりの k 次のモーメントとよぶ．特に，$E\{(X - \mu)^2\}$ を X の**分散**といい，$V(X)$ と書く．また，σ^2 の記号を使う．すなわち，(2.12) で，$g(X) \equiv (X - \mu)^2$ とおくことにより，

$$\sigma^2 \equiv V(X) \equiv E\left\{(X - \mu)^2\right\} = \begin{cases} \sum_{i=1}^{\infty} (x_i - \mu)^2 f_X(x_i) & \text{(離散型)} \\ \int_{-\infty}^{\infty} (x - \mu)^2 f_X(x) dx & \text{(連続型)} \end{cases}$$

である．また，$\sigma \equiv \sqrt{V(X)}$ を**標準偏差**という．分散，標準偏差はともに分布のばらつきを表す特性値である．

無限積分の性質　(補足)

有限な値だけをもつ無限積分を考える．このとき，無限積分の変数変換も，有限区間の積分 $\int_a^b p(x) dx$ の変数変換公式と同じである．すなわち，定数 $c > 0$, d に対して，

$$\int_{-\infty}^{\infty} p(cx + d) dx = \frac{1}{c} \int_{-\infty}^{\infty} p(y) dy, \qquad \int_a^{\infty} p(cx + d) dx = \frac{1}{c} \int_{ca+d}^{\infty} p(y) dy,$$

$$\int_{-\infty}^{b} p(cx+d)dx = \frac{1}{c}\int_{-\infty}^{cb+d} p(y)dy$$

が成り立つ.

2つの関数 $p(x), q(x)$ と定数 a, b に対して,

$$\int_{-\infty}^{\infty} \{a\cdot p(x) + b\cdot q(x)\}dx = a\int_{-\infty}^{\infty} p(x)dx + b\int_{-\infty}^{\infty} q(x)dx$$

である.

$$\left|\int_{-\infty}^{\infty} p(x)dx\right| \leqq \int_{-\infty}^{\infty} |p(x)|dx,$$

$$p(-x) = p(x) \text{ (偶関数)} \Longrightarrow \int_{-\infty}^{\infty} p(x)dx = 2\int_{0}^{\infty} p(x)dx,$$

$$q(-x) = -q(x) \text{ (奇関数)} \Longrightarrow \int_{-\infty}^{\infty} q(x)dx = 0$$

が成り立つ.

問 2.21 X の密度関数を $f_X(x) = (1/2)e^{-|x|}$ とする.

(1) $P(0 \leqq X \leqq 2)$ を求めよ.

(2) $E(X)$ と $V(X)$ を求めよ.

問 2.22 X の分布関数を $F_X(x) = 1/(1+e^{-x})$ とし, $Y = X+1, Z = X-1$ とする.

(1) X の密度関数を求めよ.

(2) $E(X)$ を求めよ.

(3) $P(-1 \leqq X \leqq 1)$ を求めよ.

(4) Y の分布関数と密度関数を求め, $E(Y)$ を求めよ.

(5) Z の分布関数と密度関数を求め, $E(Z)$ を求めよ.

問 2.23 X の確率関数を $f_X(i) = P(X = i) = 1/n$ $(i = 1, \cdots, n)$ とする.

(1) $P(2 \leqq X \leqq n), P(2 < X \leqq n)$ を求めよ.

(2) $E(X)$ と $V(X)$ を求めよ.

問 **2.24** 次の確率分布のとき，$E(X)$ と $V(X)$ を求めよ．

X	1	2	3	4	5
確率	1/9	2/9	3/9	2/9	1/9

その他のモーメントを使った分布の特性値として重要なものは，**歪度**, **尖度** とよばれるもので，平均 μ，標準偏差 σ, 3, 4 次モーメント $\mu_k \equiv E\{(X-\mu)^k\}(k=3,4)$ を使って

歪度 $\ell_1 \equiv \dfrac{\mu_3}{\sigma^3}$：分布の歪み

尖度 $\ell_2 \equiv \dfrac{\mu_4}{\sigma^4} - 3$：分布の尖りを表す

と表される量である．1.3 節で紹介した標本特性値である標本平均，標本分散，標本標準偏差，標本歪度，標本尖度は，分布の特性値である平均，分散，標準偏差，歪度，尖度をそれぞれ標本から推定している値 (推定量) である．期待値に関して次の命題 2.16 は，容易に示される．

命題 2.16 $E(|g(X)|), E(|h(X)|) < \infty$ と仮定する．このとき (1) から (4) が成り立つ．

(1) 実定数 c に対して $E(c) = c$

(2) 実数値関数 $g(\cdot), h(\cdot)$ と実定数 a, b に対して

$$E\{ag(X) + bh(X)\} = aE\{g(X)\} + bE\{h(X)\},$$

特に $E\{ag(X) + b\} = aE\{g(X)\} + b$

(3) $X \geqq 0 \Longrightarrow E(X) \geqq 0$

(4) $|E\{g(X)\}| \leqq E\{|g(X)|\}$

証明 いずれも連続型の場合，密度関数を $f_X(x)$ とすれば，積分の基本的性質そのものである．離散型も同様に示される． □

上の命題では期待値の存在は仮定するものとする．また，第 3 章で述べる大数の法則を証明する際にも使われる次の補題を得る．

補題 2.17 (チェビシェフの不等式)　確率変数 Y が平均 μ, 分散 σ^2 をもつとき，任意の $\varepsilon > 0$ に対して，次の不等式が成り立つ．

$$P(|Y - \mu| \geqq \varepsilon) \leqq \frac{\sigma^2}{\varepsilon^2}$$

証明　Y が連続型の場合に証明を行う．密度関数を $f_Y(x) \equiv dP(Y \leqq x)/dx$ とすると，分散の定義により

$$\begin{aligned}
\sigma^2 &= \int_{-\infty}^{\infty} (x - \mu)^2 f_Y(x) dx \geqq \int_{\{|x-\mu| \geqq \varepsilon\}} |x - \mu|^2 f_Y(x) dx \\
&\geqq \int_{\{|x-\mu| \geqq \varepsilon\}} \varepsilon^2 f_Y(x) dx \\
&= \varepsilon^2 \int_{-\infty}^{\infty} I_{\{|x-\mu| \geqq \varepsilon\}}(x) f_Y(x) dx \\
&= \varepsilon^2 P(|Y - \mu| \geqq \varepsilon)
\end{aligned}$$

を得る．ゆえに結論が分かる．最後の等式は，(2.14) を使っている．　□

命題 2.18 (マルコフの不等式)　$h(x) \geqq 0$ で，$E\{h(Y)\} < \infty$ ならば，任意の $c > 0$ に対して，次の不等式が成り立つ．

$$P(h(Y) \geqq c) \leqq \frac{E\{h(Y)\}}{c}$$

証明　Y が連続型の場合に証明を行う．補題 2.17 の証明と同じ記号を使う．

$$\begin{aligned}
E\{h(Y)\} &= \int_{-\infty}^{\infty} h(x) f_Y(x) dx \\
&\geqq \int_{\{h(x) \geqq c\}} h(x) f_Y(x) dx \geqq c P(h(Y) \geqq c)
\end{aligned}$$

である．ゆえに結論が分かる．　□

補題 2.17 の別証明　$h(x) = (x - \mu)^2$, $c = \varepsilon^2$ で，命題 2.18 を適用すれば，チェビシェフの不等式を得る．　□

分散に関する次の定理を得る．

定理 2.19 X を確率変数とし $E(X^2) < \infty$ とする．このとき，次の (1) から (3) が成り立つ．

(1) $V(X) = E(X^2) - \{E(X)\}^2$
(2) 実定数 a, b に対して $V(aX + b) = a^2 V(X)$
(3) $V(X) = 0 \Longrightarrow P(X = E(X)) = 1$

証明 $\mu \equiv E(X)$ とおく．

(1) $E\{(X - \mu)^2\} = E(X^2) - 2\mu E(X) + \mu^2 = E(X^2) - \mu^2$
(2) $E[\{(aX + b) - (a\mu + b)\}^2] = E[\{a(X - \mu)\}^2] = a^2 E\{(X - \mu)^2\}$
(3) 背理法を使って示す．

$V(X) = 0$ であるにもかかわらず，$P(|X - \mu| > 0) > 0$ と仮定する．補題 2.11 の (3) より，

$$\{|X - \mu| > 0\} = \bigcup_{n=1}^{\infty} A_n$$

である．ただし，A_i は (2.11) で定義したものとする．

$$\sum_{i=1}^{\infty} P(A_i) = P(|X - \mu| > 0) > 0$$

となることより，ある自然数 n が存在して，

$$P\left(|X - \mu| \geqq \frac{1}{n}\right) \geqq P(A_n) > 0$$

である．ここで補題 2.17 のチェビシェフの不等式より

$$V(X) \geqq \frac{1}{n^2} P\left(|X - \mu| \geqq \frac{1}{n}\right) > 0$$

で得る．これは $V(X) = 0$ に矛盾する．ゆえに，$P(|X - \mu| > 0) = 0$ となる．すなわち，$P(X = \mu) = 1$ が分かる． □

X を連続型の確率変数とし，その分布関数を $F_X(x) \equiv P(X \leqq x)$ とする．このとき，$0 < \alpha < 1$ に対して $F_X(t_\alpha) = \alpha$ となる点 t_α を分布の $100\alpha\%$ (パーセント) 点という．特に $t_{0.25}$ を分布の第 1 四分位点，$t_{0.5}$ を分布の第 2 四分位

点または分布の中央値 (分布のメディアン), $t_{0.75}$ を分布の第 3 四分位点という. 1.3 節で紹介された標本 $100\alpha\%$ 点は分布の $100\alpha\%$ 点を標本から推定している値 (推定値) である. また $1 - F_X(u_\alpha) = \alpha$ となる点 u_α を分布の上側 $100\alpha\%$ 点という.

例 2.11 例 2.10 の三角分布の特性値を計算する.

$$E(X) = \int_0^2 x f_X(x) dx = 1,$$
$$V(X) = \int_0^2 (x-1)^2 f_X(x) dx = \int_{-1}^1 x^2 (1-|x|) dx = \frac{1}{6}$$

さらに,

$$F_X\left(\frac{1}{\sqrt{5}}\right) = 0.1, \qquad F_X\left(\frac{1}{\sqrt{2}}\right) = 0.25,$$
$$F_X(1) = 0.5, \qquad F_X\left(2 - \frac{1}{\sqrt{2}}\right) = 0.75,$$
$$F_X\left(2 - \frac{1}{\sqrt{5}}\right) = 0.9$$

より, $1/\sqrt{5}, 1/\sqrt{2}, 1, 2 - 1/\sqrt{2}, 2 - 1/\sqrt{5}$ はそれぞれ 10% 点, 第 1 四分位点, 中央値, 第 3 四分位点, 90% 点となる.

問 2.25 X の密度関数を $f_X(x) = e^{-x}$ ($x \geqq 0$ のとき), $f_X(x) = 0$ ($x < 0$ のとき) とする.

(1) $P(X \geqq 0) = 1$ であることを示せ.
(2) 分布の $100\alpha\%$ 点を求めよ.
(3) $E(X)$ と $V(X)$ を求めよ.
(4) $Y = aX + b$ とするとき, $E(Y)$ と $V(Y)$ を a, b で表せ.

2.6 2 次元分布

$X(\cdot), Y(\cdot): \Omega \to R$ を確率空間 $(\Omega, \mathcal{A}, P)$ 上の確率変数とするとき, これらを組にした (X, Y) を **2 次元確率ベクトル**という.

定義 2.8 (X, Y) を確率空間 $(\Omega, \mathcal{A}, P)$ 上の 2 次元確率ベクトルとする．このとき，任意の $(x, y) \in R^2$ に対して

$$F_{XY}(x, y) \equiv P(X \leqq x, Y \leqq y) \equiv P(\{\omega \mid X(\omega) \leqq x, Y(\omega) \leqq y\})$$

で定義される $F_{XY}(\cdot, \cdot)$ を (X, Y) の **(同時) 分布関数**という．また，

$$F_X(x) \equiv F_{XY}(x, \infty) = P(X \leqq x), \qquad F_Y(y) \equiv F_{XY}(\infty, y) = P(Y \leqq y)$$

をそれぞれ X, Y の**周辺分布関数**という．

定義 2.9 ある可算集合 $E = \{(a_i, b_j) \mid i = 1, 2, \cdots; j = 1, 2, \cdots\}$ が存在して，

$$P((X, Y) \in E) = \sum_{i=1}^{\infty} \sum_{j=1}^{\infty} P(X = a_i, Y = b_j) = 1$$

となるとき，(X, Y) を **2 次元離散型確率ベクトル**といい，

$$f_{ij} \equiv P(X = a_i, Y = b_j)$$

を**同時確率**という．便宜上，$a_k < a_{k+1}, b_k < b_{k+1}$ とする．

f_{ij} に関して，

$$f_{ij} \geqq 0, \qquad \sum_{i=1}^{\infty} \sum_{j=1}^{\infty} f_{ij} = 1$$

が成り立つ．さらに $f_{i\cdot} \equiv \sum_{j=1}^{\infty} f_{ij}, f_{\cdot j} \equiv \sum_{i=1}^{\infty} f_{ij}$ とおけば，次が成り立つ．

$$P(X = a_i) = \sum_{j=1}^{\infty} P(X = a_i, Y = b_j) = f_{i\cdot},$$
$$P(Y = b_j) = \sum_{i=1}^{\infty} P(X = a_i, Y = b_j) = f_{\cdot j}$$

定義 2.10 X, Y を離散型確率変数とする．任意の i, j に対して

$$P(X = a_i, Y = b_j) = P(X = a_i) \cdot P(Y = b_j), \quad \text{すなわち} \quad f_{ij} = f_{i\cdot} \cdot f_{\cdot j}$$

であるとき，**確率変数** X, Y **は互いに独立**であるという．

定義 2.11 $f_{\cdot j} > 0$ とする．このとき，

$$f_{X|Y}(a_i|b_j) \equiv P(X = a_i|Y = b_j)$$
$$\equiv P(\{\omega \mid X(\omega) = a_i\} \mid \{\omega \mid Y(\omega) = b_j\}) = \frac{f_{ij}}{f_{\cdot j}}$$

を，$Y = b_j$ が与えられたときの X の**条件付確率関数**という．同様に，$X = a_i$ が与えられたときの Y の**条件付確率関数**も定義でき，$f_{Y|X}(b_j|a_i) \equiv \dfrac{f_{ij}}{f_{i\cdot}}$ で表す．

X, Y が互いに独立ならば，定義 2.10 より，
$$f_{X|Y}(a_i|b_j) = P(X = a_i|Y = b_j) = P(X = a_i) = f_{i\cdot}$$
である．

定義 2.12 確率ベクトル (X, Y) の同時分布関数 $F_{XY}(x, y)$ が x, y に関して偏微分可能であるとき，
$$f_{XY}(x, y) \equiv \frac{\partial^2}{\partial x \partial y} F_{XY}(x, y)$$
を (X, Y) の**同時密度関数**という．

同時密度関数に関して，1 次元の密度関数の場合と同様に次の性質が成り立つ．

(F1)　$f_{XY}(x, y) \geqq 0$

(F2)　$\displaystyle\int_{-\infty}^{\infty}\int_{-\infty}^{\infty} f_{XY}(x, y)dxdy = 1$

(F3)　$\displaystyle F_{XY}(x, y) = \int_{-\infty}^{y}\int_{-\infty}^{x} f_{XY}(u, v)dudv$

確率変数 X と Y の**周辺密度関数**を，それぞれ
$$f_X(x) \equiv \int_{-\infty}^{\infty} f_{XY}(x, y)dy, \qquad f_Y(y) \equiv \int_{-\infty}^{\infty} f_{XY}(x, y)dx$$
で定義する．

定義 2.13 X, Y を連続型確率変数とする．任意の $x, y \in R$ に対して $f_{XY}(x, y) = f_X(x)f_Y(y)$ であるとき，確率変数 X, Y は**互いに独立**であるという．

定義 2.14 $f_Y(y) > 0$ とする．$f_{X|Y}(x|y) \equiv \dfrac{f_{XY}(x,y)}{f_Y(y)}$ を，$Y = y$ が与えられたときの X の**条件付密度関数**という．

確率変数 X, Y が互いに独立ならば，
$$f_{X|Y}(x|y) = \frac{f_X(x)f_Y(y)}{f_Y(y)} = f_X(x)$$
が成り立つ．独立性の次の関係を導くことができる．

独立の同等性

(i) X, Y は互いに独立

$\iff$ (ii) 任意の $x, y \in R$ に対して
$$P(X \leqq x, Y \leqq y) = P(X \leqq x) \cdot P(Y \leqq y)$$

$\iff$ (iii) 任意の $x, y \in R$ に対して

事象 $\{\omega \mid X(\omega) \leqq x\}$ と事象 $\{\omega \mid Y(\omega) \leqq y\}$ が互いに独立．

(i) $\implies$ (ii) $\iff$ (iii) を示すことは自明であるが，離散型の場合，(ii) $\implies$ (i) を示すのは面倒である．実際，(ii) を独立の定義としているものが多いが，その場合，上記の同等性を証明することに力を注いでいる．

確率ベクトル (X, Y) の実数値関数 $g(X, Y)$ は確率変数となり，その**期待値**を $E\{g(X, Y)\}$ と書き，
$$E\{g(X,Y)\} \equiv \begin{cases} \displaystyle\sum_{i=1}^{\infty}\sum_{j=1}^{\infty} g(a_i, b_j) f_{ij} & \text{(離散型)} \\ \displaystyle\int_{-\infty}^{\infty}\int_{-\infty}^{\infty} g(x, y) f_{XY}(x, y) dx dy & \text{(連続型)} \end{cases}$$
で定義する．$g(X, Y)$ の期待値が存在する (有限である) ためには，離散型の場合には，$\sum_{i=1}^{\infty}\sum_{j=1}^{\infty} |g(a_i, b_j)| f_{ij} < \infty$, 連続型の場合には，
$$\int_{-\infty}^{\infty}\int_{-\infty}^{\infty} |g(x, y)| f_{XY}(x, y) dx dy < \infty$$

であればよい.

補題 2.20 a, b, c を実定数, $g(\cdot, \cdot), h(\cdot, \cdot) : R^2 \to R$,
$E(|X|), E(|Y|), E\{|g(X,Y)|\}, E\{|h(X,Y)|\} < \infty$ とする. このとき, 2次元確率ベクトル (X, Y) に対して, 次の (1) から (3) が成立する.

(1) $E(aX + bY + c) = aE(X) + bE(Y) + c$
(2) $E\{ag(X,Y) + bh(X,Y)\} = aE\{g(X,Y)\} + bE\{h(X,Y)\}$
(3) $E\{|g_1(X)|\}, E\{|g_2(X)|\} < \infty$ とする. X, Y が互いに独立ならば,

$$E\{g_1(X)g_2(Y)\} = E\{g_1(X)\}E\{g_2(Y)\}$$

である.

命題 2.21 (シュワルツの不等式) 確率変数 X, Y が $E(X^2), E(Y^2) < \infty$ を満たすならば, 次が成り立つ.

$$E(XY) \leqq \sqrt{E(X^2)}\sqrt{E(Y^2)}$$

証明 任意の t に対して,

$$0 \leqq E\{(tX - Y)^2\} = t^2 E(X^2) - 2tE(XY) + E(Y^2)$$

が成り立つ. よって, 判別式は,

$$D/4 = \{E(XY)\}^2 - E(X^2)E(Y^2) \leqq 0$$

となる. ゆえに結論を得る. □

$X = 1, Y = |X|$ として, 命題 2.21 を適用すれば, $\{E(|X|)\}^2 \leqq E(X^2)$ が導かれる. この不等式より, $E(X^2) < \infty$ ならば, $E(|X|) < \infty$ である. すなわち, $E(X^2) < \infty$ ならば X の平均も分散も存在する.

確率変数 $g(X, Y)$ の分散を

$$V\big(g(X,Y)\big) = E[\{g(X,Y) - E(g(X,Y))\}^2]$$

で定義する.

確率ベクトル (X, Y) に対して

$$\mu_X \equiv E(X), \quad \mu_Y \equiv E(Y),$$
$$\sigma_X^2 \equiv V(X) < \infty, \quad \sigma_Y^2 \equiv V(Y) < \infty$$

とおく．このとき，
$$\mathrm{Cov}(X,Y) \equiv E\{(X-\mu_X)(Y-\mu_Y)\}$$

を X,Y の共分散といい，記号 σ_{XY} を使う．さらに $V(X), V(Y) > 0$ のとき，$\sigma_{XY}/(\sigma_X \sigma_Y)$ を X,Y の相関係数といい，$\mathrm{Corr}(X,Y)$ と書き，記号 ρ_{XY} を使う．共分散と相関係数について次の等式が成り立つ．

$$\sigma_{XY} \equiv \mathrm{Cov}(X,Y) = E(XY) - E(X)E(Y)$$
$$\rho_{XY} \equiv \mathrm{Corr}(X,Y) = \frac{\mathrm{Cov}(X,Y)}{\sqrt{V(X)V(Y)}}$$

$\rho_{XY} > 0$ のとき X,Y は**正の相関**，$\rho_{XY} < 0$ のとき**負の相関**，$\rho_{XY} = 0$ のとき**無相関**であるという．

定理 2.22 次の (1) から (3) が成り立つ．

(1) $|\rho_{XY}| \leqq 1$

(2) $\rho_{XY} = \pm 1$ となるのは，X,Y に線形関係
$$Y = \mu_Y \pm \frac{\sigma_Y}{\sigma_X}(X - \mu_X) \text{ (複号同順)}$$
が成り立つときに限られる．

(3) X,Y が独立ならば，$\sigma_{XY} = \rho_{XY} = 0$ である．

証明 (1) $Z_1 \equiv (X - \mu_X)/\sigma_X$, $Z_2 \equiv (Y - \mu_Y)/\sigma_Y$ とおく．$E(Z_1) = E(Z_2) = 0$ より，
$$\rho_{XY} = \mathrm{Cov}(Z_1, Z_2) = E(Z_1 Z_2)$$

である．$V(Z_1) = V(Z_2) = 1$ より，実数 t に対して $W \equiv Z_2 - tZ_1$ の分散は，
$$0 \leqq V(W) = E\{Z_2^2 - 2tZ_1 Z_2 + t^2 Z_1^2\} = 1 - 2\rho_{XY} t + t^2$$

である．任意の $t \in R$ に対して上の不等式が成り立つことより，最右辺の t の 2 次関数の判別式 D は正ではない．すなわち，

$$\frac{D}{4} = \rho_{XY}^2 - 1 \leqq 0 \iff |\rho_{XY}| \leqq 1$$

である．

(2) $\rho_{XY} = \pm 1$ となるとき，$V(W) = 1 \mp 2t + t^2$ が成り立ち $t = \pm 1$ ならば $V(W) = 0$ である．定理 2.19 の (3) より $Z_2 = \pm Z_1$ となる．

(3) X, Y が独立ならば，補題 2.20 の (3) より，$\sigma_{XY} = E(X - \mu_X)E(Y - \mu_Y) = 0$ となる． □

確率変数の線形和について次の定理が成り立つ．

定理 2.23 a, b, c, d を実定数，$E(X^2) < \infty, E(Y^2) < \infty$ とする．このとき，次の (1), (2) が成り立つ．

(1) $\mathrm{Cov}(aX + b, cY + d) = ac\mathrm{Cov}(X, Y)$,
$$\mathrm{Corr}(aX + b, cY + d) = \frac{ac}{|ac|}\mathrm{Corr}(X, Y)$$

(2) $V(aX + bY) = a^2 V(X) + b^2 V(Y) + 2ab\mathrm{Cov}(X, Y)$

証明 (1) 補題 2.20 の (2) と共分散の定義より

$$\mathrm{Cov}(aX + b, cY + d) = E\{(aX + b - a\mu_X - b)(cY + d - c\mu_Y - d)\}$$
$$= acE\{(X - \mu_X)(Y - \mu_Y)\}$$
$$= ac\mathrm{Cov}(X, Y)$$

となる．ここで，次の等式を得る．

$$\mathrm{Corr}(aX + b, cY + d) = \frac{ac\mathrm{Cov}(X, Y)}{\sqrt{a^2 V(X) c^2 V(Y)}} = \frac{ac}{|ac|}\mathrm{Corr}(X, Y)$$

(2) 分散の定義より，次の等式を得る．

$$V(aX + bY) = E[\{aX + bY - (a\mu_X + b\mu_Y)\}^2]$$
$$= E[\{a(X - \mu_X) + b(Y - \mu_Y)\}^2]$$
$$= a^2 E\{(X - \mu_X)^2\} + b^2 E\{(Y - \mu_Y)^2\}$$
$$+ 2abE\{(X - \mu_X)(Y - \mu_Y)\}$$

$$= a^2 V(X) + b^2 V(Y) + 2ab\mathrm{Cov}(X, Y) \qquad \Box$$

問 2.26 Z_1, Z_2 を互いに独立とし，$E(Z_1) = E(Z_2) = 0, V(Z_1) = V(Z_2) = 1, X \equiv Z_1 + Z_2, Y \equiv Z_1 - Z_2$ とする．

(1) $E(X)$ と $V(X)$ を求めよ．
(2) $E(Y)$ と $V(Y)$ を求めよ．
(3) $\mathrm{Corr}(X, Y)$ を求めよ．

問 2.27 Z_1, Z_2 を互いに独立とし，$E(Z_1) = E(Z_2) = 0, V(Z_1) = V(Z_2) = 1, X \equiv \mu_1 + \sigma_1 Z_1, Y \equiv \mu_2 + \sigma_2(\rho Z_1 + \sqrt{1-\rho^2} Z_2), \sigma_1, \sigma_2 > 0$ とする．

(1) $E(X)$ と $V(X)$ を求めよ．
(2) $E(Y)$ と $V(Y)$ を求めよ．
(3) $\mathrm{Corr}(X, Y)$ を求めよ．

定義 2.15 確率ベクトル (X, Y) が同時確率 f_{ij} または同時密度 $f_{XY}(x, y)$ をもつとし $g(x, y)$ を実数値関数とする．$E\{|g(X, Y)|\} < \infty$ を仮定する．このとき，$Y = y$ が与えられたときの確率変数 $g(X, Y)$ の**条件付期待値**を $E\{g(X, Y)|y\}$ または $E\{g(X, Y)|Y = y\}$ と書き，

$$\begin{aligned}
E\{g(X, Y)|y\} &\equiv E\{g(X, Y)|Y = y\} \equiv E\{g(X, y)|Y = y\} \\
&\equiv \begin{cases} \sum_{i=1}^{\infty} g(a_i, y) f_{X|Y}(a_i|y) & \text{(離散型)} \\ \int_{-\infty}^{\infty} g(x, y) f_{X|Y}(x|y) dx & \text{(連続型)} \end{cases}
\end{aligned}$$

で定義する．ただし $f_{X|Y}(a_i|y), f_{X|Y}(x|y)$ はそれぞれ定義 2.11, 定義 2.14 で定義したものとする．

$E[\{g(X, Y)\}^2] < \infty$ を仮定する．このとき，$Y = y$ が与えられたときの $g(X, Y)$ の**条件付分散**を $V(g(X, Y)|y)$ または $V(g(X, Y)|Y = y)$ と書き，

$$V(g(X, Y)|y) \equiv E[\{g(X, Y)\}^2|y] - [E\{g(X, Y)|y\}]^2$$

で定義する． $\Box$

条件付期待値 $E\{\cdot|y\}$ は,確率関数または密度関数を $f_{X|Y}(\cdot|y)$ と考えた場合の期待値を表しているので,$E\{\cdot\}$ を $E\{\cdot|y\}$ に置きかえた命題 2.16 が成り立つ.$h(Y) \equiv E\{g(X,Y)|Y\}$ とおくと,$h(Y)$ は確率変数と見なせる.ここで,$E\{|g(X,Y)|\} < \infty$ を仮定するならば,$h(Y)$ の期待値が定義でき,

$$E[E\{g(X,Y)|Y\}] = \begin{cases} \sum_{j=1}^{\infty} E\{g(X,Y)|b_j\} f_Y(b_j) & (離散型) \\ \int_{-\infty}^{\infty} E\{g(X,Y)|y\} f_Y(y) dy & (連続型) \end{cases}$$

となる.このとき,次の命題を得る.

命題 2.24 $E\{|g(X,Y)|\} < \infty$ を仮定するならば,

$$E[E\{g(X,Y)|Y\}] = E\{g(X,Y)\}$$

が成り立つ.

証明 離散型の場合は同様であるので,連続型のときを示す.左辺を定義にそって書きかえると,

$$\begin{aligned} E[E\{g(X,Y)|Y\}] &= \int_{-\infty}^{\infty} \int_{-\infty}^{\infty} g(x,y) f_{X|Y}(x|y) dx f_Y(y) dy \\ &= \int_{-\infty}^{\infty} \int_{-\infty}^{\infty} g(x,y) f_{XY}(x,y) dx dy \\ &= E\{g(X,Y)\} \end{aligned}$$

を得る. □

これ以上の条件付期待値の性質は 2.7 節の後半で述べる.

問 2.28 (X,Y) の同時密度関数を $f_{XY}(x,y) = (1/\pi) \exp(-x^2 + 2xy - 2y^2)$ とする.

(1) Y の周辺密度関数 $f_Y(y)$ を求めよ.
(2) $Y = y$ が与えられたときの X の条件付密度関数 $f_{X|Y}(x|y)$ を求めよ.
(3) $g(x,y) = x - y$ とするとき,$Y = y$ が与えられたときの $g(X,Y)$ の条件付期待値 $E\{g(X,Y)|y\}$ を求めよ.

(4) $g(x,y) = x - y$ とするとき,$Y = y$ が与えられたときの $g(X,Y)$ の条件付分散 $V\bigl(g(X,Y)|y\bigr)$ を求めよ.

(5) $g(x,y) = x$ とするとき,$Y = y$ が与えられたときの $g(X,Y) = X$ の条件付期待値 $E(X|y)$ を求めよ.

2.7 多次元分布

2.6 節では 2 次元ベクトルを行ベクトルで考えたが,行列との積を行う場合,列ベクトルで考えた方が都合がよい.この節では 2 以上の一般次元の確率分布について考え,確率ベクトルは行ベクトル,列ベクトルいずれの場合も有り得る.$X_1(\cdot), \cdots, X_n(\cdot) : \Omega \to R$ を確率空間 $(\Omega, \mathcal{A}, P)$ 上の確率変数とするとき,これらを組にした行ベクトル $(X_1, \cdots, X_n)$ または列ベクトル $(X_1, \cdots, X_n)^T$ を n 次元確率ベクトルとよび,共通の $\boldsymbol{X}$ で表記する.行列との積を論じる場合は,$\boldsymbol{X}$ は列ベクトルとし,列ベクトルであることが分かるように記述する.そうでない場合は,$\boldsymbol{X}$ は行ベクトルとする.$\boldsymbol{X}$ が行または列ベクトルに応じて,$\boldsymbol{x}$ を第 i 座標の成分が x_i の行または列の n 次元のベクトルとする.便宜上,n 変数の関数 $g(\cdot)$ に対して $g(x_1, \cdots, x_n)$ を $g(\boldsymbol{x})$ で表記する.

定義 2.16 $\boldsymbol{X}$ を確率空間 $(\Omega, \mathcal{A}, P)$ 上の n 次元確率ベクトルとする.このとき,任意の $\boldsymbol{x} \in R^n$ に対して

$$F_{\boldsymbol{X}}(\boldsymbol{x}) \equiv P(X_1 \leqq x_1, \cdots, X_n \leqq x_n)$$

で定義される $F_{\boldsymbol{X}}(\boldsymbol{x})$ を $\boldsymbol{X}$ の (同時) 分布関数という.また,$i = 1, \cdots, n$ に対して

$$F_{X_i}(x_i) \equiv F_{\boldsymbol{X}}(\infty, \cdots, \infty, x_i, \infty, \cdots, \infty)$$
$$= P(X_i \leqq x_i)$$

を X_i の周辺分布関数といい,$1 \leqq i < i' \leqq n$ に対して

$$F_{X_i X_{i'}}(x_i, x_{i'}) \equiv F_{\boldsymbol{X}}(\infty, \cdots, \infty, x_i, \infty, \cdots, \infty, x_{i'}, \infty, \cdots, \infty)$$
$$= P(X_i \leqq x_i, X_{i'} \leqq x_{i'})$$

を $(X_i, X_{i'})$ の周辺分布関数という.

定義 2.17 n 次元確率ベクトル $\boldsymbol{X}$ に対して，$P(\boldsymbol{X} \in E) = 1$ となる可算集合 E が存在するとき，$\boldsymbol{X}$ は n 次元離散型確率ベクトルという．

定義 2.18 $\boldsymbol{X}$ を離散型確率ベクトル (行ベクトル) とする．任意の $\boldsymbol{c} \equiv (c_1, \cdots, c_n) \in E$ に対して

$$P(\boldsymbol{X} = \boldsymbol{c}) = P(X_1 = c_1) \cdots P(X_n = c_n)$$

であるとき，$X_1, \cdots, X_n$ は互いに独立であるという．

定義 2.19 確率ベクトル $\boldsymbol{X}$ の同時分布関数 $F_{\boldsymbol{X}}(\boldsymbol{x})$ が偏微分可能であるとき，

$$f_{\boldsymbol{X}}(\boldsymbol{x}) \equiv \frac{\partial^n}{\partial x_1 \cdots \partial x_n} F_{\boldsymbol{X}}(\boldsymbol{x})$$

を $\boldsymbol{X}$ の同時密度関数といい，この確率ベクトルを n 次元連続型確率ベクトルという．また，

$$\begin{aligned}
f_{X_i}(x_i) &\equiv \int_{-\infty}^{\infty} \cdots \int_{-\infty}^{\infty} f_{\boldsymbol{X}}(\boldsymbol{x}) dx_1 \cdots dx_{i-1} dx_{i+1} \cdots dx_n \\
&= \frac{dF_{X_i}(x_i)}{dx_i}
\end{aligned}$$

を X_i の周辺密度関数といい，

$$\begin{aligned}
&f_{X_i X_{i'}}(x_i, x_{i'}) \\
&\equiv \int_{-\infty}^{\infty} \cdots \int_{-\infty}^{\infty} f_{\boldsymbol{X}}(\boldsymbol{x}) dx_1 \cdots dx_{i-1} dx_{i+1} \cdots dx_{i'-1} dx_{i'+1} \cdots dx_n \\
&= \frac{\partial^2}{\partial x_i \partial x_{i'}} F_{X_i X_{i'}}(x_i, x_{i'})
\end{aligned}$$

を $(X_i, X_{i'})$ の周辺密度関数という．

定義 2.20 $\boldsymbol{X}$ を連続型確率ベクトルとする．任意の $\boldsymbol{x} \in R^n$ に対して

$$f_{\boldsymbol{X}}(\boldsymbol{x}) = f_{X_1}(x_1) \cdots f_{X_n}(x_n)$$

であるとき，$X_1, \cdots, X_n$ は互いに独立であるという．

2 次元の場合と同様に，次の同等性が成り立つ．

独立の同等性

(i) $X_1, \cdots, X_n$ は互いに独立

$\iff$ (ii) 任意の $x_1, \cdots, x_n \in R$ に対して

$$F_{\boldsymbol{X}}(\boldsymbol{x}) = F_{X_1}(x_1) \cdots F_{X_n}(x_n) \tag{2.15}$$

$\iff$ (iii) 任意の $x_1, \cdots, x_n \in R$ に対して

(事象 $\{\omega \mid X_1(\omega) \leqq x_1\}, \cdots, \{\omega \mid X_n(\omega) \leqq x_n\}$ が互いに独立)

(i) $\Longrightarrow$ (ii) $\iff$ (iii) を示すことは自明であるが，離散型の場合，(ii) $\Longrightarrow$ (i) を示すのは難しい．実際，(ii) を独立の定義としているものが多いが，その場合，どの統計書も (ii) $\Longrightarrow$ (i) の証明を明確には行っていない．同値関係にあるので，定義 2.18, 2.20 を独立の定義とした方が容易に理解できる．

問 2.29 $X_1, \cdots, X_n$ は互いに独立で同一の連続分布に従うものとする．$P(X_i \leqq t) = F\left((t-\mu)/\sigma\right)$ とし $f(x) \equiv F'(x)$ とおく．

(1) $\boldsymbol{X} \equiv (X_1, \cdots, X_n)$ の同時分布関数を求めよ．

(2) $\boldsymbol{X}$ の同時密度関数を求めよ．

$g(\cdot): R^n \to R$ とする．2.5, 2.6 節と同様に確率変数 $g(\boldsymbol{X})$ に対して，期待値と分散を

$$E\{g(\boldsymbol{X})\} \equiv \begin{cases} \sum_{\boldsymbol{x} \in E} g(\boldsymbol{x}) P(\boldsymbol{X} = \boldsymbol{x}) & \text{(離散型)} \\ \int_{-\infty}^{\infty} \cdots \int_{-\infty}^{\infty} g(\boldsymbol{x}) f_{\boldsymbol{X}}(\boldsymbol{x}) dx_1 \cdots dx_n & \text{(連続型)} \end{cases}$$

$$V\bigl(g(\boldsymbol{X})\bigr) \equiv E[\{g(\boldsymbol{X}) - E(g(\boldsymbol{X}))\}^2]$$

で定義する．離散型の場合も同様であるので，$\boldsymbol{X}$ を n 次元連続型確率ベクトルとする．このとき，

$$E(X_i) = \int_{-\infty}^{\infty} x f_{X_i}(x) dx, \quad V(X_i) = \int_{-\infty}^{\infty} \{x - E(X_i)\}^2 f_{X_i}(x) dx$$

となる．さらに，$X_i, X_{i'}$ $(i \neq i')$ の共分散を

$$\mathrm{Cov}(X_i, X_{i'}) \equiv E[\{X_i - E(X_i)\}\{X_{i'} - E(X_{i'})\}]$$

$$= \int_{-\infty}^{\infty} \int_{-\infty}^{\infty} \{x_i - E(X_i)\}\{x_{i'} - E(X_{i'})\} f_{X_i X_{i'}}(x_i, x_{i'}) dx_i dx_{i'}$$

で定義する．

補題 2.20 の (2), (3) と同じ議論により帰納的に n 個の確率変数について次の補題 2.25 を得る．

補題 2.25 $X_1, \cdots, X_n$ を n 個の確率変数とする．このとき，次の (1) から (3) が成り立つ．

(1) $E(|X_i|) < \infty \ (i = 1, \cdots, n)$ を満たすならば，

$$E\left(\sum_{i=1}^{n} X_i\right) = \sum_{i=1}^{n} E(X_i)$$

である．一般に，$g_1(\cdot), \cdots, g_k(\cdot)$ を実数値関数，$c_1, \cdots, c_k$ を実定数とし，$E(|g_i(\boldsymbol{X})|) < \infty \ (i = 1, \cdots, k)$ とすれば，

$$E\left\{\sum_{i=1}^{k} c_i g_i(\boldsymbol{X})\right\} = \sum_{i=1}^{k} c_i E\{g_i(\boldsymbol{X})\}$$

である．

(2) $E(X_i^2) < \infty \ (i = 1, \cdots, n)$ を満たすならば，

$$V\left(\sum_{i=1}^{n} X_i\right) = \sum_{i=1}^{n} V(X_i) + 2\sum_{i<i'}^{n} \text{Cov}(X_i, X_{i'})$$

である．特に $X_1, \cdots, X_n$ が互いに独立ならば，$V\left(\sum_{i=1}^{n} X_i\right) = \sum_{i=1}^{n} V(X_i)$ である．

(3) $h_1(\cdot), \cdots, h_n(\cdot)$ を実数値関数とし，$E\{|h_1(X_1)|\}, \cdots, E\{|h_n(X_n)|\} < \infty$ とする．$X_1, \cdots, X_n$ が互いに独立ならば，

$$E\left\{\prod_{i=1}^{n} h_i(X_i)\right\} = \prod_{i=1}^{n} E\{h_i(X_i)\}$$

である．

問 2.30 X_1, X_2, X_3 は互いに独立で，同一の連続分布に従うとする．その密度関数を $f(x) \equiv dP(X_1 \leqq x)/dx$ とする．さらに，$f(-x) = f(x)$, $\int_{-\infty}^{\infty} x^2 f(x) dx =$

1, $E(|X_1^3|) < \infty$ とする.

(1) $E(X_1 + X_2 + X_3)$ を求めよ.
(2) $E(X_1 X_2 X_3 + X_1^2 X_2^2 X_3^2 + X_1^3 X_2^3 X_3^3)$ を求めよ.
(3) $E\{(X_1 - X_2)^2 + (X_1 + X_2)(X_1 - X_2)(1 + X_3)\}$ を求めよ.

定義 2.21 $\mathrm{Cov}(X_i, X_i) \equiv V(X_i)$ とおき,確率ベクトル $\boldsymbol{X} \equiv (X_1, \cdots, X_n)^T$ に対して $\boldsymbol{X}$ の平均と分散共分散行列を,それぞれ,

$$E(\boldsymbol{X}) \equiv \begin{pmatrix} E(X_1) \\ \vdots \\ E(X_n) \end{pmatrix}, \quad V(\boldsymbol{X}) \equiv \begin{pmatrix} \mathrm{Cov}(X_1, X_1), & \cdots, & \mathrm{Cov}(X_1, X_n) \\ \vdots & & \vdots \\ \mathrm{Cov}(X_n, X_1), & \cdots, & \mathrm{Cov}(X_n, X_n) \end{pmatrix}$$

で定義する.

$V(\boldsymbol{X})$ は対称行列である.

問 2.31 $X_1, \cdots, X_n$ は互いに独立であるならば,

$$V(\boldsymbol{X}) = \mathrm{diag}\,(V(X_1), V(X_2), \cdots, V(X_n))$$

であることを示せ.ただし,$\mathrm{diag}\,(V(X_1), V(X_2), \cdots, V(X_n))$ は対角成分が $V(X_1), V(X_2), \cdots, V(X_n)$ でその他の成分は 0 の n 次正方行列とする.

補題 2.26 2 つの n 次行ベクトル $\boldsymbol{a}, \boldsymbol{b}$ と n 次元確率ベクトル $\boldsymbol{X} \equiv (X_1, \cdots, X_n)^T$ に対して,$\boldsymbol{aX}$ の平均と $\boldsymbol{aX}, \boldsymbol{bX}$ の共分散は,それぞれ,

$$E(\boldsymbol{aX}) = \boldsymbol{a}E(\boldsymbol{X}), \quad \mathrm{Cov}(\boldsymbol{aX}, \boldsymbol{bX}) = \boldsymbol{a}V(\boldsymbol{X})\boldsymbol{b}^T$$

の関係が成り立つ.

証明 最初の等式は自明であるので,二番目の等式を示す.一般性を失うことなく $E(\boldsymbol{aX}) = \boldsymbol{0}$ とする.

$$\mathrm{Cov}(\boldsymbol{aX}, \boldsymbol{bX}) = \sum_{i=1}^{n} \sum_{j=1}^{n} a_i b_j \mathrm{Cov}(X_i, X_j) = \boldsymbol{a}V(\boldsymbol{X})\boldsymbol{b}^T$$

である. □

ここで,次の定理 2.27 を得る.

第 2 章 確率の概念

定理 2.27 確率ベクトル $\boldsymbol{X} \equiv (X_1, \cdots, X_n)^T$ と $k \times n$ 行列 $\boldsymbol{A}$ に対して $\boldsymbol{AX}$ の平均と分散共分散行列は

$$E(\boldsymbol{AX}) = \boldsymbol{A}E(\boldsymbol{X}), \qquad V(\boldsymbol{AX}) = \boldsymbol{A}V(\boldsymbol{X})\boldsymbol{A}^T$$

の関係が成り立つ.

証明 $\boldsymbol{A}$ の行ベクトルを $\boldsymbol{a}_1, \cdots, \boldsymbol{a}_k$ とおく. すなわち,

$$\boldsymbol{A} \equiv \begin{pmatrix} \boldsymbol{a}_1 \\ \boldsymbol{a}_2 \\ \vdots \\ \boldsymbol{a}_k \end{pmatrix}, \qquad \boldsymbol{AX} \equiv \begin{pmatrix} \boldsymbol{a}_1 \boldsymbol{X} \\ \boldsymbol{a}_2 \boldsymbol{X} \\ \vdots \\ \boldsymbol{a}_k \boldsymbol{X} \end{pmatrix}$$

となる. 補題 2.26 より, $E(\boldsymbol{AX})$ の第 i 成分は $E(\boldsymbol{a}_i \boldsymbol{X}) = \boldsymbol{a}_i E(\boldsymbol{X})$ であることから最初の等式が成り立つ. $V(\boldsymbol{AX})$ の第 (i, i') 成分は $\mathrm{Cov}(\boldsymbol{a}_i \boldsymbol{X}, \boldsymbol{a}_{i'} \boldsymbol{X}) = \boldsymbol{a}_i V(\boldsymbol{X}) \boldsymbol{a}_{i'}^T$ である. ここで,

$$V(\boldsymbol{AX}) = (\boldsymbol{a}_i V(\boldsymbol{X}) \boldsymbol{a}_{i'}^T)_{i=1,\cdots,k; i'=1,\cdots,k}$$

$$= \begin{pmatrix} \boldsymbol{a}_1 \\ \boldsymbol{a}_2 \\ \vdots \\ \boldsymbol{a}_k \end{pmatrix} V(\boldsymbol{X}) \left(\boldsymbol{a}_1^T, \boldsymbol{a}_2^T, \cdots, \boldsymbol{a}_k^T \right) = \boldsymbol{A}V(\boldsymbol{X})\boldsymbol{A}^T$$

であることから二番目の等式が示された. □

問 2.32 X_1, X_2, X_3 は互いに独立で, 同一の連続分布に従うとする. その密度関数を $f(x) \equiv dP(X_1 \leqq x)/dx$ とする. さらに, $f(-x) = f(x)$, $\int_{-\infty}^{\infty} x^2 f(x) dx = 1$, $\int_{-\infty}^{\infty} x^4 f(x) dx = 3$, $\int_{-\infty}^{\infty} x^6 f(x) dx = 15$ とする.

(1) $Y_1 = X_1 + X_2 + X_3$, $Y_2 = X_1 + 2X_2 + 3X_3$, $\boldsymbol{Y} \equiv (Y_1, Y_2)^T$ のとき, 分散共分散行列 $V(\boldsymbol{Y})$ を求めよ.

(2) $Z_1 = X_1 + 2X_2 + X_3^3$, $Z_2 = X_2^3 + X_3^2$, $\boldsymbol{Z} \equiv (Z_1, Z_2)^T$ のとき, 分散共分散行列 $V(\boldsymbol{Z})$ を求めよ.

$\boldsymbol{X} \equiv (X_1, \cdots, X_m)$ と $\boldsymbol{Y} \equiv (Y_1, \cdots, Y_n)$ を, $(\Omega, \mathcal{A}, P)$ 上の m, n 次元の確率ベクトルとし, 同時分布関数を, それぞれ, $F_{\boldsymbol{X}}(\boldsymbol{x}), F_{\boldsymbol{Y}}(\boldsymbol{y})$ とする.

$P((\boldsymbol{X}, \boldsymbol{Y}) \in E) = 1$ となる可算集合 $E = \{(\boldsymbol{a}_i, \boldsymbol{b}_j) \mid i = 1, 2, \cdots, j = 1, 2, \cdots\}$ が存在するとき，$(\boldsymbol{X}, \boldsymbol{Y})$ は $(m+n)$ 次元離散型確率ベクトルとなる．ここで，

$$f_{ij} \equiv P(\boldsymbol{X} = \boldsymbol{a}_i, \boldsymbol{Y} = \boldsymbol{b}_j), \quad f_{i\cdot} \equiv \sum_{j=1}^{\infty} f_{ij}, \quad f_{\cdot j} \equiv \sum_{i=1}^{\infty} f_{ij}$$

で $f_{ij}, f_{i\cdot}, f_{\cdot j}$ を表記する．このとき，定義 2.11 と同様に，離散の条件付確率関数を定義する．

定義 2.22 $f_{\cdot j} > 0$ とする．このとき，

$$f_{\boldsymbol{X}|\boldsymbol{Y}}(\boldsymbol{a}_i|\boldsymbol{b}_j) \equiv \frac{f_{ij}}{f_{\cdot j}}$$

を，$\boldsymbol{Y} = \boldsymbol{b}_j$ が与えられたときの $\boldsymbol{X}$ の**条件付確率関数**という．

m 次元ベクトル $\boldsymbol{x} \equiv (x_1, \cdots, x_m)$, n 次元ベクトル $\boldsymbol{y} \equiv (y_1, \cdots, y_n)$ と $(m+n)$ 変数関数 $h(\cdot)$ に対して，便宜上，$h(x_1, \cdots, x_m, y_1, \cdots, y_n)$ を $h(\boldsymbol{x}, \boldsymbol{y})$ で表記する．確率ベクトル $(\boldsymbol{X}, \boldsymbol{Y})$ の同時分布関数

$$F_{\boldsymbol{X}\boldsymbol{Y}}(\boldsymbol{x}, \boldsymbol{y}) \equiv P(X_1 \leqq x_1, \cdots, X_m \leqq x_m, Y_1 \leqq y_1, \cdots, Y_n \leqq y_n)$$

が $x_1, \cdots, x_m, y_1, \cdots, y_n$ に関して偏微分可能であるとき，

$$f_{\boldsymbol{X}\boldsymbol{Y}}(\boldsymbol{x}, \boldsymbol{y}) \equiv \frac{\partial^{m+n}}{\partial x_1 \cdots \partial x_m \partial y_1 \cdots \partial y_n} F_{\boldsymbol{X}\boldsymbol{Y}}(\boldsymbol{x}, \boldsymbol{y})$$

は $(\boldsymbol{X}, \boldsymbol{Y})$ の同時密度関数となる．$\boldsymbol{X}, \boldsymbol{Y}$ それぞれの同時密度関数は，

$$f_{\boldsymbol{X}}(\boldsymbol{x}) \equiv \int_{-\infty}^{\infty} \cdots \int_{-\infty}^{\infty} f_{\boldsymbol{X}\boldsymbol{Y}}(\boldsymbol{x}, \boldsymbol{y}) dy_1 \cdots dy_n = \frac{\partial^m}{\partial x_1 \cdots \partial x_m} F_{\boldsymbol{X}}(\boldsymbol{x}),$$

$$f_{\boldsymbol{Y}}(\boldsymbol{y}) \equiv \int_{-\infty}^{\infty} \cdots \int_{-\infty}^{\infty} f_{\boldsymbol{X}\boldsymbol{Y}}(\boldsymbol{x}, \boldsymbol{y}) dx_1 \cdots dx_m = \frac{\partial^n}{\partial y_1 \cdots \partial y_n} F_{\boldsymbol{Y}}(\boldsymbol{y})$$

で与えられる．このとき，定義 2.14 と同様に連続の条件付密度関数を定義する．

定義 2.23 $f_{\boldsymbol{Y}}(\boldsymbol{y}) > 0$ とする．

$$f_{\boldsymbol{X}|\boldsymbol{Y}}(\boldsymbol{x}|\boldsymbol{y}) \equiv \frac{f_{\boldsymbol{X}\boldsymbol{Y}}(\boldsymbol{x}, \boldsymbol{y})}{f_{\boldsymbol{Y}}(\boldsymbol{y})}$$

を，$Y = y$ が与えられたときの X の**条件付密度関数**という．

定義 2.24 確率ベクトル (X, Y) が同時確率 f_{ij} または同時密度 $f_{XY}(x, y)$ をもつとし $g(x, y)$ を実数値関数とする．このとき，$Y = y$ が与えられたときの確率変数 $g(X, Y)$ の**条件付期待値**を $E\{g(X,Y)|y\}$ または $E\{g(X,Y)|Y = y\}$ と書き，

$$E\{g(X,Y)|y\} \equiv E\{g(X,Y)|Y=y\} \equiv E\{g(X,y)|Y=y\}$$

$$\equiv \begin{cases} \sum_{i=1}^{\infty} g(a_i, y) f_{X|Y}(a_i|y) & \text{(離散型)} \\ \int_{-\infty}^{\infty} \cdots \int_{-\infty}^{\infty} g(x, y) f_{X|Y}(x|y) dx_1 \cdots dx_m & \text{(連続型)} \end{cases}$$

で定義する．ただし $f_{X|Y}(a_i|y), f_{X|Y}(x|y)$ はそれぞれ定義 2.22, 定義 2.23 で定義したものとする．さらに，$Y = y$ が与えられたときの $g(X, Y)$ の**条件付分散**を $V(g(X, Y)|y)$ または $V(g(X, Y)|Y = y)$ と書き，

$$V(g(X,Y)|y) \equiv E[\{g(X,Y)\}^2|y] - [E\{g(X,Y)|y\}]^2$$

で定義する．

条件付期待値 $E\{\cdot|y\}$ は，確率関数または密度関数を $f_{X|Y}(\cdot|y)$ と考えた場合の期待値を表しているので，$E\{\cdot\}$ を $E\{\cdot|y\}$ に置きかえた命題 2.16 と命題 2.24 が成り立つ．すなわち，次の補題 2.28 を得る．

補題 2.28 $g(\cdot), h(\cdot)$ を実数値関数とし，$E\{|g(X,Y)|\}, E\{|h(X,Y)|\} < \infty$ と仮定する．このとき，実定数 a, b に対して次の (1) から (5) が成り立つ．

(1) $E\{a|y\} = a$

(2) $E\{ag(X,Y) + bh(X,Y)|y\} = aE\{g(X,Y)|y\} + bE\{h(X,Y)|y\}$, 特に $E\{ag(X,Y) + b|y\} = aE\{g(X,Y)|y\} + b$

(3) $g(X,Y) \geqq 0 \implies E\{g(X,Y)|y\} \geqq 0$

(4) $|E\{g(X,Y)|y\}| \leqq E\{|g(X,Y)| \,|y\}$

(5) $E[E\{g(X,Y)|Y\}] = E\{g(X,Y)\}$

定義 2.25 X, Y を離散型確率ベクトルとする．任意の i, j に対して

$$P(\boldsymbol{X}=\boldsymbol{a}_i,\boldsymbol{Y}=\boldsymbol{b}_j)=P(\boldsymbol{X}=\boldsymbol{a}_i)\cdot P(\boldsymbol{Y}=\boldsymbol{b}_j), \text{ すなわち } f_{ij}=f_{i\cdot}\cdot f_{\cdot j}$$
であるとき $\boldsymbol{X},\boldsymbol{Y}$ は互いに独立であるという．

定義 2.26 $\boldsymbol{X},\boldsymbol{Y}$ を連続型確率ベクトルとする．任意の $\boldsymbol{x}\in R^m, \boldsymbol{y}\in R^n$ に対して $f_{\boldsymbol{XY}}(\boldsymbol{x},\boldsymbol{y})=f_{\boldsymbol{X}}(\boldsymbol{x})f_{\boldsymbol{Y}}(\boldsymbol{y})$ であるとき $\boldsymbol{X},\boldsymbol{Y}$ は互いに独立であるという．

次の独立性の定理が成り立つ．

定理 2.29 確率ベクトル $\boldsymbol{X}$ と $\boldsymbol{Y}$ が互いに独立ならば，$\boldsymbol{X}$ の関数 $g(\boldsymbol{X})$ と $\boldsymbol{Y}$ の関数 $h(\boldsymbol{Y})$ は互いに独立である．

証明 集合 A,B に対して，
$$\begin{aligned}P(g(\boldsymbol{X})\in A, h(\boldsymbol{Y})\in B)&=P(\boldsymbol{X}\in g^{-1}(A),\boldsymbol{Y}\in h^{-1}(B))\\&=P(\boldsymbol{X}\in g^{-1}(A))\cdot P(\boldsymbol{Y}\in h^{-1}(B))\\&=P(g(\boldsymbol{X})\in A)\cdot P(h(\boldsymbol{Y})\in B)\end{aligned}$$
を得て，定理の主張が示された． □

命題 2.30 $g_1(\cdot),g_2(\cdot)$ を実数値関数とし $E(|g_1(\boldsymbol{X})g_2(\boldsymbol{Y})|)<\infty$ を仮定する．このとき，
$$E\{g_1(\boldsymbol{X})g_2(\boldsymbol{Y})|\boldsymbol{y}\}=g_2(\boldsymbol{y})E\{g_1(\boldsymbol{X})|\boldsymbol{y}\}$$
が成り立つ．さらに，$\boldsymbol{X},\boldsymbol{Y}$ が独立ならば，
$$E\{g_1(\boldsymbol{X})g_2(\boldsymbol{Y})|\boldsymbol{y}\}=g_2(\boldsymbol{y})E\{g_1(\boldsymbol{X})\}$$
である．

条件付期待値から条件付確率を定義し，条件付確率の性質を述べる．

定義 2.27 任意の $A\subset R^{m+n}$ と $\boldsymbol{y}\in R^n$ に対して，事象 B を $B\equiv\{\omega\mid(\boldsymbol{X}(\omega),\boldsymbol{y})\in A\}$ とおく．このとき，$E\{I_A(\boldsymbol{X},\boldsymbol{Y})|\boldsymbol{y}\}$ を，$\boldsymbol{Y}=\boldsymbol{y}$ が与えられたときの事象 B の条件付確率とよび，記号 $P(B|\boldsymbol{Y}=\boldsymbol{y})$ を使う．

定理 2.31 集合 A と事象 B の関係は定義 2.27 の通りとし，$\boldsymbol{X}, \boldsymbol{Y}$ が独立ならば，次が成り立つ．

$$P(B|\boldsymbol{Y} = \boldsymbol{y}) = P((\boldsymbol{X}, \boldsymbol{y}) \in A) = P(B)$$

$\boldsymbol{X}$ が離散型確率ベクトルで，$\boldsymbol{Y}$ が連続型確率ベクトルであっても定理 2.31 は成り立つ．

2.8 確率変数の変数変換

多次元の連続型確率ベクトルの変数変換を述べる前に，1 変数の連続型確率変数の場合から説明する．

合成関数の微分

関数 $z = f(y), y = g(x)$ が微分可能ならば，合成関数 $z = f(g(x))$ は x について微分可能で，その微分は

$$\frac{dz}{dx} = \frac{dz}{dy}\frac{dy}{dx} = f'(g(x))g'(x)$$

で与えられる．

例として，$h(x)$ が連続で，原始関数 $H(x)$ をもつとする．$g(x)$ が微分可能ならば，次が成り立つ．

$$\frac{d}{dx}\int_a^{g(x)} h(t)dt = \frac{d}{dx}\{H(g(x)) - H(a)\} = h(g(x))g'(x)$$

命題 2.32 連続型確率変数 X の平均が存在し，$\mu \equiv E(X)$ とする．平均を引いた確率変数 $Y \equiv X - \mu$ の分布関数と密度関数を，それぞれ，$F(x), f(x)$ とする．このとき，X の分布関数 $F_X(x)$ と密度関数 $f_X(x)$ は，

$$F_X(x) = F(x - \mu), \qquad f_X(x) = f(x - \mu) \tag{2.16}$$

で表現できる．

さらに，X の分散が存在し，$\sigma^2 \equiv V(X)$ とする．標準化した確率変数 $Z \equiv (X - \mu)/\sigma$ の分布関数と密度関数を，それぞれ，$G(x), g(x)$ とする．このとき，

$$\int_{-\infty}^{\infty} xg(x)dx = 0, \qquad \int_{-\infty}^{\infty} x^2 g(x)dx = 1 \qquad (2.17)$$

が成り立ち，X の分布関数と密度関数は，

$$F_X(x) = G\left(\frac{x-\mu}{\sigma}\right), \qquad f_X(x) = \frac{1}{\sigma} g\left(\frac{x-\mu}{\sigma}\right) \qquad (2.18)$$

と表現できる．

証明 (2.17) の積分は，Z の平均と分散を表すので，命題 2.16 の (2) と定理 2.19 の (2) を使って $E(Z) = 0, V(Z) = 1$ を得る．$X = \sigma Z + \mu$ であるので，

$$F_X(x) \equiv P(X \leqq x) = P\left(Z \leqq \frac{x-\mu}{\sigma}\right) = G\left(\frac{x-\mu}{\sigma}\right)$$

である．上式の両辺を微分することにより $f_X(x)$ が得られ，(2.18) が成り立つ．(2.16) は同様に導かれる． □

X の分布関数と密度関数を (2.16) または (2.18) の右辺で表現できる．(2.16) は，5.4 節，6.3 節のノンパラメトリックモデルの分布表現でしばしば使われる．(2.18) は，正規分布モデル等の分布表現で使われる．

次に一般の 1 次元変数変換について述べる．

(条件 1) $y = \phi(x)$ は狭義の単調関数で微分可能とする．
(条件 2) 導関数 $\phi'(x)$ は連続とする．

の 2 つの条件を仮定する．このとき，逆関数 $x = \psi(y) = \phi^{-1}(y)$ が存在し，その微分は $\psi'(y) = \{\phi'(\psi(y))\}^{-1}$ となる．

定理 2.33 連続型の確率変数 X が密度関数 $f_X(x)$ をもつとし，(条件 1), (条件 2) を満たすと仮定する．このとき，確率変数 $Y = \phi(X)$ は連続型となり，その密度関数は，次で与えられる．

$$f_Y(y) = f_X(\psi(y))|\psi'(y)|$$

証明 $\phi(x)$ を狭義の単調増加関数とすれば，

$$F_Y(y) = P(Y \leqq y) = P(\phi(X) \leqq y) = P(X \leqq \psi(y)) = \int_{-\infty}^{\psi(y)} f_X(t)dt$$

となる．ここで変数変換 $t = \psi(u)$ を行うと，$\psi'(u) > 0$ より

$$F_Y(y) = \int_{-\infty}^y f_X(\psi(u))\psi'(u)du = \int_{-\infty}^y f_X(\psi(u))|\psi'(u)|du$$

を得る．ゆえに $f_Y(y) = f_X(\psi(y))|\psi'(y)|$ である．

$\phi(x)$ が狭義の単調減少関数のときは，上の場合と同様に

$$F_Y(y) = \int_{-\infty}^y f_X(\psi(u))\{-\psi'(u)\}du = \int_{-\infty}^y f_X(\psi(u))|\psi'(u)|du$$

が示され $f_Y(y) = f_X(\psi(y))|\psi'(y)|$ である． □

系 2.34 連続型の確率変数 X が密度関数 $f_X(x)$ をもつと仮定する．このとき，確率変数 $Y = aX + b$ $(a \neq 0)$ の密度関数は

$$f_Y(y) = \frac{1}{|a|}f_X\left(\frac{y-b}{a}\right) \tag{2.19}$$

で与えられる．

次に連続型の場合の 2 次元の変数変換について述べる．

2 次元ベクトル (x_1, x_2) から 2 次元ベクトル (y_1, y_2) への 1 対 1 変換である (x_1, x_2) の関数を

$$(y_1, y_2) \equiv \boldsymbol{\phi}(x_1, x_2) \equiv (\phi_1(x_1, x_2), \phi_2(x_1, x_2))$$

とする．さらに，確率ベクトル (X_1, X_2) が同時密度 $f_{X_1 X_2}(x_1, x_2)$ をもつとする．このとき，確率ベクトル $(Y_1, Y_2) = \boldsymbol{\phi}(X_1, X_2)$ の密度関数をいくつかの必要な条件を加えながら 2 重積分の変数変換の公式を使って説明する．$\boldsymbol{\phi}(\cdot)$ は 1 対 1 変換より $(x_1, x_2) = \boldsymbol{\psi}(y_1, y_2) \Leftrightarrow (y_1, y_2) = \boldsymbol{\phi}(x_1, x_2)$ となる逆変換 $\boldsymbol{\psi}(y_1, y_2) = (\psi_1(y_1, y_2), \psi_2(y_1, y_2))$ が存在する．この逆関数のヤコビアンは，

$$J(\boldsymbol{\psi}(y_1, y_2)) \equiv \det\begin{pmatrix} \dfrac{\partial \psi_1(y_1, y_2)}{\partial y_1} & \dfrac{\partial \psi_1(y_1, y_2)}{\partial y_2} \\ \dfrac{\partial \psi_2(y_1, y_2)}{\partial y_1} & \dfrac{\partial \psi_2(y_1, y_2)}{\partial y_2} \end{pmatrix} \tag{2.20}$$

となる．ただし，$\det(A)$ は行列 A の行列式を表す．さらに，$J(\boldsymbol{\psi}(y_1, y_2)) \neq 0$ を仮定し，$\psi_1(y_1, y_2), \psi_2(y_1, y_2)$ は連続な偏導関数をもつとする．

ここで，$D \equiv \{(x_1, x_2) \mid \phi_1(x_1, x_2) \leqq c, \phi_2(x_1, x_2) \leqq d\}$ とおく．(Y_1, Y_2) の分布関数は，2 重積分の変数変換公式 (付録の第 A 章 A.1 節を参照) により

$$P(Y_1 \leqq c, Y_2 \leqq d) = P(\phi_1(X_1, X_2) \leqq c, \phi_2(X_1, X_2) \leqq d)$$
$$= \iint_D f_{X_1 X_2}(x_1, x_2) dx_1 dx_2$$
$$= \int_{-\infty}^{d} \int_{-\infty}^{c} f_{X_1 X_2}(\boldsymbol{\psi}(y_1, y_2)) |J(\boldsymbol{\psi}(y_1, y_2))| dy_1 dy_2$$

となる．以上をまとめて，次の定理 2.35 を得る．

定理 2.35 確率ベクトル (X_1, X_2) が同時密度 $f_{X_1 X_2}(x_1, x_2)$ をもつと仮定し，$G(\subset R^2)$ を $P((X_1, X_2) \in G) = 1$ を満たす領域 (開集合) とする．領域 $H(\subset R^2)$ に対して，$\boldsymbol{\phi}(\cdot, \cdot): G \to H$ を 1 対 1 変換とする．$(y_1, y_2) = \boldsymbol{\phi}(x_1, x_2)$ の逆関数を $(x_1, x_2) = \boldsymbol{\psi}(y_1, y_2) \equiv (\psi_1(y_1, y_2), \psi_2(y_1, y_2))$ とする．$\psi_1(y_1, y_2)$，$\psi_2(y_1, y_2)$ は連続な偏導関数をもち，(2.20) のヤコビアン $J(\boldsymbol{\psi}(y_1, y_2))$ に対して，H の各点で $J(\boldsymbol{\psi}(y_1, y_2)) \neq 0$ を仮定する．このとき，確率ベクトル $(Y_1, Y_2) = \boldsymbol{\phi}(X_1, X_2)$ の密度関数 $f_{Y_1 Y_2}(y_1, y_2)$ は

$$f_{Y_1 Y_2}(y_1, y_2) = f_{X_1 X_2}(\boldsymbol{\psi}(y_1, y_2)) |J(\boldsymbol{\psi}(y_1, y_2))| \tag{2.21}$$

で与えられる．

- H を R^2 の領域 (開集合) とする理由は，H の各点で偏導関数が定義できるためである．

定理 2.35 から系 2.36 を得る．

系 2.36 正則な 2 次正方行列 $\boldsymbol{A} = \begin{pmatrix} a_{11} & a_{12} \\ a_{21} & a_{22} \end{pmatrix}$ によって線形変換された確率ベクトル

$$\begin{pmatrix} Y_1 \\ Y_2 \end{pmatrix} = \boldsymbol{A} \begin{pmatrix} X_1 \\ X_2 \end{pmatrix} + \begin{pmatrix} b_1 \\ b_2 \end{pmatrix}$$

の同時密度関数 $f_{Y_1 Y_2}(y_1, y_2)$ は

$$f_{Y_1 Y_2}(y_1, y_2)$$
$$= \frac{1}{|c|} f_{X_1 X_2} \left(\frac{a_{22}(y_1 - b_1) - a_{12}(y_2 - b_2)}{c}, \frac{-a_{21}(y_1 - b_1) + a_{11}(y_2 - b_2)}{c} \right)$$

で与えられる．ただし，$c \equiv \det(\boldsymbol{A}) = a_{11} a_{22} - a_{12} a_{21}$ とする．

証明 定理 2.35 を適用する.

$$\begin{pmatrix} \psi_1(y_1, y_2) \\ \psi_2(y_1, y_2) \end{pmatrix} = \boldsymbol{A}^{-1} \begin{pmatrix} y_1 - b_1 \\ y_2 - b_2 \end{pmatrix}$$

$$= \frac{1}{c} \begin{pmatrix} a_{22} & -a_{12} \\ -a_{21} & a_{11} \end{pmatrix} \begin{pmatrix} y_1 - b_1 \\ y_2 - b_2 \end{pmatrix}$$

$$= \begin{pmatrix} \dfrac{a_{22}(y_1 - b_1) - a_{12}(y_2 - b_2)}{c} \\ \dfrac{-a_{21}(y_1 - b_1) + a_{11}(y_2 - b_2)}{c} \end{pmatrix}$$

と $J(\boldsymbol{\psi}(y_1, y_2)) = \det(\boldsymbol{A}^{-1}) = 1/\det(\boldsymbol{A})$ が示され，等式が導かれた． □

系 2.37 確率変数 X_1, X_2 は互いに独立でそれぞれ密度関数 $f_{X_1}(x_1), f_{X_2}(x_2)$ をもつとする．このとき，$Y \equiv X_1 + X_2$ の密度関数 $f_Y(y)$ は

$$f_Y(y) = \int_{-\infty}^{\infty} f_{X_1}(y - z) f_{X_2}(z) dz = \int_{-\infty}^{\infty} f_{X_1}(z) f_{X_2}(y - z) dz$$

で与えられる．

証明 $y = x_1 + x_2, z = x_2$ とおけば，

$$\begin{pmatrix} y \\ z \end{pmatrix} = \begin{pmatrix} 1 & 1 \\ 0 & 1 \end{pmatrix} \begin{pmatrix} x_1 \\ x_2 \end{pmatrix}$$

である．ゆえに，$(Y, Z) \equiv (X_1 + X_2, X_2)$ の同時密度は，系 2.36 より

$$f_{YZ}(y, z) = f_{X_1 X_2}(y - z, z) = f_{X_1}(y - z) f_{X_2}(z)$$

である．この同時密度を z で積分すれば Y の密度関数が与えられる．したがって Y の密度関数は

$$f_Y(y) = \int_{-\infty}^{\infty} f_{X_1}(y - z) f_{X_2}(z) dz$$

である．また，対称式の関係から，

$$\int_{-\infty}^{\infty} f_{X_1}(z) f_{X_2}(y - z) dz$$

は Y の密度関数である． □

問 2.33 X_1, X_2 を互いに独立とし，同一の密度関数 $f_{X_1}(x) = f_{X_2}(x) =$

$(1/\sqrt{2\pi})\exp(-x^2/2)$ をもつとする．$\sigma_1, \sigma_2 > 0$ とし，Y_1, Y_2 を $Y_1 \equiv \mu_1 + \sigma_1 X_1$, $Y_2 \equiv \mu_2 + \sigma_2(\rho X_1 + \sqrt{1-\rho^2}X_2)$ で定義する．

(1) 系 2.34 を使って，Y_1 の密度関数 $f_{Y_1}(y_1)$ を求めよ．
(2) (X_1, X_2) の同時密度関数 $f_{X_1 X_2}(x_1, x_2)$ を求めよ．
(3) この変換において，系 2.36 の 2 次正方行列 A と $(b_1, b_2)^T$ を求めよ．
(4) (Y_1, Y_2) の同時密度関数は，
$$f_{Y_1 Y_2}(y_1, y_2) = \{1/(2\pi\sigma_1\sigma_2\sqrt{1-\rho^2})\}\exp[-g(y_1, y_2)/\{2(1-\rho^2)\}]$$
で与えられることを示せ．ただし，
$$g(y_1, y_2) \equiv \left(\frac{y_1 - \mu_1}{\sigma_1}\right)^2 - 2\rho\left(\frac{y_1 - \mu_1}{\sigma_1}\right)\left(\frac{y_2 - \mu_2}{\sigma_2}\right) + \left(\frac{y_2 - \mu_2}{\sigma_2}\right)^2,$$
$$\exp(y) \equiv e^y$$
とする．

次の定理 2.38 は多次元正規分布の線形変換で頻繁に使われる．

定理 2.38 確率ベクトル $\boldsymbol{X} \equiv (X_1, \cdots, X_n)^T$ が同時密度 $f_{\boldsymbol{X}}(\boldsymbol{x})$ をもつと仮定する．このとき，正則な n 次正方行列 $\boldsymbol{A} \equiv (a_{ij})_{i=1,\cdots,n; j=1,\cdots,n}$ とベクトル $\boldsymbol{b} \equiv (b_1, \cdots, b_n)^T$ に対して，確率ベクトル $\boldsymbol{Y} \equiv \boldsymbol{AX} + \boldsymbol{b}$ の同時密度関数 $f_{\boldsymbol{Y}}(\boldsymbol{y})$ は，次の式で与えられる．
$$f_{\boldsymbol{Y}}(\boldsymbol{y}) = \frac{1}{|\det(\boldsymbol{A})|}f_{\boldsymbol{X}}(\boldsymbol{A}^{-1}(\boldsymbol{y} - \boldsymbol{b}))$$

定理 2.38 は，ベクトルとスカラーの違いがあるものの，系 2.34 の (2.19) で $|a|$ と $a^{-1}(y-b)$ をそれぞれ $|\det(\boldsymbol{A})|$ と $\boldsymbol{A}^{-1}(\boldsymbol{y}-\boldsymbol{b})$ におきかえた公式とみなせる．すなわち，定理 2.38 は系 2.34 と類似の公式といえる．

第3章

基本分布

　観測値の従っている確率分布の密度関数のおおよその形状をみるためのグラフがヒストグラムであり，分布関数の形状をみるためのグラフが累積度数グラフである．代表的な分布の特徴を調べることにより，観測値の性質や最適な統計解析手法を選択できる．観測値の性質を見る重要な点は，従っている分布が連続分布の場合には密度関数の形状と歪度，尖度などのモーメント，離散型の場合には確率計算の方法を学ぶことである．これらに加え正規分布に従う確率変数の変数変換による分布が後の統計手法を理解するために重要となる．使われる微分積分と行列の公式を，基本定理として挙げている．

3.1 微分積分の基本定理

　「微分積分学」の講義で証明が与えられ，この章で使われる内容を述べる．

基本定理 3.1 (ロピタルの定理) 　関数 $f(x), g(x)$ が微分可能で，$g'(x) \neq 0$ とする．$\lim_{x \to \infty} f(x) = \lim_{x \to \infty} g(x) = 0$ ならば，次の式の右辺の極限値が存在すれば左辺の極限値も存在し相等しい．

$$\lim_{x \to \infty} \frac{f(x)}{g(x)} = \lim_{x \to \infty} \frac{f'(x)}{g'(x)}$$

上の等式は，「$x \to \infty$」の代わりに「$x \to -\infty$ または $x \to a$」，あるいは「$\lim f(x) = \lim g(x) = 0$」の代わりに「$\lim f(x) = \lim g(x) = \pm\infty$」としても成り立つ．

基本定理 3.2　$\displaystyle\int_0^\infty e^{-x^2} dx = \frac{\sqrt{\pi}}{2}$ が成り立つ．

基本定理 3.2 の証明は，巻末の付録 A.2 を参照のこと．

基本定理 3.3 (マクローリンの展開式)　関数 $f(x)$ が 0 を含む開区間 I で n 回微分可能ならば，次のように展開できる．

$$f(x) = \sum_{m=0}^{n-1} \frac{f^{(m)}(0)}{m!} x^m + \frac{f^{(n)}(\theta x)}{n!} x^n \qquad (x \in I) \qquad (3.1)$$

ただし，$f^{(0)}(0) = f(0), 0! = 1, 0 < \theta < 1$ とする．

基本定理 3.4 (マクローリンの級数展開)　関数 $f(x)$ が 0 を含む開区間 I で無限回微分可能とする．このとき，$f(x)$ が

$$f(x) = \sum_{m=0}^{\infty} \frac{f^{(m)}(0)}{m!} x^m = f(0) + \frac{f^{(1)}(0)}{1!} x + \cdots + \frac{f^{(n)}(0)}{n!} x^n + \cdots$$

の形に展開できるための必要かつ十分条件は，区間 I のすべての x に対して

$$\frac{f^{(n)}(\theta x)}{n!} x^n \to 0 \qquad (n \to \infty)$$

となることである．

指数関数と三角関数の級数展開

マクローリンの級数展開により，すべての実数 x に対して

$$e^x = \sum_{m=0}^{\infty} \frac{1}{m!} x^m = 1 + \frac{x}{1!} + \frac{x^2}{2!} + \cdots + \frac{x^n}{n!} + \cdots, \qquad (3.2)$$

$$\sin x = x - \frac{x^3}{3!} + \frac{x^5}{5!} - \cdots + (-1)^{n-1} \frac{x^{2n-1}}{(2n-1)!} + \cdots, \qquad (3.3)$$

$$\cos x = 1 - \frac{x^2}{2!} + \frac{x^4}{4!} - \cdots + (-1)^n \frac{x^{2n}}{(2n)!} + \cdots \tag{3.4}$$

が成立する．

3.2 特性関数

i を虚数単位 $\sqrt{-1}$, a, b を実数とする．(3.3), (3.4) より，
$$\cos(a) + i\sin(a) = 1 + \frac{ia}{1!} + \frac{(ia)^2}{2!} + \cdots + \frac{(ia)^n}{n!} + \cdots$$
である．(3.2) と同類の式であるので，この式を e^{ia} と表す．すなわち，
$$e^{ia} = \cos(a) + i\sin(a) \tag{3.5}$$
である．(3.5) をオイラーの関係式という．さらに，e^{ia+b} を
$$e^{ia+b} \equiv e^{ia} \cdot e^b = e^b \cdot (\cos(a) + i\sin(a))$$
で定義する．

問 3.1 a, b を実数とするとき，$e^{i(a+b)} = e^{ia} \cdot e^{ib}$ であることを示せ．

2つの実数値関数 $g(\cdot), h(\cdot); R \to R$ に対して，微分と積分を，それぞれ，
$$\{g(x) + ih(x)\}' \equiv g'(x) + ih'(x)$$
$$\int_{-\infty}^{\infty} \{g(x) + ih(x)\}dx \equiv \int_{-\infty}^{\infty} g(x)dx + i\int_{-\infty}^{\infty} h(x)dx$$
で定義する．

問 3.2 微分 $(e^{ix})' = ie^{ix}$ であることを示せ．

X を確率変数とし，その分布関数を $F_X(x) \equiv P(X \leq x)$, 確率関数または密度関数を $f_X(x)$ で表すものとする．X に依存した関数
$$\psi_X(t) \equiv E(e^{itX}) = \int_{-\infty}^{\infty} e^{itx} dF_X(x)$$

$$= \begin{cases} \sum_{k=1}^{\infty} \cos(tx_k) f_X(x_k) + i \sum_{k=1}^{\infty} \sin(tx_k) f_X(x_k) & \text{(離散型)} \\ \int_{-\infty}^{\infty} \cos(tx) f_X(x) dx + i \int_{-\infty}^{\infty} \sin(tx) f_X(x) dx & \text{(連続型)} \end{cases}$$

を X の**特性関数**という．確率変数 X, Y に対して，次の強力な性質をもつ．

特性関数と分布関数は 1 対 1 対応

$$\psi_X(t) = \psi_Y(t) \quad (t \in R) \iff F_X(x) = F_Y(x) \quad (x \in R).$$

上記の証明はかなりの数学的知識を要する．巻末の参考文献 (数 8) または (数 7) を参照せよ．

微分と積分の順序交換可能により，

$$\psi_X^{(n)}(t) \equiv \frac{d^n \psi_X(t)}{dt^n} = i^n \int_{-\infty}^{\infty} x^n e^{itx} dF_X(x) = i^n E(X^n e^{itX})$$

となり，

$$E(X^n) = i^{-n} \psi_X^{(n)}(0)$$

である．これは特性関数からモーメントが計算できることを意味している．実際，平均と分散は

$$E(X) = -i\psi_X^{(1)}(0), \qquad V(X) = -\psi_X^{(2)}(0) + \{\psi_X^{(1)}(0)\}^2$$

で表され，歪度，尖度も特性関数の式で表現できる．

補題 3.1 $Z_1, \cdots, Z_n$ が独立で同一の分布に従うならば，

$$\psi_{Z_1 + \cdots + Z_n}(t) = \{\psi_{Z_1}(t)\}^n$$

である．

証明 補題 2.25 の (3) と仮定により，

$$\psi_{Z_1 + \cdots + Z_n}(t) = E\{\exp(itZ_1 + \cdots + itZ_n)\}$$
$$= E\left(e^{itZ_1}\right) \cdots E\left(e^{itZ_n}\right)$$

$$= \psi_{Z_1}(t)\cdots\psi_{Z_n}(t) = \{\psi_{Z_1}(t)\}^n$$

を得る. □

3.3　1次元正規分布

統計学の代表的な分布として，正規分布を紹介する．

(1) 1次元正規分布　$N(\mu, \sigma^2)$

密度関数が

$$f(x|\boldsymbol{\theta}) = \frac{1}{\sqrt{2\pi}\sigma}\exp\left\{-\frac{(x-\mu)^2}{2\sigma^2}\right\}, \quad -\infty < x < \infty,$$

$$\Theta = \{\boldsymbol{\theta} \equiv (\mu, \sigma^2) | -\infty < \mu < \infty, 0 < \sigma^2 < \infty\}$$

で与えられる応用上や理論上最も重要となる分布を1次元正規分布または単に**正規分布**といい，記号 $N(\mu, \sigma^2)$ を使って表す．

次の命題 3.2 を得る．

命題 3.2 $\int_{-\infty}^{\infty} f(x|\boldsymbol{\theta})dx = 1$ が成り立つ．

証明　基本定理 3.2 を使う．$y \equiv (x-\mu)/(\sqrt{2}\sigma)$ と変数変換すると，次の式を得る．

$$\int_{-\infty}^{\infty} f(x|\boldsymbol{\theta})dx = \int_{-\infty}^{\infty} \frac{1}{\sqrt{\pi}}e^{-y^2}dy = \frac{2}{\sqrt{\pi}}\int_0^{\infty} e^{-y^2}dy = 1 \quad □$$

特に，$\mu = 0, \sigma^2 = 1$ のときの $N(0, 1)$ を**標準正規分布**といい，その密度関数と分布関数をそれぞれ記号 $\varphi(x), \Phi(x)$ を使って表す．すなわち，

$$\varphi(x) = \frac{1}{\sqrt{2\pi}}\exp\left(-\frac{x^2}{2}\right), \qquad \Phi(x) = \int_{-\infty}^{x} \varphi(t)dt$$

である．$\varphi(x)$ を微分すると，

$$\{\varphi(x)\}' = \frac{-x}{\sqrt{2\pi}}e^{-\frac{x^2}{2}} = -x\varphi(x) \tag{3.6}$$

を得る．ロピタルの定理と命題 3.2 より，

$$\lim_{x \to \infty} x\varphi(x) = \lim_{x \to -\infty} x\varphi(x) = 0, \tag{3.7}$$

$$\int_{-\infty}^{\infty} \varphi(x)dx = 1 \tag{3.8}$$

が成り立つ．また，(3.6) から (3.8) より，

$$\int_{-\infty}^{\infty} x^2 \varphi(x)dx = \int_{-\infty}^{\infty} x\{-\varphi(x)\}'dx$$
$$= \bigl[-x\varphi(x)\bigr]_{-\infty}^{\infty} + \int_{-\infty}^{\infty} \varphi(x)dx = 1$$

を得る．すなわち，

$$\int_{-\infty}^{\infty} x^2 \varphi(x)dx = 1 \tag{3.9}$$

である．変数変換 $y = -t$ によって，(3.8) を使うと，

$$\Phi(-x) = \int_{-\infty}^{-x} \varphi(t)dt = -\int_{\infty}^{x} \varphi(-y)dy$$
$$= \int_{x}^{\infty} \varphi(y)dy = 1 - \int_{-\infty}^{x} \varphi(y)dy$$
$$= 1 - \Phi(x)$$

を得る．すなわち，

$$\Phi(-x) = 1 - \Phi(x) \tag{3.10}$$

が成り立つ．

このとき，$N(\mu, \sigma^2)$ の密度関数と分布関数は，関数 $\varphi(\cdot)$ と $\Phi(\cdot)$ を使って，それぞれ，次で表される．

$$f(x|\boldsymbol{\theta}) = \frac{1}{\sigma}\varphi\left(\frac{x-\mu}{\sigma}\right), \qquad F(x|\boldsymbol{\theta}) = \Phi\left(\frac{x-\mu}{\sigma}\right)$$

定理 3.3 確率変数 X が $N(\mu, \sigma^2)$ に従っているとき，X の平均，分散，歪度，尖度は

$$E(X) = \mu, \quad V(X) = \sigma^2, \quad \ell_1 = 0, \quad \ell_2 = 0$$

で与えられる．

証明 $y \equiv (x - \mu)/\sigma$ と変数変換する．(3.8) より，

$$E(X) = \int_{-\infty}^{\infty} x f(x|\boldsymbol{\theta}) dx = \int_{-\infty}^{\infty} \frac{x}{\sigma} \varphi\left(\frac{x-\mu}{\sigma}\right) dx$$
$$= \int_{-\infty}^{\infty} (\sigma y + \mu) \varphi(y) dy = \sigma \int_{-\infty}^{\infty} y \varphi(y) dy + \mu \int_{-\infty}^{\infty} \varphi(y) dy$$
$$= \mu$$

を得る．(3.9) より，

$$V(X) = \int_{-\infty}^{\infty} (x-\mu)^2 f(x|\boldsymbol{\theta}) dx = \int_{-\infty}^{\infty} \frac{(x-\mu)^2}{\sigma} \varphi\left(\frac{x-\mu}{\sigma}\right) dx$$
$$= \int_{-\infty}^{\infty} \sigma^2 y^2 \varphi(y) dy = \sigma^2$$

を得る．$y^3 \varphi(y)$ は奇関数より，$\ell_1 = \ell_2 = 0$ も同様に示される． □

正規分布は平均 μ と分散 σ^2 によって特定される．

離散，連続を問わず確率分布は分布関数によって決定される．確率変数 X の分布関数がある分布 D の分布関数 $F_0(x|\boldsymbol{\theta})$ と一致するとき，X は**分布 D に従う**といい，記号 $X \sim D$ を使って表す．またしばしば $X \sim F_0(x|\boldsymbol{\theta})$ とも表記する．たとえば，$X \sim N(\mu, \sigma^2)$ は，X が平均 μ, 分散 σ^2 の正規分布に従うことを意味する．

問 3.3 $X \sim N(\mu, \sigma^2)$ ならば，$\ell_1 = \ell_2 = 0$ を示せ．

定理 3.4 $X \sim N(0,1) \implies \psi_X(t) = e^{-t^2/2}$, $Z \sim N(\mu, \sigma^2) \implies \psi_Z(t) = e^{i\mu t - \sigma^2 t^2/2}$ となる．

証明 $\psi_X(t) = \int_{-\infty}^{\infty} e^{itx} \varphi(x) dx = \int_{-\infty}^{\infty} \cos(tx) \varphi(x) dx$

が成り立つ．マクローリンの級数展開式 (3.4) より，$\cos(tx) = \sum_{k=0}^{\infty} (-1)^k (tx)^{2k}/(2k)!$ である．また，部分積分により，

$$\int_{-\infty}^{\infty} x^{2k}\varphi(x)dx = \int_{-\infty}^{\infty} -x^{2k-1}\{\varphi(x)\}'dx = (2k-1)\int_{-\infty}^{\infty} x^{2k-2}\varphi(x)dx$$
$$= \cdots = (2k-1)\cdot(2k-3)\cdots 3\cdot 1$$

を得る．これらと (3.2) により

$$\psi_X(t) = \sum_{k=0}^{\infty}(-1)^k \int_{-\infty}^{\infty}\frac{(tx)^{2k}}{(2k)!}\varphi(x)dx = \sum_{k=0}^{\infty}(-1)^k\frac{1}{k!}\left(\frac{t^2}{2}\right)^k$$
$$= \sum_{k=0}^{\infty}\frac{1}{k!}\left(-\frac{t^2}{2}\right)^k = e^{-t^2/2}$$

となる．

$$P(\mu + \sigma X \leqq x) = P\left(X \leqq \frac{x-\mu}{\sigma}\right) = \Phi(t)|_{t=\frac{x-\mu}{\sigma}} = \Phi\left(\frac{x-\mu}{\sigma}\right)$$

より，$\mu + \sigma X \sim N(\mu, \sigma^2)$ である．ゆえに，$Z = \mu + \sigma X$ と書ける．また $\psi_X(t) = e^{-t^2/2}$ を使うと，

$$\psi_Z(t) = E\left(e^{it\mu + it\sigma X}\right) = e^{it\mu}E(e^{it\sigma X}) = e^{it\mu}e^{-\sigma^2 t^2/2}$$

を得て，すべてが示された． $\square$

問 3.4 $X \sim N(\mu, \sigma^2)$ ならば，特性関数を使って，$E(X) = \mu, V(X) = \sigma^2$ を示せ．

定理 3.5 次の (1), (2) が成り立つ．

(1) $X \sim N(\mu, \sigma^2)$
$$\Longrightarrow X - \mu \sim N(0, \sigma^2), \quad cX \sim N(c\mu, c^2\sigma^2)$$

(2) (分布の再生性) X_1, X_2 は互いに独立と仮定する．このとき，
$$X_i \sim N(\mu_i, \sigma_i^2) \quad (i = 1, 2) \Longrightarrow \sum_{i=1}^{2} X_i \sim N\left(\sum_{i=1}^{2}\mu_i, \sum_{i=1}^{2}\sigma_i^2\right)$$

である．

証明 (1) 定理 3.4 より $E\left\{e^{it(X-\mu)}\right\} = e^{-it\mu}E\left(e^{itX}\right) = e^{-\frac{\sigma^2 t^2}{2}}$．これは $N(0, \sigma^2)$ の特性関数を表す．特性関数と分布関数は 1 対 1 対応であるので，

$X - \mu \sim N(0, \sigma^2)$ が分かる．同様に $E\left\{e^{itcX}\right\} = e^{itc\mu - \frac{\sigma^2 (tc)^2}{2}}$ を得て，$cX \sim N(c\mu, c^2\sigma^2)$ が示された．

(2) X_1 と X_2 は独立より

$$E\left\{e^{it(X_1+X_2)}\right\} = E\left(e^{itX_1}\right) E\left(e^{itX_2}\right) = e^{i(\mu_1+\mu_2)t - (\sigma_1^2+\sigma_2^2)t^2/2}$$

を得る．これは $N(\mu_1 + \mu_2, \sigma_1^2 + \sigma_2^2)$ の特性関数を表す． □

- 定理 3.5 の (2) で示されたように，ある確率分布族に従う確率変数の和の分布が同一の分布族の確率分布に従うとき，確率分布族は**再生的**であるという．正規分布は再生的である．

定理 3.5 より次の系を得る．

系 3.6 $X_1, \cdots, X_k$ は互いに独立と仮定する．$c_1, \cdots, c_k$ を実定数とし，$Y \equiv \sum_{i=1}^{k} c_i X_i$ とおく．このとき，

$$X_i \sim N(\mu_i, \sigma_i^2) \quad (i = 1, \cdots, k) \implies Y \sim N\left(\sum_{i=1}^{k} c_i \mu_i, \sum_{i=1}^{k} c_i^2 \sigma_i^2\right)$$

が成り立つ．また，$E(Y) = \sum_{i=1}^{k} c_i \mu_i, V(Y) = \sum_{i=1}^{k} c_i^2 \sigma_i^2$ より，$Y \sim N(E(Y), V(Y))$ と言いかえることができる．

特に，$X \sim N(\mu, \sigma^2) \implies aX + b \sim N(a\mu + b, a^2\sigma^2)$ が成り立つ．

問 3.5 X_1 と X_2 は互いに独立で，$X_1 \sim N(1, 2), X_2 \sim N(2, 5)$ とする．

(1) $aX_1 + b$ の分布を求めよ．
(2) $aX_1 + bX_2$ の分布を求めよ．

$N(0,1), N(1,1), N(0,2)$ の密度関数を重ね描きしたものを，図 3.1 に載せている．平均が大きくなればグラフは右に平行移動し，分散が大きくなれば山は低くなる．

Z を標準正規分布に従う確率変数とすると，

$$P(-Z \leqq x) = P(Z \geqq -x) = \int_{-x}^{\infty} \varphi(t) dt = \int_{-\infty}^{x} \varphi(t) dt = P(Z \leqq x)$$

が成り立ち，$-Z$ も Z と同じ標準正規分布に従う．このような分布を，**0** につ

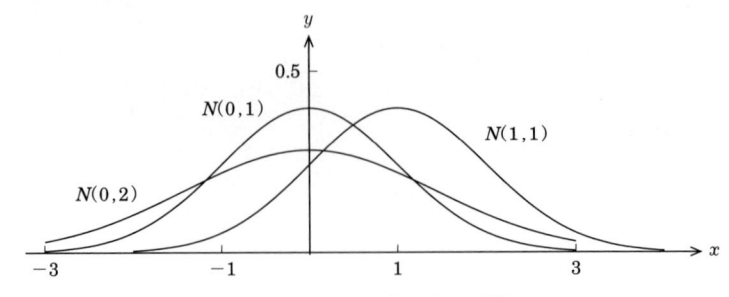

図 3.1 正規分布の密度関数

表 3.1 正規分布の密度関数の値

x	$N(0,1)$ の密度関数 $\varphi(x)$	$N(0,2)$ の密度関数 $\dfrac{1}{\sqrt{2}}\varphi\left(\dfrac{x}{\sqrt{2}}\right)$	$N(0,0.5)$ の密度関数 $\sqrt{2}\varphi(\sqrt{2}x)$	$N(1,1)$ の密度関数 $\varphi(x-1)$	$N(-1,1)$ の密度関数 $\varphi(x+1)$
-3.0	0.0044	0.0297	0.0001	0.0001	0.0540
-2.0	0.0540	0.1038	0.0103	0.0044	0.2420
-1.0	0.2420	0.2197	0.2076	0.0540	0.3989
-0.5	0.3521	0.2650	0.4394	0.1295	0.3521
0.0	0.3989	0.2821	0.5642	0.2420	0.2420
0.5	0.3521	0.2650	0.4394	0.3521	0.1295
1.0	0.2420	0.2197	0.2076	0.3989	0.0540
2.0	0.0540	0.1038	0.0103	0.2420	0.0044
3.0	0.0044	0.0297	0.0001	0.0540	0.0001

いて対称な分布あるいは単に対称な分布であるという．その密度関数 $\varphi(x)$ と分布関数 $\Phi(x)$ について，

$$\varphi(-x) = \varphi(x), \qquad 1 - \Phi(-x) = \Phi(x) \tag{3.11}$$

が成り立つ．

問 3.6 $Z \sim N(0,1)$ とする．このとき，巻末の付表1を基に次の値を求めよ．

(1) $P(Z < 1.645)$ (2) $P(Z > 1.960)$

(3) $P(|Z| > 1.282)$ (4) $P(|Z| < 1.282)$

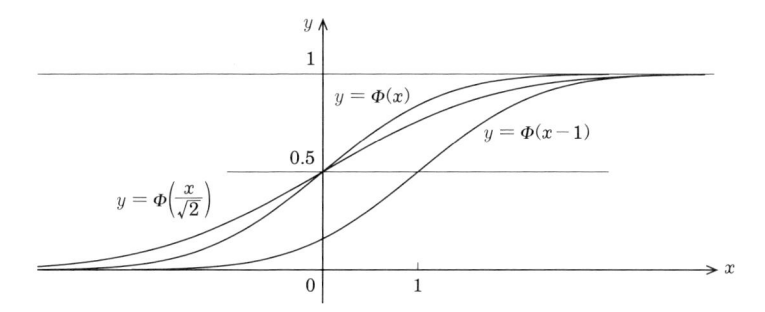

図 3.2　正規分布の分布関数のグラフ

表 3.2　正規分布の分布関数の値

x	$N(0,1)$ の 分布関数 $\Phi(x)$	$N(0,2)$ の 分布関数 $\Phi\left(\dfrac{x}{\sqrt{2}}\right)$	$N(0,0.5)$ の 分布関数 $\Phi(\sqrt{2}x)$	$N(1,1)$ の 分布関数 $\Phi(x-1)$	$N(-1,1)$ の 分布関数 $\Phi(x+1)$
-3.0	0.0013	0.0169	0.0000	0.0000	0.0228
-2.0	0.0228	0.0786	0.0023	0.0013	0.1587
-1.0	0.1587	0.2398	0.0786	0.0228	0.5000
-0.5	0.3085	0.3618	0.2398	0.0668	0.6915
0.0	0.5000	0.5000	0.5000	0.1587	0.8413
0.5	0.6915	0.6382	0.7602	0.3085	0.9332
1.0	0.8413	0.7602	0.9214	0.5000	0.9772
2.0	0.9772	0.9214	0.9977	0.8413	0.9987
3.0	0.9987	0.9831	1.0000	0.9772	1.0000

問 3.7　$Z \sim N(0,1)$ とする．このとき，巻末の付表 1 を基に次の等式を満たす z_α を求めよ．

(1) $P(Z < z_\alpha) = 0.95$　　(2) $P(Z > z_\alpha) = 0.01$
(3) $P(Z > z_\alpha) = 0.9$　　(4) $P(|Z| > z_\alpha) = 0.1$

3.4　行列の基本定理とその性質

1 次元正規分布の自然な拡張になっている多次元正規分布を紹介する前に，必要とされる行列の基礎について述べる．

$m \times n$ 行列

$$A = \begin{pmatrix} a_{11} & a_{12} & \cdot & \cdot & a_{1n} \\ a_{21} & a_{22} & \cdot & \cdot & a_{2n} \\ \vdots & \vdots & \vdots & \vdots & \vdots \\ a_{m1} & a_{m2} & \cdot & \cdot & a_{mn} \end{pmatrix} = (a_{ij})_{i=1,\cdots,m;j=1,\cdots,n} \qquad (3.12)$$

の転置行列を

$$A^T \equiv \begin{pmatrix} a_{11} & a_{21} & \cdot & \cdot & a_{m1} \\ a_{12} & a_{22} & \cdot & \cdot & a_{m2} \\ \vdots & \vdots & \vdots & \vdots & \vdots \\ a_{1n} & a_{2n} & \cdot & \cdot & a_{mn} \end{pmatrix}$$

で定義する．AB が定義されるならば，$(AB)^T = B^T A^T$ である．

n 次正方行列 $A = (a_{ij})_{i=1,\cdots,n;j=1,\cdots,n}$ に対して，$\mathrm{tr}(\cdot)$ を $\mathrm{tr}(A) \equiv \sum_{i=1}^{n} a_{ii}$ で定義し，トレースという．B も n 次正方行列ならば，

$$\mathrm{tr}(AB) = \mathrm{tr}(BA) \qquad (3.13)$$

が成り立つ．

行列の成分は実数のもののみを考える．n 次正方行列 A が**正則**であるとは，A の行列式 $\det A \neq 0$ となるときをいう．これらより次の正則行列の同値条件が得られる．

n 次正方行列 A が正則である

$\iff$ A の逆行列 A^{-1} が存在する

$\iff$ A の n 個の列ベクトルは1次独立

$\iff$ A の n 個の行ベクトルは1次独立

A, B を正則な n 次正方行列とするとき，

$$\left(A^{-1}\right)^T = (A^T)^{-1}, \qquad (AB)^{-1} = B^{-1} A^{-1} \qquad (3.14)$$

が成り立つことが分かる．

R^n 上の n 次元行ベクトル $x_1, \cdots, x_m$ が1次独立であるとき，$x_1, \cdots, x_n$ が1次独立となるように $(n-m)$ 個の n 次元行ベクトル $x_{m+1}, \cdots, x_n$ を付け

加えることができる. 次のシュミットの正規直交化法

$$u_1 \equiv \frac{1}{\|x_1\|}x_1, \quad u_k \equiv \frac{1}{\|x_k{'}\|}x_k{'} \quad (k=2,\cdots,n)$$

により $u_1,\cdots,u_n$ を決める. ただし, $x_k{'} \equiv x_k - \sum_{i=1}^{k-1}(x_k, u_i)u_i, (y,z) \equiv y \cdot z^T$, $\|y\| \equiv \sqrt{(y,y)}$ とする. このとき, I_n を n 次の単位行列とすれば, $U = \left(u_1^T, \cdots, u_n^T\right)^T$ とおくと,

$$UU^T = U^TU = I_n \tag{3.15}$$

が成り立つ. (3.15) を満たす U を直交行列とよび, $U^{-1} = U^T$ が成り立つ.

λ が n 次正方行列 A の固有値であるとは, 零ベクトルでない n 次元列ベクトル x が存在して $Ax = \lambda x$ となることである. このとき x を固有値 λ に対する A の固有ベクトルという.

$A = (a_{ij})_{i=1,\cdots,n;j=1,\cdots,n}$ が

$$a_{ij} = a_{ji} \quad (i,j=1,\cdots,n) \quad \Longleftrightarrow \quad A^T = A \tag{3.16}$$

を満たすとき A は対称行列であるという.

基本定理 3.5 $A \equiv (a_{ij})_{i=1,\cdots,n;j=1,\cdots,n}$ を n 次対称行列と仮定する. このとき, A の固有値はすべて実数である. A の重複を含めた n 個の固有値を $\lambda_1, \cdots, \lambda_n$ とすると, ある直交行列 U が存在して,

$$A = U^T \mathrm{diag}(\lambda_1, \cdots, \lambda_n) U \tag{3.17}$$

と表される. ただし, $\mathrm{diag}(\lambda_1, \cdots, \lambda_n)$ は対角成分が $\lambda_1, \cdots, \lambda_n$ でその他の成分が 0 の n 次対角行列とする.

$A = (a_{ij})_{i=1,\cdots,n;j=1,\cdots,n}$ が n 次正定値対称行列であるとは, (3.16) と次の $(*)$ を満たすことをいう.

$(*)$ 零ベクトルでない任意の n 次元列ベクトル x に対して $x^T A x > 0$.

n 次正定値対称行列 A を (3.17) で表現したとき, n 個の固有値 $\lambda_1, \cdots, \lambda_n$ は正の実数で逆行列は

で与えられる．さらに，

$$\boldsymbol{A}^{-1} = \boldsymbol{U}^T \mathrm{diag}\left(\frac{1}{\lambda_1}, \cdots, \frac{1}{\lambda_n}\right)\boldsymbol{U}$$

$$\boldsymbol{A}^{\frac{1}{2}} \equiv \boldsymbol{U}^T \mathrm{diag}\left(\sqrt{\lambda_1}, \cdots, \sqrt{\lambda_n}\right)\boldsymbol{U} \tag{3.18}$$

$$\boldsymbol{A}^{-\frac{1}{2}} \equiv \boldsymbol{U}^T \mathrm{diag}\left(\frac{1}{\sqrt{\lambda_1}}, \cdots, \frac{1}{\sqrt{\lambda_n}}\right)\boldsymbol{U} \tag{3.19}$$

とおけば，$\boldsymbol{A}^{\frac{1}{2}}$, $\boldsymbol{A}^{-\frac{1}{2}}$ は対称行列であり，$\boldsymbol{A}^{\frac{1}{2}}\boldsymbol{A}^{\frac{1}{2}} = \boldsymbol{A}$, $\boldsymbol{A}^{-\frac{1}{2}}\boldsymbol{A}^{-\frac{1}{2}} = \boldsymbol{A}^{-1}$, $\boldsymbol{A}^{\frac{1}{2}}\boldsymbol{A}^{-\frac{1}{2}} = \boldsymbol{I}_n$ が成り立つ．

$\boldsymbol{A}^2 = \boldsymbol{A}$ となる正方行列 $\boldsymbol{A}$ を**巾等行列**という．対称な巾等行列についての性質を述べる．

基本定理 3.6 $\boldsymbol{A} \equiv (a_{ij})_{i=1,\cdots,n;j=1,\cdots,n}$ を n 次の対称な巾等行列と仮定する．すなわち，$\boldsymbol{A}^T = \boldsymbol{A}$ かつ $\boldsymbol{A}^2 = \boldsymbol{A}$ とする．このとき，次の (1), (2) が成り立つ．

(1) $\boldsymbol{A}$ の固有値は 1 か 0 である．すなわち，ある直交行列 $\boldsymbol{U}$ が存在して

$$\boldsymbol{A} = \boldsymbol{U}^T \mathrm{diag}(\overbrace{1,\cdots,1}^{r\,\text{個}},0,\cdots,0)\boldsymbol{U} \tag{3.20}$$

である．r は $\boldsymbol{A}$ の階数となる．

(2) $\boldsymbol{A}$ の階数 r は $\mathrm{tr}(\boldsymbol{A})$ に等しい．

証明 (1) 対称行列の固有値は実数である．$\boldsymbol{A}$ の固有値と固有ベクトルをそれぞれ λ, $\boldsymbol{u}$ とすれば，$\boldsymbol{A}\boldsymbol{u} = \lambda\boldsymbol{u}$ が成り立つ．この等式の両辺の左側から $\boldsymbol{A}$ を乗じると，

$$\lambda\boldsymbol{u} = \boldsymbol{A}\boldsymbol{u} = \boldsymbol{A}^2\boldsymbol{u} = \lambda\boldsymbol{A}\boldsymbol{u} = \lambda^2\boldsymbol{u}$$

となる．$\boldsymbol{u} \neq \boldsymbol{0}$ より $\lambda^2 - \lambda = 0$．これは固有値は 1 か 0 であることを示している．対称行列の対角化の基本定理 3.5 より (3.20) のように表せる．

(2) (3.13) と (3.20) より $\mathrm{tr}(\boldsymbol{A}) = \mathrm{tr}\{\mathrm{diag}(\overbrace{1,\cdots,1}^{r\,\text{個}},0,\cdots,0)\} = r$ を得る．
□

$A \equiv (a_{ij})_{i=1,\cdots,n;j=1,\cdots,n}$ を n 次の正方行列とする．A の第 i 行と第 j 列を除いて得られる $(n-1)$ 次の正方行列の行列式を A_{ij} とする．A_{ij} に $(-1)^{i+j}$ を乗じた $(-1)^{i+j} A_{ij}$ を A の (i,j) 余因子という．このとき，基本定理 3.7 を得る．

基本定理 3.7 A の行列式 $\det(A)$ は次のように展開できる．

(1) j 列による $\det(A)$ の展開：$1 \leqq j \leqq n$ となる整数 j に対して
$$\det(A) = a_{1j}(-1)^{1+j} A_{1j} + a_{2j}(-1)^{2+j} A_{2j} + \cdots + a_{nj}(-1)^{n+j} A_{nj}$$

(2) i 行による $\det(A)$ の展開：$1 \leqq i \leqq n$ となる整数 i に対して
$$\det(A) = a_{i1}(-1)^{i+1} A_{i1} + a_{i2}(-1)^{i+2} A_{i2} + \cdots + a_{in}(-1)^{i+n} A_{in}$$

基本定理 3.8 $\boldsymbol{\Sigma} = \begin{pmatrix} \boldsymbol{\Sigma}_1 & \boldsymbol{O}_{n_1 \times n_2} \\ \boldsymbol{O}_{n_2 \times n_1} & \boldsymbol{\Sigma}_2 \end{pmatrix}$ を $n\ (\equiv n_1 + n_2)$ 次正方行列と仮定する．ただし，$\boldsymbol{O}_{p \times q}$ を 各成分が 0 の $p \times q$ 行列とする．このとき，次の (1), (2) が成り立つ．

(1) $\det(\boldsymbol{\Sigma}) = \det(\boldsymbol{\Sigma}_1) \det(\boldsymbol{\Sigma}_2)$

(2) $\boldsymbol{\Sigma}^{-1} = \begin{pmatrix} \boldsymbol{\Sigma}_1^{-1} & \boldsymbol{O}_{n_1 \times n_2} \\ \boldsymbol{O}_{n_2 \times n_1} & \boldsymbol{\Sigma}_2^{-1} \end{pmatrix}$

証明 (2) は自明であるので (1) を示す．

$\boldsymbol{\Sigma}$ は 2 つの行列の積
$$\boldsymbol{\Sigma} = \begin{pmatrix} \boldsymbol{\Sigma}_1 & \boldsymbol{O}_{n_1 \times n_2} \\ \boldsymbol{O}_{n_2 \times n_1} & \boldsymbol{I}_{n_2} \end{pmatrix} \begin{pmatrix} \boldsymbol{I}_{n_1} & \boldsymbol{O}_{n_1 \times n_2} \\ \boldsymbol{O}_{n_2 \times n_1} & \boldsymbol{\Sigma}_2 \end{pmatrix}$$
と表せる．ここで，
$$\det(\boldsymbol{\Sigma}) = \det \begin{pmatrix} \boldsymbol{\Sigma}_1 & \boldsymbol{O}_{n_1 \times n_2} \\ \boldsymbol{O}_{n_2 \times n_1} & \boldsymbol{I}_{n_2} \end{pmatrix} \det \begin{pmatrix} \boldsymbol{I}_{n_1} & \boldsymbol{O}_{n_1 \times n_2} \\ \boldsymbol{O}_{n_2 \times n_1} & \boldsymbol{\Sigma}_2 \end{pmatrix}$$
である．基本定理 3.7 を使って，上式の右辺は $\det(\boldsymbol{\Sigma}_1) \det(\boldsymbol{\Sigma}_2)$ に等しい． □

3.5 多次元正規分布

次の多次元正規分布とその性質について述べる．

(2) 多次元正規分布　　$N_n(\boldsymbol{\mu}, \boldsymbol{\Sigma})$

確率ベクトル $\boldsymbol{X} \equiv (X_1, \cdots, X_n)^T$ の同時密度関数が

$$f(\boldsymbol{x}|\boldsymbol{\theta}) = \frac{1}{(2\pi)^{\frac{n}{2}} \{\det(\boldsymbol{\Sigma})\}^{\frac{1}{2}}} \exp\left\{-\frac{1}{2}(\boldsymbol{x} - \boldsymbol{\mu})^T \boldsymbol{\Sigma}^{-1} (\boldsymbol{x} - \boldsymbol{\mu})\right\}$$

$$(\boldsymbol{x} \equiv (x_1, \cdots, x_n)^T \in R^n)$$

$$\Theta = \{(\boldsymbol{\mu}, \boldsymbol{\Sigma}) | \boldsymbol{\mu} \equiv (\mu_1, \cdots, \mu_n)^T \in R^n, \boldsymbol{\Sigma} \text{ は } n \text{ 次正定値対称行列}\}$$

で与えられるとき，$\boldsymbol{X}$ の分布を n 次元正規分布といい，$N_n(\boldsymbol{\mu}, \boldsymbol{\Sigma})$ で表す．

定理 3.7　$\boldsymbol{X} \equiv (X_1, \cdots, X_n)^T \sim N_n(\boldsymbol{\mu}, \boldsymbol{\Sigma})$ ならば，n 次正則行列 $\boldsymbol{A}$ に対して，$\boldsymbol{Y} \equiv \boldsymbol{A}\boldsymbol{X} \sim N_n(\boldsymbol{A}\boldsymbol{\mu}, \boldsymbol{A}\boldsymbol{\Sigma}\boldsymbol{A}^T)$ が成り立つ．

証明　(3.14) より，$(\boldsymbol{A}\boldsymbol{\Sigma}\boldsymbol{A}^T)^{-1} = (\boldsymbol{A}^{-1})^T \boldsymbol{\Sigma}^{-1} \boldsymbol{A}^{-1}$ が成り立つ．この関係と定理 2.38 より，$\boldsymbol{Y}$ の密度関数は，

$$f_{\boldsymbol{Y}}(\boldsymbol{y}) = \frac{1}{|\det(\boldsymbol{A})|} f(\boldsymbol{A}^{-1}\boldsymbol{y}|\boldsymbol{\theta})$$

$$= \frac{1}{(2\pi)^{\frac{n}{2}} \{\det(\boldsymbol{\Sigma})\}^{\frac{1}{2}} |\det(\boldsymbol{A})|} \exp\left\{-\frac{1}{2}(\boldsymbol{A}^{-1}\boldsymbol{y} - \boldsymbol{\mu})^T \boldsymbol{\Sigma}^{-1} (\boldsymbol{A}^{-1}\boldsymbol{y} - \boldsymbol{\mu})\right\}$$

$$= \frac{1}{(2\pi)^{\frac{n}{2}} \{\det(\boldsymbol{A}\boldsymbol{\Sigma}\boldsymbol{A}^T)\}^{\frac{1}{2}}} \exp\left\{-\frac{1}{2}(\boldsymbol{y} - \boldsymbol{A}\boldsymbol{\mu})^T (\boldsymbol{A}\boldsymbol{\Sigma}\boldsymbol{A}^T)^{-1} (\boldsymbol{y} - \boldsymbol{A}\boldsymbol{\mu})\right\}$$

となり，$f_{\boldsymbol{Y}}(\boldsymbol{y})$ は $N_n(\boldsymbol{A}\boldsymbol{\mu}, \boldsymbol{A}\boldsymbol{\Sigma}\boldsymbol{A}^T)$ の密度関数である．　　□

$$\boldsymbol{X} \equiv \begin{pmatrix} \boldsymbol{Y} \\ \boldsymbol{Z} \end{pmatrix} \equiv (Y_1, \cdots, Y_{n_1}, Z_1, \cdots, Z_{n_2})^T, \quad \boldsymbol{\mu} \equiv \begin{pmatrix} \boldsymbol{\mu}_Y \\ \boldsymbol{\mu}_Z \end{pmatrix},$$

$n \equiv n_1 + n_2$ とする．このとき，次の命題 3.8 を得る．

命題 3.8　$\boldsymbol{X} \sim N_n(\boldsymbol{\mu}, \boldsymbol{\Sigma})$,

$$\boldsymbol{\Sigma} = \begin{pmatrix} \boldsymbol{\Sigma}_Y & \boldsymbol{O}_{n_1 \times n_2} \\ \boldsymbol{O}_{n_2 \times n_1} & \boldsymbol{\Sigma}_Z \end{pmatrix} \tag{3.21}$$

と仮定する．このとき，$\boldsymbol{Y}$ と $\boldsymbol{Z}$ は互いに独立で，$\boldsymbol{Y} \sim N_{n_1}(\boldsymbol{\mu}_Y, \boldsymbol{\Sigma}_Y)$, $\boldsymbol{Z} \sim N_{n_2}(\boldsymbol{\mu}_Z, \boldsymbol{\Sigma}_Z)$ である．

証明 $\boldsymbol{\Sigma}$ 正値対称行列より，$\boldsymbol{\Sigma}_Y$ は n_1 次正値対称行列，$\boldsymbol{\Sigma}_Z$ は n_2 次正値対称行列である．同時密度関数は，基本定理 3.8 を使って

$$f(\boldsymbol{x}|\boldsymbol{\theta}) = \frac{1}{(2\pi)^{\frac{n_1}{2}}\{\det(\boldsymbol{\Sigma}_Y)\}^{\frac{1}{2}}} \exp\left\{-\frac{1}{2}(\boldsymbol{y}-\boldsymbol{\mu}_Y)^T \boldsymbol{\Sigma}_Y^{-1}(\boldsymbol{y}-\boldsymbol{\mu}_Y)\right\}$$
$$\cdot \frac{1}{(2\pi)^{\frac{n_2}{2}}\{\det(\boldsymbol{\Sigma}_Z)\}^{\frac{1}{2}}} \exp\left\{-\frac{1}{2}(\boldsymbol{z}-\boldsymbol{\mu}_Z)^T \boldsymbol{\Sigma}_Z^{-1}(\boldsymbol{z}-\boldsymbol{\mu}_Z)\right\}$$

が示される．定義 2.26 より，$\boldsymbol{Y}$ と $\boldsymbol{Z}$ は互いに独立である．また，$\boldsymbol{Y}$ の密度関数は $N_{n_1}(\boldsymbol{\mu}_Y, \boldsymbol{\Sigma}_Y)$，$\boldsymbol{Z}$ の密度関数は $N_{n_2}(\boldsymbol{\mu}_Z, \boldsymbol{\Sigma}_Z)$ である． □

$$(3.21) \Longrightarrow \mathrm{Cov}(Y_i, Z_j) = 0 \quad (\text{任意の } i, j)$$

である．さらに，

$$\boldsymbol{\Sigma} = \mathrm{diag}(c_1, \cdots, c_n) \quad (c_1, \cdots, c_n > 0)$$

のときは，同時密度関数は

$$f(\boldsymbol{x}|\boldsymbol{\theta}) = \frac{1}{(2\pi)^{\frac{n}{2}} \prod_{i=1}^{n}\sqrt{c_i}} \exp\left\{-\frac{1}{2}(\boldsymbol{x}-\boldsymbol{\mu})^T \mathrm{diag}\left(\frac{1}{c_1}, \cdots, \frac{1}{c_n}\right)(\boldsymbol{x}-\boldsymbol{\mu})\right\}$$
$$= \prod_{i=1}^{n}\left\{\frac{1}{\sqrt{c_i}}\varphi\left(\frac{x_i-\mu_i}{\sqrt{c_i}}\right)\right\}$$

となり，定義 2.20 により，$X_1, \cdots, X_n$ は互いに独立で，各 X_i は $N(\mu_i, c_i)$ に従うこととなる．さらに $\boldsymbol{\Sigma} = \sigma^2 \boldsymbol{I}_n$ のときは，同時密度関数は

$$f(\boldsymbol{x}|\boldsymbol{\theta}) = \frac{1}{(2\pi)^{\frac{n}{2}}\sigma^n} \exp\left\{-\frac{1}{2\sigma^2}(\boldsymbol{x}-\boldsymbol{\mu})^T(\boldsymbol{x}-\boldsymbol{\mu})\right\} = \prod_{i=1}^{n}\left\{\frac{1}{\sigma}\varphi\left(\frac{x_i-\mu_i}{\sigma}\right)\right\}$$

となり，$X_1, \cdots, X_n$ は互いに独立で，各 X_i は $N(\mu_i, \sigma^2)$ に従うこととなる．

以上により，次の命題 3.9 が得られる．

命題 3.9 $X_1, \cdots, X_n$ が互いに独立で各 X_i が $N(\mu_i, \sigma^2)$ に従うための必要かつ十分条件は $\boldsymbol{X} \sim N_n(\boldsymbol{\mu}, \sigma^2 \boldsymbol{I}_n)$ となることである．

定理 3.10 $N_n(\boldsymbol{\mu}, \boldsymbol{\Sigma})$ の平均と分散共分散行列 (定義 2.21) はそれぞれ $\boldsymbol{\mu}$, $\boldsymbol{\Sigma}$ と

なる. すなわち, $X \sim N_n(\boldsymbol{\mu}, \boldsymbol{\Sigma})$ とすれば, $E(\boldsymbol{X}) = \boldsymbol{\mu}, V(\boldsymbol{X}) = \boldsymbol{\Sigma}$ である.

証明 $\boldsymbol{X} \sim N_n(\boldsymbol{\mu}, \boldsymbol{\Sigma})$ とし $\boldsymbol{Y} \equiv \boldsymbol{\Sigma}^{-\frac{1}{2}}\boldsymbol{X}$ とおけば, 定理 3.7 より $\boldsymbol{Y} \sim N_n(\boldsymbol{\Sigma}^{-\frac{1}{2}}\boldsymbol{\mu}, \boldsymbol{I}_n)$ である. ただし, $\boldsymbol{\Sigma}^{-\frac{1}{2}}$ は (3.19) で定義したものとする. これにより, $\boldsymbol{Y}$ と $\boldsymbol{\Sigma}^{-\frac{1}{2}}\boldsymbol{\mu}$ の第 i 成分をそれぞれ Y_i, ν_i とすれば, 命題 3.9 より, $Y_i \sim N(\nu_i, 1)$ である. ここで $E(Y_i) = \nu_i$ となり, 定理 2.27 から

$$\boldsymbol{\Sigma}^{-\frac{1}{2}} E(\boldsymbol{X}) = E(\boldsymbol{Y}) = (\nu_1, \cdots, \nu_n)^T = \boldsymbol{\Sigma}^{-\frac{1}{2}} \boldsymbol{\mu}$$

である. 両辺の左に $\boldsymbol{\Sigma}^{\frac{1}{2}}$ を乗じて, $E(\boldsymbol{X}) = \boldsymbol{\mu}$ を得る.

$Y_1, \cdots, Y_n$ は互いに独立であるので,

$$\mathrm{Cov}(Y_i, Y_i) = 1, \qquad \mathrm{Cov}(Y_i, Y_j) = 0 \quad (i \neq j)$$

が成り立ち,

$$\boldsymbol{\Sigma}^{-\frac{1}{2}} V(\boldsymbol{X}) \boldsymbol{\Sigma}^{-\frac{1}{2}} = V(\boldsymbol{\Sigma}^{-\frac{1}{2}}\boldsymbol{X}) = V(\boldsymbol{Y}) = \boldsymbol{I}_n$$

となり, $V(\boldsymbol{X}) = \boldsymbol{\Sigma}$ を得る. □

問 3.8

$$\boldsymbol{\mu} = \begin{pmatrix} 1 \\ 2 \\ 3 \end{pmatrix}, \qquad \boldsymbol{\Sigma} = \begin{pmatrix} 1 & \frac{1}{\sqrt{2}} & 0 \\ \frac{1}{\sqrt{2}} & 1 & 0 \\ 0 & 0 & 1 \end{pmatrix}$$

とする.

(1) $\boldsymbol{\Sigma}^{-1}$ を求めよ.
(2) $N_3(\boldsymbol{\mu}, \boldsymbol{\Sigma})$ の同時密度関数を求めよ.

問 3.9 C を $\boldsymbol{\Sigma} = CC^T$ を満たす n 次の正則行列とし, $\boldsymbol{X} \sim N_n(\boldsymbol{0}, \boldsymbol{I}_n)$ とする. このとき, $C\boldsymbol{X} \sim N_n(\boldsymbol{0}, \boldsymbol{\Sigma})$ であることを示せ.

問 3.10

$$\boldsymbol{X} \equiv \begin{pmatrix} \boldsymbol{Y} \\ \boldsymbol{Z} \end{pmatrix} \equiv (Y_1, \cdots, Y_{n_1}, Z_1, \cdots, Z_{n_2})^T, \quad n \equiv n_1 + n_2,$$

$$\boldsymbol{\mu} \equiv \begin{pmatrix} \boldsymbol{\mu}_Y \\ \boldsymbol{\mu}_Z \end{pmatrix}, \qquad \boldsymbol{\Sigma} \equiv \begin{pmatrix} \boldsymbol{\Sigma}_Y & \boldsymbol{\Sigma}_{YZ} \\ \boldsymbol{\Sigma}_{ZY} & \boldsymbol{\Sigma}_Z \end{pmatrix},$$

$\boldsymbol{\Sigma}_Y$ は n_1 次正値対称行列, $\boldsymbol{\Sigma}_Z$ は n_2 次正値対称行列, $\boldsymbol{\Sigma}_{ZY} = (\boldsymbol{\Sigma}_{YZ})^T$ とする. $\boldsymbol{X}$ が $N_n(\boldsymbol{\mu}, \boldsymbol{\Sigma})$ に従うとし, 変換

$$\boldsymbol{X}' \equiv \begin{pmatrix} \boldsymbol{Y}' \\ \boldsymbol{Z}' \end{pmatrix} = \begin{pmatrix} \boldsymbol{I}_{n_1} & -\boldsymbol{\Sigma}_{YZ}\boldsymbol{\Sigma}_Z^{-1} \\ \boldsymbol{O}_{n_2 \times n_1} & \boldsymbol{I}_{n_2} \end{pmatrix} \begin{pmatrix} \boldsymbol{Y} \\ \boldsymbol{Z} \end{pmatrix}$$

を考える.

(1) $\boldsymbol{X}'$ の平均と分散共分散行列を求めよ.
(2) $\boldsymbol{Y}'$ と $\boldsymbol{Z}'$ は互いに独立であることを示せ.

$n=2$ で $\boldsymbol{\Sigma} = \begin{pmatrix} \sigma_1^2 & \sigma_1\sigma_2\rho \\ \sigma_1\sigma_2\rho & \sigma_2^2 \end{pmatrix}$ のとき, 同時密度関数は

$$f(\boldsymbol{x}|\boldsymbol{\theta}) = \frac{1}{2\pi\sigma_1\sigma_2\sqrt{1-\rho^2}} \exp\left[-\frac{1}{2(1-\rho^2)}\left\{\left(\frac{x_1-\mu_1}{\sigma_1}\right)^2 \right.\right.$$
$$\left.\left. - 2\rho\left(\frac{x_1-\mu_1}{\sigma_1}\right)\left(\frac{x_2-\mu_2}{\sigma_2}\right) + \left(\frac{x_2-\mu_2}{\sigma_2}\right)^2\right\}\right] \qquad (3.22)$$

となる. この密度関数で与えられる分布は **2 次元正規分布**であり, 記号 $N(\mu_1, \mu_2, \sigma_1, \sigma_2, \rho)$ で表す. Z_1, Z_2 は互いに独立でともに $N(0,1)$ に従い,

$$X_1 \equiv \mu_1 + \sigma_1 Z_1, \qquad X_2 \equiv \mu_2 + \sigma_2(\rho Z_1 + \sqrt{1-\rho^2} Z_2)$$

とおけば, 問 2.33 より $(X_1, X_2)^T$ は (3.22) の 2 次元正規分布に従う.

$$Y_1 \equiv \mu_1 + \sigma_1(\rho Z_1 + \sqrt{1-\rho^2} Z_2), \qquad Y_2 \equiv \mu_2 + \sigma_2 Z_1$$

とおけば, 対称式により, $(Y_1, Y_2)^T$ も (3.22) の 2 次元正規分布に従う. 補題 2.20, 定理 2.23 の (2) より

$$E(X_1) = \mu_1, \quad E(X_2) = \mu_2, \quad V(X_1) = \sigma_1^2, \quad V(X_2) = \sigma_2^2,$$
$$\mathrm{Corr}(X_1, X_2) = \mathrm{Cov}(X_1, X_2)/\sqrt{V(X_1)V(X_2)} = \rho$$

となり, ρ は X_1, X_2 の相関係数で $|\rho| < 1$ の制限がある.

密度関数の式 (3.22) から, 次の同値性を導くことができる.

$$\rho = 0 \iff \mathrm{Cov}(X_1, X_2) = 0 \iff X_1 \text{ と } X_2 \text{ は互いに独立} \qquad (3.23)$$

問 3.11 $X \equiv (X_1, X_2)^T \sim N_2(\mathbf{0}, \boldsymbol{\Sigma})$ とし, $\boldsymbol{\Sigma} = \begin{pmatrix} \sigma^2 & \sigma^2 \rho \\ \sigma^2 \rho & \sigma^2 \end{pmatrix}$ とする. $Y_1 \equiv X_1 - X_2, Y_2 \equiv X_1 + X_2$ とおく.

(1) Y_1 と Y_2 は互いに独立であることを示せ.
(2) $(Y_1, Y_2)^T$ の同時密度関数を求めよ.

問 3.12 $X \equiv (X_1, X_2)^T \sim N_2(\mathbf{0}, \boldsymbol{\Sigma})$ とし, $\boldsymbol{\Sigma} = \begin{pmatrix} \sigma_1^2 & \sigma_1 \sigma_2 \rho \\ \sigma_1 \sigma_2 \rho & \sigma_2^2 \end{pmatrix}$ とする.

(1) $\boldsymbol{\Sigma}^{-1}$ を求めよ.
(2) $aX_1 + b$ の分布を求めよ.
(3) $aX_1 + bX_2$ の分布を求めよ.

問 3.13 $X \equiv (X_1, X_2)^T \sim N_2(\boldsymbol{\mu}, \boldsymbol{\Sigma})$ とし,

$$\boldsymbol{\mu} = \begin{pmatrix} \mu_1 \\ \mu_2 \end{pmatrix}, \quad \boldsymbol{\Sigma} = \begin{pmatrix} \sigma_1^2 & \sigma_1 \sigma_2 \rho \\ \sigma_1 \sigma_2 \rho & \sigma_2^2 \end{pmatrix}$$

とする.

(1) X_2 の分布を求めよ.
(2) $X_2 = y$ を与えたときの X_1 の条件付密度関数を求めよ.
(3) 条件付期待値 $E(X_1 | X_2 = y)$ を求めよ.

問 3.14 X は問 3.13 と同じとする. 変換 $Y = (X_1 - \mu_1)/\sigma_1$, $Z = (X_2 - \mu_2)/\sigma_2$ とする.

(1) $(Y, Z)^T$ の同時密度関数を求めよ.
(2) $(Y, Z)^T$ の分布を記号で表せ.

定理 3.11 $X \equiv (X_1, \cdots, X_n)^T \sim N_n(\boldsymbol{\mu}, \boldsymbol{\Sigma})$ であるための必要かつ十分条件は, $\mathbf{0}$ でない任意の定数ベクトル $\boldsymbol{a} \equiv (a_1, \cdots, a_n)^T \in R^n$ に対して, $\boldsymbol{a}^T X = a_1 X_1 + \cdots + a_n X_n \sim N(\boldsymbol{a}^T \boldsymbol{\mu}, \boldsymbol{a}^T \boldsymbol{\Sigma} \boldsymbol{a})$ となることである.

定理 3.11 の証明は巻末の付録 A.2 節を参照せよ.
定理 3.7 を一般にした次の系 3.12 を得る.

系 3.12 $X \equiv (X_1, \cdots, X_n)^T \sim N_n(\boldsymbol{\mu}, \boldsymbol{\Sigma})$ と仮定する．このとき，階数 k の $k \times n$ 行列 $\boldsymbol{A}$ に対して，
$$Y \equiv AX \sim N_k(A\boldsymbol{\mu}, A\boldsymbol{\Sigma}A^T)$$
が成り立つ．

証明 任意の定数ベクトル $\boldsymbol{b} \equiv (b_1, \cdots, b_k)^T$ に対して，$\boldsymbol{b}^T \boldsymbol{A}$ は n 次元行ベクトルとなる．定理 3.11 の十分性より，1 次結合 $\boldsymbol{b}^T \boldsymbol{Y} = \boldsymbol{b}^T \boldsymbol{A} \boldsymbol{X}$ は $N(\boldsymbol{b}^T \boldsymbol{A} \boldsymbol{\mu}, \boldsymbol{b}^T \boldsymbol{A} \boldsymbol{\Sigma} \boldsymbol{A}^T \boldsymbol{b})$ に従う．定理 3.11 の必要性から，$\boldsymbol{Y}$ は $N_k(\boldsymbol{A}\boldsymbol{\mu}, \boldsymbol{A}\boldsymbol{\Sigma}\boldsymbol{A}^T)$ に従う． □

問 3.15
$$\boldsymbol{\mu} = \begin{pmatrix} 1 \\ 2 \\ 3 \end{pmatrix}, \quad \boldsymbol{\Sigma} = \begin{pmatrix} 1 & \frac{1}{2} & 0 \\ \frac{1}{2} & 1 & 0 \\ 0 & 0 & 1 \end{pmatrix}$$
とし，$\boldsymbol{X} \equiv (X_1, X_2, X_3)^T \sim N_3(\boldsymbol{\mu}, \boldsymbol{\Sigma})$ とする．

(1) $X_1 + X_2$ の分布を求めよ．
(2) $aX_1 + bX_2$ の分布を求めよ．
(3) $X_2 + X_3$ の分布を求めよ．
(4) $aX_2 + bX_3$ の分布を求めよ．
(5) $aX_1 + bX_2 + cX_3$ の分布を求めよ．

問 3.16
$$\boldsymbol{\mu} = \begin{pmatrix} 1 \\ 2 \\ 3 \end{pmatrix}, \quad \boldsymbol{\Sigma} = \begin{pmatrix} 1 & \frac{1}{2} & \frac{1}{3} \\ \frac{1}{2} & 1 & \frac{1}{2} \\ \frac{1}{3} & \frac{1}{2} & 1 \end{pmatrix}$$
とし，$\boldsymbol{X} \equiv (X_1, X_2, X_3)^T \sim N_3(\boldsymbol{\mu}, \boldsymbol{\Sigma})$ とする．

(1) $aX_1 + bX_2$ の分布を求めよ．
(2) $aX_2 + bX_3$ の分布を求めよ．
(3) $X_1 + X_2 + X_3$ の分布を求めよ．

問 3.17 $\boldsymbol{X} \equiv (X_1, \cdots, X_n)^T \sim N_n(\mathbf{1}_n, \boldsymbol{\Sigma})$ とする. ただし,

$$\boldsymbol{\Sigma} \equiv \begin{pmatrix} 1-c & -c & \cdots & -c \\ -c & 1-c & \cdots & -c \\ \vdots & \vdots & \ddots & \vdots \\ -c & -c & \cdots & 1-c \end{pmatrix} = \boldsymbol{I}_n - c\mathbf{1}_n \cdot \mathbf{1}_n^T,$$

$\mathbf{1}_n \equiv (1, \cdots, 1)^T$ とする.

(1) $\mathbf{1}_n^T \boldsymbol{X}$ の分布を求めよ.
(2) $\sum_{i=1}^n a_i = 0, \sum_{i=1}^n a_i^2 = 1$ とするとき, $(a_1, \cdots, a_n) \cdot \boldsymbol{X}$ の分布を求めよ.

定理 3.13 $\boldsymbol{X} \equiv (X_1, \cdots, X_n)^T \sim N_n(\boldsymbol{\mu}, \sigma^2 \boldsymbol{I}_n)$ とし,

$$\boldsymbol{A} \equiv \begin{pmatrix} \boldsymbol{a}_1 \\ \boldsymbol{a}_2 \\ \vdots \\ \boldsymbol{a}_{m_1} \end{pmatrix}, \qquad \boldsymbol{B} \equiv \begin{pmatrix} \boldsymbol{b}_1 \\ \boldsymbol{b}_2 \\ \vdots \\ \boldsymbol{b}_{m_2} \end{pmatrix}$$

を,それぞれ,階数 k_1 の $m_1 \times n$ 行列,階数 k_2 の $m_2 \times n$ 行列と仮定する. このとき,

$$\boldsymbol{a}_i \boldsymbol{b}_j^T = \frac{1}{\sigma^2} \mathrm{Cov}(\boldsymbol{a}_i \boldsymbol{X}, \boldsymbol{b}_j \boldsymbol{X}) = 0 \quad (1 \leqq i \leqq m_1, 1 \leqq j \leqq m_2) \tag{3.24}$$

ならば,$\boldsymbol{AX}$ と $\boldsymbol{BX}$ は互いに独立である.

定理 3.13 の証明は巻末の付録 A.2 節を参照せよ.
条件 (3.24) は $\boldsymbol{AB}^T = \boldsymbol{O}_{m_1 \times m_2}$ と同値である. $m_1 = 1$ または $m_2 = 1$ であっても定理 3.13 は成り立つ.

3.6 正規標本から導かれる分布

正規分布に従う観測値の関数の分布を導くためにまずガンマ分布とベータ分布を紹介する.

(3) ガンマ分布,指数分布 $GA(\alpha, \beta), EX(\lambda)$
密度関数

$$f(x|\boldsymbol{\theta}) = \frac{\beta^\alpha}{\Gamma(\alpha)} x^{\alpha-1} e^{-\beta x} \quad 0 < x < \infty,$$

$$\Theta = \{\boldsymbol{\theta} \equiv (\alpha, \beta) | 0 < \alpha, \beta < \infty\}$$

をもつ分布を **ガンマ分布**といい,記号 $GA(\alpha, \beta)$ を使って表す.ここで,

$$\Gamma(\alpha) \equiv \int_0^\infty x^{\alpha-1} \exp(-x) dx$$

は **ガンマ関数**とよばれ,変数変換や部分積分などにより次の性質が導かれる.

$$\Gamma(1) = 1, \qquad \Gamma\left(\frac{1}{2}\right) = \sqrt{\pi}, \qquad \Gamma(\alpha+1) = \alpha \Gamma(\alpha)$$

問 3.18 $\Gamma(1/2) = \sqrt{\pi}$ を示せ.

$GA(\alpha, \beta)$ の平均,分散,歪度,尖度は

$$E(X) = \frac{\alpha}{\beta}, \quad V(X) = \frac{\alpha}{\beta^2}, \qquad \ell_1 = \frac{2}{\sqrt{\alpha}}, \qquad \ell_2 = \frac{6}{\alpha}$$

である.

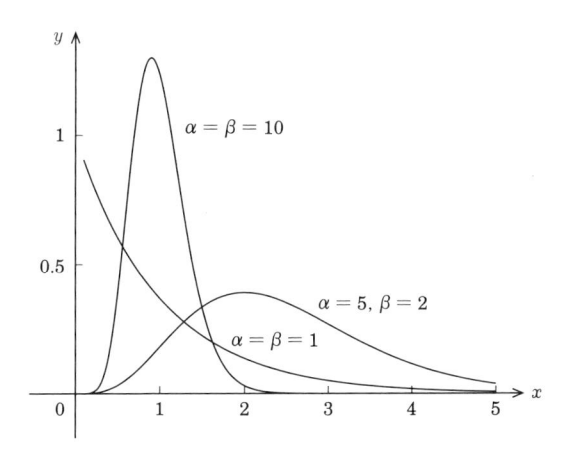

図 **3.3** ガンマ分布の密度関数

図 3.3 はガンマ分布の密度関数のグラフである.2 つの母数 α, β を動かすことによって密度関数のグラフは大きく変わる.特に $\alpha = 1$ の場合の $GA(1, \lambda)$

を**指数分布**といい，$EX(\lambda)$ で表す．

問 3.19 $X \sim GA(\alpha, \beta), Y \sim GA(\alpha, 1)$ とする．

(1) $\beta X \sim GA(\alpha, 1)$ を示せ．
(2) $Y/\beta \sim GA(\alpha, \beta)$ を示せ．

(4) ベータ分布 $BE(\alpha, \beta)$

密度関数

$$f(x|\boldsymbol{\theta}) = \frac{1}{B(\alpha, \beta)} x^{\alpha-1}(1-x)^{\beta-1} \quad 0 < x < 1,$$

$$\Theta = \{\boldsymbol{\theta} \equiv (\alpha, \beta) | 0 < \alpha, \beta < \infty\}$$

をもつ分布を **ベータ分布**といい，記号 $BE(\alpha, \beta)$ を使って表す．ここで，

$$B(\alpha, \beta) \equiv \int_0^1 x^{\alpha-1}(1-x)^{\beta-1} dx$$

は **ベータ関数**とよばれる．

補題 3.14 ベータ関数とガンマ関数の間に，次の関係がある．

$$B(\alpha, \beta) = \frac{\Gamma(\alpha)\Gamma(\beta)}{\Gamma(\alpha+\beta)}$$

証明 $\phi(\cdot, \cdot)$ を

$$(y_1, y_2) = \phi(x_1, x_2) = \left(x_1 + x_2, \frac{x_1}{x_1 + x_2}\right) \tag{3.25}$$

で定義し，

$$A \equiv \{(x_1, x_2) | x_1 > 0, x_2 > 0\}, \quad B \equiv \{(y_1, y_2) | y_1 > 0, 0 < y_2 < 1\} \tag{3.26}$$

とおくと，$\phi(\cdot, \cdot): A \to B$ は 1 対 1 対応 (全単射) である．逆関数は

$$(x_1, x_2) = \psi(y_1, y_2) \equiv \phi^{-1}(y_1, y_2) = (y_1 y_2, y_1 - y_1 y_2)$$

となる．よって，この逆関数のヤコビアンは

$$J(\boldsymbol{\psi}(y_1, y_2)) = \det\begin{pmatrix} y_2 & y_1 \\ 1-y_2 & -y_1 \end{pmatrix} = -y_1 \tag{3.27}$$

である．$f(x_1, x_2) \equiv e^{-x_1-x_2}(x_1)^{\alpha-1}(x_2)^{\beta-1}$ とする．2重積分の変数変換公式により，次の補題の主張の式が導かれる (2 重積分の変数変換公式は，巻末の付録 A.1 節を参照)．

$$
\begin{aligned}
\Gamma(\alpha)\Gamma(\beta) &= \int_0^\infty \int_0^\infty f(x_1, x_2) dx_1 dx_2 \\
&= \int_0^1 \int_0^\infty f(\psi(y_1, y_2))|J(\boldsymbol{\psi}(y_1, y_2))| dy_1 dy_2 \\
&= \int_0^1 \int_0^\infty e^{-y_1}(y_1 y_2)^{\alpha-1}(y_1)^{\beta-1}(1-y_2)^{\beta-1} y_1 dy_1 dy_2 \\
&= \int_0^1 \int_0^\infty e^{-y_1}(y_1)^{\alpha+\beta-1}(y_2)^{\alpha-1}(1-y_2)^{\beta-1} dy_1 dy_2 \\
&= \int_0^\infty e^{-y_1}(y_1)^{\alpha+\beta-1} dy_1 \int_0^1 (y_2)^{\alpha-1}(1-y_2)^{\beta-1} dy_2 \\
&= \Gamma(\alpha+\beta) B(\alpha, \beta)
\end{aligned}
$$
□

問 3.20 $X \sim BE(\alpha, \beta)$ は平均，分散は $E(X) = \alpha/(\alpha+\beta), V(X) = \alpha\beta/\{(\alpha+\beta)^2(\alpha+\beta+1)\}$ であることを示せ．

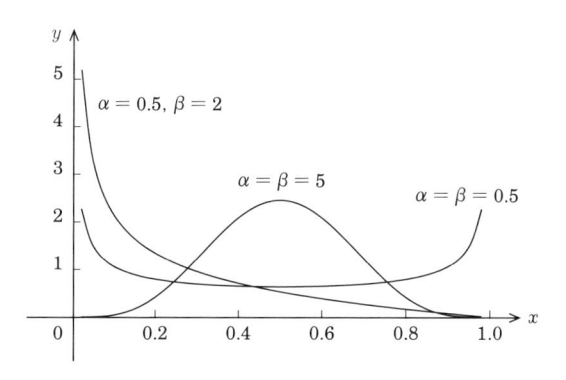

図 **3.4** ベータ分布の密度関数

図 3.4 はベータ分布の密度関数である．2 つの母数 α, β を動かすことによって，密度関数のグラフのほとんどの形を描くことができるため非常に重宝な分布である．$\alpha = \beta$ ならば対称な密度で，$\alpha < \beta$ ならば左の確率が大きく，$\alpha > \beta$

ならば右の確率が大きい.

定理 3.15 確率変数 X_1 と X_2 は互いに独立で，$X_1 \sim GA(\alpha, \lambda)$, $X_2 \sim GA(\beta, \lambda)$ と仮定する．このとき，$Y_1 \equiv X_1 + X_2$ と $Y_2 \equiv X_1/(X_1 + X_2)$ は互いに独立で，$Y_1 \sim GA(\alpha+\beta, \lambda)$, $Y_2 \sim BE(\alpha, \beta)$ が成り立つ．

証明 $\lambda = 1$ と仮定すると，(X_1, X_2) の同時密度関数は

$$f_{X_1 X_2}(x_1, x_2) = \frac{1}{\Gamma(\alpha)\Gamma(\beta)} e^{-(x_1+x_2)} (x_1)^{\alpha-1} (x_2)^{\beta-1} \qquad (x_1 > 0, x_2 > 0)$$

である．(3.25) で $\phi(x_1, x_2)$ を定義し，A, B を (3.26) で定義すると，$P((X_1, X_2) \in A) = 1$ で，$\phi : A \to B$ は 1 対 1 対応 (全単射) である．逆関数 $(x_1, x_2) = \psi(y_1, y_2) \equiv \phi^{-1}(y_1, y_2) = (y_1 y_2, y_1 - y_1 y_2)$ のヤコビアンは (3.27) で与えられる．ここで定理 2.35 の (2.21) より (Y_1, Y_2) の密度関数は

$$\begin{aligned} f_{Y_1 Y_2}(y_1, y_2) &= \frac{1}{\Gamma(\alpha)\Gamma(\beta)} e^{-y_1} (y_1 y_2)^{\alpha-1} (y_1 - y_1 y_2)^{\beta-1} y_1 \\ &= \left\{ \frac{1}{\Gamma(\alpha+\beta)} y_1^{\alpha+\beta-1} e^{-y_1} \right\} \left\{ \frac{1}{B(\alpha, \beta)} (y_2)^{\alpha-1} (1-y_2)^{\beta-1} \right\} \\ &= (GA(\alpha+\beta, 1) \text{ の密度関数}) \times (BE(\alpha, \beta) \text{ の密度関数}) \end{aligned}$$

となる．ゆえに $\lambda = 1$ のとき定理の結論は正しい．次に $\lambda \neq 1$ のときは，$X_1' \equiv \lambda X_1$, $X_2' \equiv \lambda X_2$ とおくと，X_1' と X_2' は互いに独立で，問 3.19 より，$X_1' \sim GA(\alpha, 1)$, $X_2' \sim GA(\beta, 1)$ である．ここで $\lambda(X_1 + X_2) = X_1' + X_2' \sim GA(\alpha+\beta, 1)$ より $X_1 + X_2 \sim GA(\alpha+\beta, \lambda)$ を得る．また，$X_1/(X_1+X_2) = X_1'/(X_1'+X_2')$ より $X_1/(X_1+X_2) \sim BE(\alpha, \beta)$ となる． □

系 3.16 (ガンマ分布の再生性) 確率変数 $X_1, \cdots, X_n$ は互いに独立と仮定する．このとき，

$$X_i \sim GA(\alpha_i, \beta) \quad (i=1, \cdots, n) \quad \Longrightarrow \quad \sum_{i=1}^{n} X_i \sim GA\left(\sum_{i=1}^{n} \alpha_i, \beta\right)$$

が成り立つ．

次に標本観測値が正規分布に従うとき，後の推測法に重要となる観測値の関数

の分布を紹介する.

(5) カイ二乗分布 χ_n^2

ガンマ分布 $GA(\alpha, \beta)$ で $\alpha = n/2$, $\beta = 1/2$ とした場合の $GA(n/2, 1/2)$ を**自由度** n **のカイ二乗分布**といい, χ_n^2 で表す. 密度関数は

$$f_\chi(x|n) = \frac{1}{\Gamma\left(\frac{n}{2}\right) 2^{\frac{n}{2}}} x^{\frac{n}{2}-1} \exp\left(-\frac{x}{2}\right) \quad 0 < x < \infty \quad (n = 1, 2, \cdots)$$

と表される. 後に分かるが, 標本のサイズが大きいときにいくつかの統計量の従う分布がカイ二乗分布で近似される.

定理 3.17 確率変数 $X_1, \cdots, X_n$ は互いに独立と仮定する. このとき,

$$X_i \sim N(0,1) \quad (i = 1, \cdots, n) \implies Y \equiv \sum_{i=1}^n X_i^2 \sim \chi_n^2$$

が成り立つ.

証明 $0 < x$ となる実数 x に対して,

$$P(X_i^2 \leq x) = P(-\sqrt{x} \leq X_i \leq \sqrt{x}) = 2P(0 \leq X_i \leq \sqrt{x}) = 2\int_0^{\sqrt{x}} \varphi(t)dt$$

である. ここで, X_i^2 の密度関数は上式を x で微分することによって得られ,

$$\frac{dP(X_i^2 \leq x)}{dx} = \frac{1}{\sqrt{x}} \varphi(\sqrt{x})$$

を得る. これはガンマ分布 $GA(1/2, 1/2)$ の密度関数である. すなわち, X_i^2 はガンマ分布 $GA(1/2, 1/2)$ に従う. 確率変数 $X_1^2, \cdots, X_n^2$ は互いに独立であるので, 系 3.16 より Y はガンマ分布 $GA(n/2, 1/2)$ に従う. $GA(n/2, 1/2)$ は χ_n^2 を意味している. □

系 3.16 または定理 3.17 より, 次の系が容易に分かる.

系 3.18 確率変数 X と Y は互いに独立と仮定する. このとき,

$$X \sim \chi_m^2, \quad Y \sim \chi_n^2 \implies X + Y \sim \chi_{m+n}^2$$

が成り立つ．

カイ二乗分布の密度関数のグラフを図 3.5 に示した．n が小さいと左に大きい確率があり，n が大きくなるに従い山は低くなり右側に大きな確率を持つ．

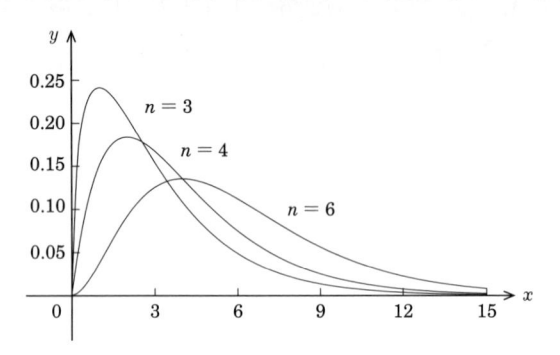

図 **3.5** カイ二乗分布の密度関数

(6) F 分布　F_n^m

密度関数が

$$f(x|\boldsymbol{\theta}) = \frac{\Gamma\left(\dfrac{m+n}{2}\right)}{\Gamma\left(\dfrac{m}{2}\right)\Gamma\left(\dfrac{n}{2}\right)} \left(\frac{m}{n}\right)\left(\frac{mx}{n}\right)^{\frac{m}{2}-1}\left(1+\frac{mx}{n}\right)^{-\frac{m+n}{2}},$$

$$0 < x < \infty, \quad \Theta = \{\boldsymbol{\theta} \equiv (m,n) | m, n \text{ は自然数}\}$$

で与えられる分布を**自由度** (m,n) の **F 分布**といい，F_n^m で表す．

補題 3.19 確率変数 $U \sim BE(m/2, n/2)$ を仮定する．このとき，

$$Y \equiv \frac{n}{m} \cdot \frac{U}{1-U} \sim F_n^m$$

が成り立つ．

証明 U の密度関数は，

$$f_U(u) = \frac{1}{B\left(\dfrac{m}{2}, \dfrac{n}{2}\right)} u^{\frac{m}{2}-1}(1-u)^{\frac{n}{2}-1}$$

である．$y = \phi(u) \equiv (n/m) \cdot u/(1-u)$ の逆関数は，$u = \psi(y) \equiv my/(n+my)$ となる．よって，$\psi'(y) = mn/(n+my)^2$ である．ここで，定理2.33を適用して Y の密度関数は

$$\begin{aligned}
f_Y(y) &= f_U(\psi(y))|\psi'(y)| \\
&= \frac{\Gamma\left(\dfrac{m}{2} + \dfrac{n}{2}\right)}{\Gamma\left(\dfrac{m}{2}\right)\Gamma\left(\dfrac{n}{2}\right)} \left(\frac{my}{n+my}\right)^{\frac{m}{2}-1} \left(1 - \frac{my}{n+my}\right)^{\frac{n}{2}-1} \frac{mn}{(n+my)^2} \\
&= \frac{\Gamma\left(\dfrac{m+n}{2}\right)}{\Gamma\left(\dfrac{m}{2}\right)\Gamma\left(\dfrac{n}{2}\right)} \times \frac{(my)^{\frac{m}{2}-1} n^{\frac{n}{2}} \cdot m}{(n+my)^{\frac{m+n}{2}}} \\
&= \frac{\Gamma\left(\dfrac{m+n}{2}\right)}{\Gamma\left(\dfrac{m}{2}\right)\Gamma\left(\dfrac{n}{2}\right)} \times \frac{(my)^{\frac{m}{2}-1} \cdot m}{n^{\frac{m}{2}}\left(1 + \dfrac{my}{n}\right)^{\frac{m+n}{2}}} \\
&= \frac{\Gamma\left(\dfrac{m+n}{2}\right)}{\Gamma\left(\dfrac{m}{2}\right)\Gamma\left(\dfrac{n}{2}\right)} \left(\frac{m}{n}\right) \left(\frac{my}{n}\right)^{\frac{m}{2}-1} \left(1 + \frac{my}{n}\right)^{-\frac{m+n}{2}} \\
&= f(y|m,n)
\end{aligned}$$

となる．これは，自由度 (m,n) の F 分布である．□

定理 3.20 確率変数 X_1 と X_2 は互いに独立と仮定する．このとき，

$$X_1 \sim \chi_m^2, \quad X_2 \sim \chi_n^2 \implies Y \equiv \frac{X_1/m}{X_2/n} \sim F_n^m$$

が成り立つ．

証明 $U \equiv X_1/(X_1 + X_2)$ とおけば，$Y = (n/m) \cdot U/(1-U)$ が成り立つ．X_1 は $GA(m/2, 1/2)$，X_2 は $GA(n/2, 1/2)$ に従い，互いに独立より，定理3.15を適用すると，U は $BE(m/2, n/2)$ に従う．ここで補題3.19を適用して結論を得る．□

F 分布の密度関数のグラフを図3.6に示す．n が大きくなるに従い山は高く右裾が軽くなる．

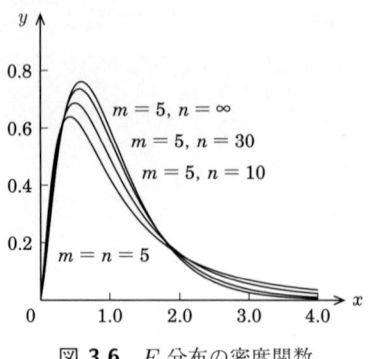

図 3.6 F 分布の密度関数

(7) t 分布 $\quad t_n$

密度関数が

$$f_t(x|n) = \frac{\Gamma\left(\dfrac{n+1}{2}\right)}{\sqrt{\pi n}\,\Gamma\left(\dfrac{n}{2}\right)} \left(1 + \frac{x^2}{n}\right)^{-\frac{n+1}{2}} \quad -\infty < x < \infty \quad (n = 1, 2, \cdots)$$

で与えられる分布を**自由度** n の t **分布**といい，t_n で表す．後に述べる t 検定とよばれる検定法のための分布である．

定理 3.21 確率変数 X と Y は互いに独立と仮定する．このとき，

$$X \sim N(0,1) \quad Y \sim \chi_n^2 \quad \Longrightarrow \quad T \equiv \frac{X}{\sqrt{Y/n}} \sim t_n$$

が成り立つ．

証明 $-X$ も $N(0,1)$ に従うので T と $-T$ は同じ分布に従う．ここで，$x > 0$ に対して

$$P(0 < T < x) = P(0 < -T < x) = P(-x < T < 0) = \frac{1}{2}P(0 < T^2 < x^2)$$

となり，積分で表すと

$$\int_0^x f_T(t)\,dt = \frac{1}{2}\int_0^{x^2} f_{T^2}(t)\,dt$$

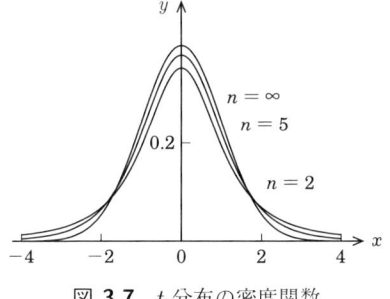

図 **3.7** t 分布の密度関数

となる．ここで両辺を x で微分すると $f_T(x) = x f_{T^2}(x^2)$. さらに T^2 は F_n^1 に従うので

$$x f_{T^2}(x^2) = x \frac{\Gamma\left(\dfrac{1+n}{2}\right)}{\Gamma\left(\dfrac{1}{2}\right)\Gamma\left(\dfrac{n}{2}\right)} \left(\frac{1}{n}\right) \left(\frac{x^2}{n}\right)^{\frac{1}{2}-1} \left(1+\frac{x^2}{n}\right)^{-\frac{1+n}{2}}$$

$$= \frac{\Gamma\left(\dfrac{n+1}{2}\right)}{\sqrt{\pi n}\,\Gamma\left(\dfrac{n}{2}\right)} \left(1+\frac{x^2}{n}\right)^{-\frac{n+1}{2}}$$

が成り立ち，結論を得る． □

t 分布の密度関数のグラフを図 3.7 に示す．n が大きくなるにしたがい山は高く裾が軽くなる．$n = \infty$ のときは $N(0,1)$ の密度である．すなわち，自由度の大きな t 分布は標準正規分布で近似できる．

自由度 n の t 分布の上側 $100\alpha\%$ 点は巻末の付表 3 を参照のこと．

問 3.21 T が自由度 11 の t 分布に従うとき，巻末の付表 3 を基に次の値を述べよ．

(1) $P(T > 2.72)$ (2) $P(|T| > 2.20)$
(3) $P(T < 2.72)$ (4) $P(|T| < 2.20)$

問 3.22 T が自由度 12 の t 分布に従うとき，巻末の付表 3 を基に次の等式を満たす t_α を述べよ．

(1) $P(T > t_\alpha) = 0.05$ (2) $P(|T| > t_\alpha) = 0.05$
(3) $P(T < t_\alpha) = 0.99$ (4) $P(|T| < t_\alpha) = 0.99$

● 定理 3.21 の仮定の下で,確率変数 $T' \equiv (X+\delta)/\sqrt{Y/n}$ の従う分布を**自由度** n **非心度** δ **の非心** t **分布**といい,$t_n(\delta)$ で表す.非心 t 分布の密度関数は,面倒な式となる.

問 3.23 非心 t 分布 $t_n(\delta)$ の密度関数は,

$$f(t) = \frac{e^{-\delta^2/2}}{\sqrt{\pi n}\Gamma\left(\frac{n}{2}\right)} \sum_{j=0}^{\infty} \frac{\Gamma\left(\frac{n+1+j}{2}\right) 2^{j/2}\delta^j t^j}{\left(1+\frac{t^2}{n}\right)^{(n+1+j)/2} j! n^{j/2}}$$

で与えられることを示せ.

ヒント:変換 $T \equiv (X+\delta)/\sqrt{Y/n}$,$U \equiv Y$ により,(T,U) の同時密度は $g(t,u) = \varphi\left(t\sqrt{u/n}-\delta\right) f_\chi(u,n)\sqrt{u/n}$ となる.ここで $e^{t\delta\sqrt{u/n}} = \sum_{j=0}^{\infty} t^j\delta^j u^{j/2}/\left(j! n^{j/2}\right)$ と無限級数に展開し,$g(t,u)$ を u について項別積分すればよい.

定理 3.22 $\boldsymbol{X} \equiv (X_1, \cdots, X_n)^T \sim N_n(\boldsymbol{0}, \boldsymbol{I}_n)$ とし,$\boldsymbol{A}$ を階数 m の n 次の対称な巾等行列と仮定する.このとき,

$$T \equiv \boldsymbol{X}^T \boldsymbol{A} \boldsymbol{X} \sim \chi_m^2$$

が成り立つ.

証明 基本定理 3.6 の (1) により,ある直交行列 $\boldsymbol{U}$ が存在して,

$$\boldsymbol{A} = \boldsymbol{U}^T \mathrm{diag}\,(\overbrace{1,\cdots,1}^{m\,個},0,\cdots,0)\boldsymbol{U} \tag{3.28}$$

である.$\boldsymbol{Z} \equiv (Z_1, \cdots, Z_n)^T \equiv \boldsymbol{U}\boldsymbol{X}$ とおくと,定理 3.7 より,

$$\boldsymbol{Z} \sim N_n(\boldsymbol{0}, \boldsymbol{U}\boldsymbol{I}_n\boldsymbol{U}^T) = N_n(\boldsymbol{0}, \boldsymbol{I}_n)$$

である.(3.28) と定理 3.17 により,

$$T = \boldsymbol{Z}^T \mathrm{diag}\,(\overbrace{1,\cdots,1}^{m\,個},0,\cdots,0)\boldsymbol{Z} = \sum_{i=1}^m Z_i^2 \sim \chi_m^2$$

を得て，証明が終わる．　□

定理 3.23　確率変数 $Y_1, \cdots, Y_k$ は互いに独立で，各 Y_i が $N(\mu, 1/\lambda_i)$ $(\lambda_i > 0)$ に従うと仮定する．このとき，

$$\lambda_1 + \cdots + \lambda_k = 1 \implies T \equiv \sum_{i=1}^{k} \lambda_i \left(Y_i - \sum_{j=1}^{k} \lambda_j Y_j \right)^2 \sim \chi_{k-1}^2$$

が成り立つ．

証明　$i = 1, \cdots, k$ について $Z_i \equiv \sqrt{\lambda_i}(Y_i - \mu)$ とおけば，$Z_1, \cdots, Z_k$ は互いに独立で各 Z_i は $N(0, 1)$ に従う．すなわち，

$$\boldsymbol{Z} \equiv (Z_1, \cdots, Z_k)^T \sim N_k(\boldsymbol{0}, \boldsymbol{I}_k) \tag{3.29}$$

である．簡単な計算により，

$$\begin{aligned}
T &= \sum_{i=1}^{k} \lambda_i \left\{ (Y_i - \mu) - \sum_{j=1}^{k} \lambda_j (Y_j - \mu) \right\}^2 \\
&= \sum_{i=1}^{k} \lambda_i (Y_i - \mu)^2 - \left\{ \sum_{j=1}^{k} \lambda_j (Y_j - \mu) \right\}^2 \\
&= \sum_{i=1}^{k} Z_i^2 - \left(\sum_{i=1}^{k} \sqrt{\lambda_i} Z_i \right)^2 = \boldsymbol{Z}^T \boldsymbol{A} \boldsymbol{Z}
\end{aligned}$$

となる．ただし，$\boldsymbol{A} \equiv \boldsymbol{I}_k - (\sqrt{\lambda_1}, \cdots, \sqrt{\lambda_k})^T (\sqrt{\lambda_1}, \cdots, \sqrt{\lambda_k})$ とする．$\boldsymbol{A}$ が対称な巾等行列であることを示すことができる．基本定理 3.6 の (2) により，$\boldsymbol{A}$ の階数は

$$\text{tr}(\boldsymbol{A}) = \sum_{i=1}^{k} (1 - \lambda_i) = k - 1$$

である．このことと (3.29) より，$n = k$, $m = k - 1$ として定理 3.22 を適用すると，結論が導かれる．　□

この定理は後の統計量の分布を導くために非常に重要であり，また次のように標本分散の分布を得る．

系 3.24　確率変数 $X_1, \cdots, X_k$ は互いに独立で，各 X_i が同一の $N(\mu, \sigma^2)$ に

従うと仮定する．このとき，

$$T \equiv \frac{1}{\sigma^2} \sum_{i=1}^{k}(X_i - \bar{X})^2 \sim \chi_{k-1}^2$$

が成り立つ．ただし $\bar{X} \equiv \sum_{j=1}^{k} X_j/k$ とする．

証明 $i = 1, \cdots, k$ について $Y_i \equiv \sqrt{k}(X_i - \mu)/\sigma$ とおけば，$Y_1, \cdots, Y_k$ は互いに独立で各 Y_i は同一の $N(0, k)$ に従う．$T = \sum_{i=1}^{k}\{(Y_i - \bar{Y})^2/k\}$ となり，定理3.23で $\lambda_1 = \cdots = \lambda_k = 1/k$ をあてはめることにより，この系の結論を得る． □

3.7　離散多変量分布

3.5節で多次元正規分布を紹介した．一般的に2次元以上の確率ベクトルの同時分布を**多変量分布**または**多次元分布**という．この節では離散型のものを紹介する．

(8) 順位分布

$X_1, \cdots, X_n$ は互いに独立で各 X_i は同一の連続分布に従うとする．ここで，$X_1, \cdots, X_n$ を小さい方から並べたときの X_i の順位を R_i とする．すなわち，

$$R_i = (X_j \leqq X_i \text{ かつ } 1 \leqq j \leqq n \text{ となる } j \text{ の個数})$$

となる．このとき，$1 \leqq i \neq j \leqq n$ となる整数 i, j に対して $P(R_i = R_j) = P(X_i = X_j) = 0$ で，$n!$ 個からなるベクトルの集合 $\mathcal{R}_n$ を

$$\mathcal{R}_n \equiv \{\boldsymbol{r} | \boldsymbol{r} \equiv (r_1, \cdots, r_n) \text{ は } (1, 2, \cdots, n) \text{ の各要素を並べ替えたベクトル}\} \tag{3.30}$$

とおく．例えば，$n = 3$ ならば，

$$\mathcal{R}_3 = \{(1, 2, 3), (2, 1, 3), (3, 1, 2), (1, 3, 2), (2, 3, 1), (3, 2, 1)\}$$

である．任意の $\boldsymbol{r} \in \mathcal{R}_n$ に対して，確率ベクトル $\boldsymbol{R} \equiv (R_1, \cdots, R_n)$ が $\boldsymbol{r}$ をと

る確率は同様に確からしいので，

$$P(\boldsymbol{R} = \boldsymbol{r}) = \frac{1}{n!} \qquad (\boldsymbol{r} \in \mathcal{R}_n) \tag{3.31}$$

となる．さらに，$1 \leqq i \neq j, \ell \neq m \leqq n$ となる整数 i, j, ℓ, m に対して，

$$P(R_i = \ell) = \frac{1}{n}, \tag{3.32}$$

$$P(R_i = \ell, R_j = m) = \frac{1}{n(n-1)} \tag{3.33}$$

である．

(3.32) は，1 から n が書かれた n 枚のカードから，戻すことなく 1 枚ずつ引いていくとき，i 番目に引かれたカードが ℓ である確率と同等である．(3.33) は，i 番目に引かれたカードが ℓ で，j 番目に引かれたカードが m となる確率と同等である．

確率変数または確率ベクトル $\boldsymbol{X}$ に対して，調査や実験により得られた $\boldsymbol{X}$ の実際の値を (標本) 観測値または (標本) **実現値**といい，小文字の $\boldsymbol{x}$ で表す．

例 3.1 $n = 5$ とし，$\boldsymbol{X} \equiv (X_1, \cdots, X_5)$ の実現値を $\boldsymbol{x} = (1.2, 2.3, 1.0, 1.3, 0.9)$ とすれば，その順位ベクトル $\boldsymbol{R}$ の実現値は $\boldsymbol{r} = (3, 5, 2, 4, 1)$ である．

定理 3.25 $i = 1, \cdots, n$ に対して

$$E(R_i) = \frac{n+1}{2}, \qquad E(R_i^2) = \frac{(n+1)(2n+1)}{6} \tag{3.34}$$

が成り立つ．$1 \leqq i \neq j \leqq n$ に対して

$$E(R_i R_j) = \frac{(n+1)(3n+2)}{12} \tag{3.35}$$

である．

証明 (3.32) より，

$$E(R_i) = \sum_{k=1}^{n} k P(R_i = k) = \frac{1}{n} \sum_{k=1}^{n} k = \frac{n+1}{2},$$

$$E(R_i^2) = \sum_{k=1}^{n} k^2 P(R_i = k) = \frac{1}{n} \sum_{k=1}^{n} k^2 = \frac{(n+1)(2n+1)}{6}$$

を得る. (3.33) より

$$E(R_iR_j) = \sum_{\ell=1}^{n} \sum_{\substack{m=1 \\ m \neq \ell}}^{n} \ell m \cdot P(R_i = \ell, R_j = m)$$

$$= \frac{1}{n(n-1)} \sum_{\ell=1}^{n} \ell \left\{ \sum_{m=1}^{n} m - \ell \right\}$$

$$= \frac{1}{n(n-1)} \sum_{\ell=1}^{n} \ell \left\{ \frac{n(n+1)}{2} - \ell \right\} = \frac{(n+1)(3n+2)}{12}$$

が成り立つ. □

(9) 並べ替え分布

$X_1, \cdots, X_n$ は互いに独立で各 X_i は同一の連続分布に従うとする. 実現値を $x_1, \cdots, x_n$ で書く. ここで, $X_1, \cdots, X_n$ を小さい方から並べた $X_{(1)} \leqq X_{(2)} \leqq \cdots \leqq X_{(n)}$ を順序統計量という. $x_1, \cdots, x_n$ を小さい方から並べたときの $x_{(1)} \leqq \cdots \leqq x_{(n)}$ が順序統計量の実現値である. $\boldsymbol{v} \equiv (v_1, \cdots, v_n)$ とし, $n!$ 個からなるベクトルの集合 $\mathcal{V}_n$ を

$$\mathcal{V}_n \equiv \{\boldsymbol{v} | \boldsymbol{v} \text{ は } (x_{(1)}, \cdots, x_{(n)}) \text{ の各要素を並べ替えたベクトル}\} \quad (3.36)$$

とおくと,

$$\mathcal{V}_n = \{\boldsymbol{v} | \boldsymbol{v} \text{ は } (x_1, \cdots, x_n) \text{ の各要素を並べ替えたベクトル}\}$$

が成り立つ. 例えば, $n = 3$ ならば,

$$\mathcal{V}_3 = \{(x_1, x_2, x_3), (x_2, x_1, x_3), (x_3, x_1, x_2), \cdots, (x_3, x_2, x_1)\}$$

である. 任意の $\boldsymbol{v} \in \mathcal{V}_n$ に対して, $\boldsymbol{X}_{(\cdot)} \equiv (X_{(1)}, \cdots, X_{(n)}) = \boldsymbol{x}_{(\cdot)} \equiv (x_{(1)}, \cdots, x_{(n)})$ を与えたときの確率ベクトル $\boldsymbol{X} = (X_1, \cdots, X_n)$ が $\boldsymbol{v}$ をとる条件付確率は, 同様の確からしさから,

$$P\left(\boldsymbol{X} = \boldsymbol{v} | \boldsymbol{X}_{(\cdot)} = \boldsymbol{x}_{(\cdot)}\right) = \frac{1}{n!} \quad (\boldsymbol{v} \in \mathcal{V}_n) \quad (3.37)$$

となる. さらに, $1 \leqq i \neq j, \ell \neq m \leqq n$ となる整数 i, j, ℓ, m に対して,

$$P\left(X_i = x_\ell | \boldsymbol{X}_{(\cdot)} = \boldsymbol{x}_{(\cdot)}\right) = \frac{1}{n},$$

$$P\left(X_i = x_\ell, X_j = x_m | \boldsymbol{X}_{(\cdot)} = \boldsymbol{x}_{(\cdot)}\right) = \frac{1}{n(n-1)}$$

が成り立つ．

例 3.1 (続き)　$n=5$ とし，$\boldsymbol{X} \equiv (X_1, \cdots, X_5)$ の実現値を $(1.2, 2.3, 1.0, 1.3, 0.9)$ とすれば，その順序ベクトル $(X_{(1)}, \cdots, X_{(5)})$ の実現値は $(0.9, 1.0, 1.2, 1.3, 2.3)$ である．

(10) 多項分布　$M(n; p_1, \cdots, p_k)$

母集団 Ω が k 個の互いに素な事象 $A_1, \cdots, A_k$ に分割されているとする．すなわち，$\Omega = A_1 \cup \cdots \cup A_k$, $i \neq j$ に対して $A_i \cap A_j = \emptyset$ である．さらに，それぞれの確率が $P(A_i) = p_i$ $(i = 1, \cdots, k)$ とする．いま，母集団 Ω から n 個の標本 $(\omega_1, \cdots, \omega_n)$ を無作為復元抽出によって取り出したところ事象 A_i に属する標本の個数を

$$N_i \equiv \#\{\omega_j | \omega_j \in A_i, 1 \leq j \leq n\}$$

とする．このとき，確率ベクトル $\boldsymbol{X} \equiv \boldsymbol{N} \equiv (N_1, \cdots, N_k)$ の同時確率関数は

$$f(\boldsymbol{x}|\boldsymbol{\theta}) = \frac{n!}{n_1! n_2! \cdots n_k!} p_1^{n_1} p_2^{n_2} \cdots p_k^{n_k}, \quad \boldsymbol{x} \equiv (n_1, \cdots, n_k), \quad \sum_{i=1}^{k} n_i = n,$$

$$\Theta \equiv \left\{\boldsymbol{\theta} \equiv (p_1, \cdots, p_k) \middle| p_1, \cdots, p_k \geq 0, \sum_{i=1}^{k} p_i = 1\right\}$$

で与えられる．この分布を**多項分布**といい，記号 $M(n; p_1, \cdots, p_k)$ を使って表す．特に，$k=2$ のとき 2 項分布とよばれ，第 7 章でその場合の統計手法を論述している．

Y_{ij} $(j = 1, \cdots, n; i = 1, \cdots, k)$ を

$$Y_{ij} \equiv \begin{cases} 1 & (\omega_j \in A_i) \\ 0 & (\omega_j \notin A_i) \end{cases}$$

によって定義する．このとき，$N_i = \sum_{j=1}^{n} Y_{ij}$ と表される．

$$E(Y_{ij}) = p_i, \qquad E(Y_{ij}Y_{i'j}) = \begin{cases} p_i & (i = i') \\ 0 & (i \neq i') \end{cases}$$

の関係を使って

$$E(N_i) = np_i, V(N_i) = np_i(1-p_i), \quad \mathrm{Cov}(N_i, N_{i'}) = -np_i p_{i'} \quad (i \neq i')$$

を得る.

3.8 確率変数の和の極限分布

統計学で重要な**大数の法則と中心極限定理**が成り立つための十分条件として $X_1, \cdots, X_n$ を互いに独立で同一の分布に従う確率変数と仮定し, その分布の平均と分散をそれぞれ μ, σ^2 とする. このとき, 最初の n 個の標本平均 $\bar{X}_n \equiv (X_1 + \cdots + X_n)/n$ の平均と分散は補題 2.25 より

$$E(\bar{X}_n) = \frac{1}{n}\{E(X_1) + \cdots + E(X_n)\} = \frac{n \cdot \mu}{n} = \mu, \tag{3.38}$$

$$V(\bar{X}_n) = V\left(\frac{X_1}{n}\right) + \cdots + V\left(\frac{X_n}{n}\right) = n \cdot \frac{\sigma^2}{n^2} = \frac{\sigma^2}{n} \tag{3.39}$$

である. (3.38) より標本平均の期待値は母平均に等しく, (3.39) より標本平均の分散は $n \to \infty$ のとき 0 に収束する. この 2 つの性質を使って標本平均が母平均に収束することを示す.

定理 3.26 (大数の法則)　任意の $\varepsilon > 0$ に対して,

$$\lim_{n \to \infty} P(|\bar{X}_n - \mu| \geqq \varepsilon) = 0$$

が成り立つ.

証明　補題 2.17 のチェビシェフの不等式により

$$0 \leqq P(|\bar{X}_n - \mu| \geqq \varepsilon) \leqq \frac{\sigma^2}{n\varepsilon^2}$$

となる. ここで, $n \to \infty$ とすれば右辺が 0 に収束し結論が導かれる. □

同値関係

$$\lim_{n\to\infty} P(|\bar{X}_n - \mu| \geqq \varepsilon) = 0 \iff \lim_{n\to\infty} P(|\bar{X}_n - \mu| < \varepsilon) = 1$$

がある．上の定理は $\bar{X}_n - \mu$ は確率的に 0 に収束していることを示している．

定義 3.1 任意の $\varepsilon > 0$ に対して $\lim_{n\to\infty} P(|Y_n - c| \geqq \varepsilon) = 0$ のとき確率変数 Y_n は定数 c に**確率収束**するといい，記号 $Y_n \xrightarrow{P} c$ で表す．

定理 3.26 は標本平均 $\bar{X}_n$ が母平均 μ に確率収束することを示している．

問 3.24 $X_1, \cdots, X_n$ は互いに独立で，同一の連続分布に従うとする．その密度関数を $g(x) \equiv dP(X_1 \leqq x)/dx$ とする．さらに，$g(-x) = g(x), \int_{-\infty}^{\infty} x^2 g(x) dx = 1$ とする．

(1) $n \to \infty$ として，標本平均 $\bar{X}_n$ が確率収束する値を求めよ．
(2) $n \to \infty$ として，$(X_1^2 + \cdots + X_n^2)/n$ が確率収束する値を求めよ．

問 3.25 $X_1, \cdots, X_n$ は互いに独立で，同一の連続分布に従うとする．その密度関数を $(1/\sigma)g((x-\mu)/\sigma)$ とする．さらに，$g(-x) = g(x), \int_{-\infty}^{\infty} x^2 g(x) dx = 1, \int_{-\infty}^{\infty} x^4 g(x) dx = 3$ とする．

(1) $n \to \infty$ として，標本平均 $\bar{X}_n$ が確率収束する値を求めよ．
(2) $n \to \infty$ として，$\{(X_1-\mu)^2 + \cdots + (X_n-\mu)^2\}/n$ が確率収束する値を求めよ．
(3) $n \to \infty$ として，$(X_1^2 + \cdots + X_n^2)/n$ が確率収束する値を求めよ．
(4) $n \to \infty$ として，$\{(X_1-\mu)^3 + \cdots + (X_n-\mu)^3\}/n$ が確率収束する値を求めよ．
(5) $n \to \infty$ として，$\{(X_1-\mu)^4 + \cdots + (X_n-\mu)^4\}/(n\sigma^4)$ が確率収束する値を求めよ．

$\sqrt{n}$ を乗じて膨らませた $\sqrt{n}(\bar{X}_n - \mu)$ がどのような分布に収束するかを示すものが次の中心極限定理である．

定理 3.27 (中心極限定理)　$\sigma > 0$ と仮定する．このとき，任意の実数 x に対して，

$$\lim_{n\to\infty} P\left(\frac{\sqrt{n}(\bar{X}_n - \mu)}{\sigma} \leqq x\right) = \Phi(x)$$

が成り立つ．ただし，$\Phi(x)$ は標準正規分布 $N(0,1)$ の分布関数である．

この定理の証明を行う前に，概念と補題を述べる．

定義 3.2　確率変数 Z の分布関数 $F_Z(x) \equiv P(Z \leqq x)$ の任意の連続点 x に対して $\lim_{n\to\infty} P(Z_n \leqq x) = P(Z \leqq x)$ が成り立つとき，確率変数 Z_n は確率変数 Z に**分布収束**または**法則収束**するといい，記号 $Z_n \xrightarrow{\mathcal{L}} Z$ で表す．また，Z の従う分布を Z_n の**漸近分布**という．さらに Z が $N(0,\sigma^2)$ に従うときは，簡略化して，$Z_n \xrightarrow{\mathcal{L}} N(0,\sigma^2)$ で表記する．すなわち，$Z_n \xrightarrow{\mathcal{L}} N(0,\sigma^2)$ は $Z_n \xrightarrow{\mathcal{L}} Z \sim N(0,\sigma^2)$ の意味である．

大数の法則や中心極限定理のような $n \to \infty$ とした近似理論を**漸近理論**とよんでいる．定理 3.27 は $\sqrt{n}(\bar{X}_n - \mu)/\sigma$ が標準正規分布に従う確率変数に分布収束することを示している．すなわち，

$$\frac{\sqrt{n}(\bar{X}_n - \mu)}{\sigma} \xrightarrow{\mathcal{L}} Z \sim N(0,1)$$

である．また，これは

$$\frac{\bar{X}_n - E(\bar{X}_n)}{\sqrt{V(\bar{X}_n)}} \xrightarrow{\mathcal{L}} Z \sim N(0,1) \tag{3.40}$$

を表し，平均 0 分散 1 に標準化した統計量が標準正規分布に分布収束していることを示している．

補題 3.28 (グリベンコ (Glivenko) の定理)　確率変数 Z_n, Z の特性関数を，それぞれ，$\psi_{Z_n}(t), \psi_Z(t)$ とするとき，

$$\lim_{n\to\infty} \psi_{Z_n}(t) = \psi_Z(t) \quad (t \in R) \quad \Longrightarrow \quad Z_n \xrightarrow{\mathcal{L}} Z$$

である．

グリベンコの定理の証明はかなりの数学的知識を要する．巻末の参考文献 (数8) を参照してほしい．

補題 3.29 $\lim_{n\to\infty} c_n = c$ のとき，$\lim_{n\to\infty}\left(1+\dfrac{c_n}{n}\right)^n = e^c$ である．

定理 3.27 の証明 基本定理 3.3 のマクローリンの展開式より
$$f(x) = f(0) + f'(0)x + \frac{f''(\theta x)}{2}x^2$$
である．ただし，$0 < \theta < 1$ とする．

$f(x) = \cos x$ とすれば，$f'(x) = -\sin x, f''(x) = -\cos x$ より，
$$\cos x = 1 - \frac{x^2}{2}\cos(\theta_1 x)$$
を得る．$f(x) = \sin x$ とすれば，$f'(x) = \cos x, f''(x) = -\sin x$ より，
$$\sin x = x - \frac{x^2}{2}\sin(\theta_2 x)$$
となる．これらにより，
$$\begin{aligned}
e^{ix} &= \cos x + i\sin x \\
&= 1 + ix - \frac{x^2}{2}\{\cos(\theta_1 x) + i\sin(\theta_2 x)\} \\
&= 1 + ix - \frac{x^2}{2} - \frac{x^2}{2}\{\cos(\theta_1 x) + i\sin(\theta_2 x) - 1\}
\end{aligned}$$
を得る．これにより，
$$e^{itY} = 1 + itY - \frac{(tY)^2}{2} - \frac{(tY)^2}{2}\{\cos(\theta_1 tY) + i\sin(\theta_2 tY) - 1\}$$
が成り立つ．上式の両辺の期待値をとることにより
$$\psi_Y(t) = E\{e^{itY}\} = 1 + itE(Y) - \frac{t^2}{2}E(Y^2) + \frac{t^2}{2}\varepsilon(t) \tag{3.41}$$
が導かれる．ただし，$\varepsilon(t) \equiv E[Y^2\{1 - \cos(\theta_1 tY) - i\sin(\theta_2 tY)\}]$ とする．$t \to 0$ として $\varepsilon(t) \to 0$ である．

$Y_i \equiv (X_i - \mu)/\sigma\ (i = 1, \cdots, n)$ とおけば，$Y_1, \cdots, Y_n$ は平均 0 分散 1 の独立同一分布に従う．

$$T_n \equiv \frac{\sqrt{n}(\bar{X}_n - \mu)}{\sigma} = \frac{\sum_{i=1}^{n} Y_i}{\sqrt{n}}$$

とおく. $Y_1, \cdots, Y_n$ の独立性と同一性, 補題 3.1 により

$$\psi_{T_n}(t) = \left\{ \psi_{Y_1}\left(\frac{t}{\sqrt{n}}\right) \right\}^n \tag{3.42}$$

を得る. (3.41) より,

$$\psi_{Y_1}\left(\frac{t}{\sqrt{n}}\right) = 1 - \frac{t^2}{2n} + \frac{t^2}{2n}\varepsilon\left(\frac{t}{\sqrt{n}}\right) = 1 - \frac{t^2}{2n} + o\left(\frac{t^2}{n}\right) \tag{3.43}$$

である. (3.42), (3.43), 補題 3.29 より,

$$\psi_{T_n}(t) = \left\{ 1 - \frac{t^2}{2n} + o\left(\frac{t^2}{n}\right) \right\}^n \longrightarrow e^{-t^2/2} \qquad (n \to \infty)$$

が導かれる. T_n の特性関数が $N(0,1)$ の特性関数に収束し, 補題 3.28 より結論が導かれる. □

例 3.2 $X_1, \cdots, X_n$ が独立で同一の指数分布 $EX(1)$ に従うならば, X_i の密度関数は, $f(x) = e^{-x}(x > 0)$ である. $E(X_i) = V(X_i) = 1$ より, $\bar{X}_n$ に中心極限定理を適用すると,

$$\sqrt{n}(\bar{X}_n - 1) \xrightarrow{\mathcal{L}} N(0,1)$$

が成り立つ. すなわち, n が大きいとき, $\sqrt{n}(\bar{X}_n - 1)$ は近似的に標準正規分布に従う.

補題 3.30 $\lim_{n \to \infty} P(A_n) = 1 \implies \lim_{n \to \infty} P(A_n \cap B) = P(B)$

証明 命題 2.4 と同様に証明できる. □

補題 3.31 $Y_n \xrightarrow{P} c$ とし, $g(x)$ が $x = c$ で連続と仮定する. このとき, $g(Y_n) \xrightarrow{P} g(c)$ が成り立つ.

補題 3.31 の証明は巻末の付録 A.2 節を参照せよ.

定理 3.32 (スラツキー (Slutsky) の定理)　$Y_n \xrightarrow{P} c, Z_n \xrightarrow{\mathcal{L}} Z$ と仮定する．このとき，次の (1)〜(3) が成り立つ．

(1)　$Y_n + Z_n \xrightarrow{\mathcal{L}} Z + c$
(2)　$Y_n Z_n \xrightarrow{\mathcal{L}} cZ$
(3)　$c \neq 0$ のとき，$\dfrac{Z_n}{Y_n} \xrightarrow{\mathcal{L}} \dfrac{Z}{c}$

定理 3.32 の証明は巻末の付録 A.2 節を参照せよ．
補題 3.31 と定理 3.32 の (2) を使って，次の系 3.33 を得る．

系 3.33　$Y_n \xrightarrow{P} c, Z_n \xrightarrow{\mathcal{L}} Z$ とし，$g(x)$ が $x = c$ で連続と仮定すれば，$g(Y_n)Z_n \xrightarrow{\mathcal{L}} g(c)Z$ が成り立つ．

問 3.26　$X_1, \cdots, X_n$ は互いに独立で，同一の連続分布に従うとする．その密度関数を $g(x) \equiv dP(X_1 \leqq x)/dx$ とする．さらに，$g(-x) = g(x)$, $\int_{-\infty}^{\infty} x^2 g(x)dx = 1, \int_{-\infty}^{\infty} x^4 g(x)dx = 3, \int_{-\infty}^{\infty} x^6 g(x)dx = 15$ とする．

(1)　$n \to \infty$ として，$\sqrt{n}\bar{X}_n$ の分布収束する分布を答えよ．
(2)　$n \to \infty$ として，$(X_1^2 + \cdots + X_n^2 - n)/\sqrt{n}$ の分布収束する分布を答えよ．
(3)　$n \to \infty$ として，$(X_1^3 + \cdots + X_n^3)/\sqrt{n}$ の分布収束する分布を答えよ．

定理 3.27 と定理 3.32 の (2) より，$\sqrt{n}(\bar{X}_n - \mu) \xrightarrow{\mathcal{L}} \sigma Z \sim N(0, \sigma^2)$ である．

系 3.34　$Y_n \xrightarrow{P} c, Z_n \xrightarrow{P} d$ と仮定すれば，次が成り立つ．

(1)　$Y_n + Z_n \xrightarrow{P} c + d$
(2)　$Y_n Z_n \xrightarrow{P} cd$

証明　(1) 事象の大小関係より，

$$P(|Y_n + Z_n - c - d| \geqq \varepsilon) \leqq P(|Y_n - c| + |Z_n - d| \geqq \varepsilon)$$
$$\leqq P\left(|Y_n - c| \geqq \frac{\varepsilon}{2} \text{ または } |Z_n - d| \geqq \frac{\varepsilon}{2}\right)$$
$$\leqq P\left(|Y_n - c| \geqq \frac{\varepsilon}{2}\right) + P\left(|Z_n - d| \geqq \frac{\varepsilon}{2}\right)$$

を得る．最右辺は条件から 0 に収束するので，結論が導かれた．

(2) 事象の大小関係より，

$$P(|Y_n Z_n - cd| \geqq \varepsilon) = P(|Y_n Z_n - cZ_n + cZ_n - cd| \geqq \varepsilon)$$
$$\leqq P\left(|Z_n||Y_n - c| \geqq \frac{\varepsilon}{2}\right) + P\left(|c||Z_n - d| \geqq \frac{\varepsilon}{2}\right)$$

を得る．上式の最右辺の第 2 項目は条件から 0 に収束するので，第 1 項目が 0 に収束することを示せばよい．

$$\left\{|Z_n||Y_n - c| \geqq \frac{\varepsilon}{2}\right\}$$
$$= \left\{|Z_n||Y_n - c| \geqq \frac{\varepsilon}{2},\ |Y_n - c| \geqq \delta\right\} \bigcup \left\{|Z_n||Y_n - c| \geqq \frac{\varepsilon}{2},\ |Y_n - c| < \delta\right\}$$
$$\subset \{|Y_n - c| \geqq \delta\} \bigcup \left\{|Z_n| \geqq \frac{\varepsilon}{2\delta}\right\}$$

の関係を使って，

$$P\left(|Z_n||Y_n - c| \geqq \frac{\varepsilon}{2}\right) \leqq P(|Y_n - c| \geqq \delta) + P\left(|Z_n| \geqq \frac{\varepsilon}{2\delta}\right)$$

を得る．$\delta > 0$ を十分小さくとり，$n \to \infty$ とすると，上式の右辺をいくらでも 0 に近づけることができる．ゆえに結論を得る． □

例 3.3 確率変数 $X_1, \cdots, X_n$ は互いに独立で同一の分布に従い，$\sigma^2 \equiv V(X_1) < \infty$ ならば，大数の法則と系 3.34 より，次が成り立つ．

$$\frac{1}{n}\sum_{i=1}^{n}(X_i - \bar{X}_n)^2 = \frac{1}{n}\sum_{i=1}^{n} X_i^2 - (\bar{X}_n)^2 \xrightarrow{P} E(X_1^2) - \{E(X_1)\}^2 = \sigma^2$$

定理 3.35 (デルタ法, δ-method) b を定数とする．$\{Y_n\}$ を確率変数の列，$\mathcal{Y}$ を確率変数とし，$\sqrt{n}(Y_n - b) \xrightarrow{\mathcal{L}} \mathcal{Y}$ と仮定する．このとき，

$$\sqrt{n}(g(Y_n) - g(b)) \xrightarrow{\mathcal{L}} g'(b)\mathcal{Y}$$

が成り立つ．ただし，微分係数 $g'(b)$ は存在し 0 でないものとする．

証明 平均値の定理より，

$$\sqrt{n}(g(Y_n) - g(b)) = g'(Z_n)\{\sqrt{n}(Y_n - b)\} \tag{3.44}$$

が成り立つ．$|Z_n - b| < |Y_n - b|$ より，$Z_n \xrightarrow{P} b$ が分かる．(3.44) にスラツキー

の定理を適用すると結論を得る. □

確率変数 $X_1, \cdots, X_n$ は互いに独立で同一の分布に従うとき,$X_1, \cdots, X_n$ の関数の統計量 $T_n \equiv T(X_1, \cdots, X_n)$ に対して,中心極限定理 (3.40) の自然な拡張は

$$\frac{T_n - E(T_n)}{\sqrt{V(T_n)}} \xrightarrow{\mathcal{L}} Z \sim N(0,1) \tag{3.45}$$

である.特異な統計量でない限り,(3.45) は成り立つが,(3.45) の証明には高度なテクニックを要することが多い.

次の 2 つの定理は重要であるが証明には多くの数学的知識を要する.

定理 3.36 $F_{Z_n}(x) \equiv P(Z_n \leqq x)$, $F_Z(x) \equiv P(Z \leqq x)$ とおく.このとき,$Z_n \xrightarrow{\mathcal{L}} Z$ であることと,任意の有界な連続関数 $g(x)$ について

$$\lim_{n \to \infty} \int_{-\infty}^{\infty} g(x) dF_{Z_n}(x) = \int_{-\infty}^{\infty} g(x) dF_Z(x)$$

とは同値である.

定理 3.37 $Z_n \xrightarrow{\mathcal{L}} Z$ とし $g(x)$ が連続ならば,$g(Z_n) \xrightarrow{\mathcal{L}} g(Z)$ である.

定理 3.38 $Y_n \xrightarrow{\mathcal{L}} Y$ かつ $Z_n \xrightarrow{\mathcal{L}} Z$ で,Y_n と Z_n が互いに独立ならば,Y と Z は互いに独立で $Y_n + Z_n \xrightarrow{\mathcal{L}} Y + Z$ である.

証明 特性関数を使って,

$$\lim_{n \to \infty} E\{e^{it(Y_n + Z_n)}\} = \lim_{n \to \infty} E\{e^{itY_n}\} \lim_{n \to \infty} E\{e^{itZ_n}\}$$
$$= E\{e^{itY}\} E\{e^{itZ}\} = E\{e^{it(Y+Z)}\}$$

が成り立つ.補題 3.28 より結論が導かれる. □

最後に確率ベクトルの収束について議論する.

定義 3.3 確率ベクトル $\boldsymbol{Z} \equiv (Z_1, \cdots, Z_k)^T$ の分布関数 $F_{\boldsymbol{Z}}(\boldsymbol{z}) \equiv P(Z_1 \leqq z_1, \cdots, Z_k \leqq z_k)$ の任意の連続点 $\boldsymbol{z} \equiv (z_1, \cdots, z_k)^T$ に対して $\lim_{n \to \infty} P(Z_{n1} \leqq$

$z_1, \cdots, Z_{nk} \leqq z_k) = F_{\boldsymbol{Z}}(\boldsymbol{z})$ が成り立つとき,確率ベクトル $\boldsymbol{Z}_n \equiv (Z_{n1}, \cdots, Z_{nk})^T$ は確率ベクトル $\boldsymbol{Z}$ に**分布収束**または**法則収束**するといい,記号 $\boldsymbol{Z}_n \overset{\mathcal{L}}{\to} \boldsymbol{Z}$ で表す.

確率ベクトルの収束について次の同値条件を得る.証明はハエックらによる巻末の参考文献 (統 8) 第 6 章 6.2 節を参照.

定理 3.39 確率ベクトル $\boldsymbol{Z}_n \equiv (Z_{n1}, \cdots, Z_{nk})^T$ が確率ベクトル $\boldsymbol{Z} \equiv (Z_1, \cdots, Z_k)^T$ に分布収束することと次の (a), (b) はそれぞれは同値である.

(a) 任意の実数 $c_1, \cdots, c_k$ に対して $\sum_{i=1}^{k} c_i Z_{ni}$ が $\sum_{i=1}^{k} c_i Z_i$ に分布収束する.

(b) 任意の実数値連続関数 $h(\boldsymbol{z})$ に対して,$h(\boldsymbol{Z}_n)$ は $h(\boldsymbol{Z})$ に分布収束する.

すなわち,$\boldsymbol{Z}_n \overset{\mathcal{L}}{\to} \boldsymbol{Z} \iff$ (a) $\iff$ (b) である.

定理 3.39 の「(a) $\iff \boldsymbol{Z}_n \overset{\mathcal{L}}{\to} \boldsymbol{Z}$」の部分を,**クラメル–ウォルドのテクニック** (Cramér-Wold device) とよんでいる.

定理 3.40 (**多変量中心極限定理**) 独立な k 次元の確率ベクトル列 $\{\boldsymbol{Z}_i\}$ において $\boldsymbol{Z}_i = (Z_{i1}, \cdots, Z_{ik})^T$ $(i = 1, 2, \cdots, n)$ は同一の分布に従い,平均と分散共分散行列が存在し,$E(\boldsymbol{Z}_i) = \boldsymbol{\mu}$,$V(\boldsymbol{Z}_i) = \boldsymbol{\Sigma}$ とする.$\bar{\boldsymbol{Z}}_n \equiv \dfrac{1}{n} \sum_{i=1}^{n} \boldsymbol{Z}_i$ とおく.このとき,$n \to \infty$ として,次が成り立つ.

$$\sqrt{n}(\bar{\boldsymbol{Z}}_n - \boldsymbol{\mu}) \overset{\mathcal{L}}{\to} \boldsymbol{W} \sim N_k(\boldsymbol{0}, \boldsymbol{\Sigma})$$

定理 3.40 の証明は巻末の付録 A.2 節を参照せよ.

第4章

統計的推測論

1つのモデルに対して，いくつかの統計手法を考えることができるが，最良の統計手法は数式による最良の規準の中で選択される．複雑な規準は避け，広く知られている規準と最良手法の決定方法をこの章で紹介する．

4.1 モデルの数理的表現

n 次元確率ベクトル $\boldsymbol{X} \equiv (X_1, \cdots, X_n)$ の同時分布関数を $F_n(\boldsymbol{x}|\boldsymbol{\theta})$ ($\boldsymbol{\theta} \in \boldsymbol{\Theta}$)，同時密度または確率関数を $f_n(\boldsymbol{x}|\boldsymbol{\theta})$ とする．$\boldsymbol{\theta}$ の範囲 $\boldsymbol{\Theta}$ を**母数空間**，$\boldsymbol{X}$ のとり得る値の範囲を**標本空間**といい，$\mathfrak{X}$ ($\subset R^n$) の記号を使う．同時分布関数が $F_n(\boldsymbol{x}|\boldsymbol{\theta})$ であるときの確率測度と期待値をそれぞれ $P_{\boldsymbol{\theta}}(\cdot), E_{\boldsymbol{\theta}}(\cdot)$ とする．特に $\boldsymbol{\theta}$ を意識しない場合は $P(\cdot), E(\cdot)$ で記述する．以下，連続分布に限定し2つの重要なモデルを例に採る．

[1] 1 標本連続モデル

$(X_1, \cdots, X_n)$ をある母集団からの大きさ n の無作為標本とする．このとき $X_1, \cdots, X_n$ は互いに独立で各 X_i は同一のある連続分布に従い，平均を $\mu \equiv E(X_i)$，分散が有限を仮定し，$\sigma^2 \equiv V(X_i)$ とする．$X_i - \mu$ の分布関数と密度関数をそれぞれ $F(x), f(x) \equiv F'(x)$，$(X_i - \mu)/\sigma$ の分布関数と密度関数をそれぞ

れ $G(x)$, $g(x) \equiv G'(x)$ とおく. このとき, 命題 2.32 より, X_i の分布関数と密度関数は, それぞれ,

$$P(X_i \leqq x) = F(x - \mu) = G\left(\frac{x - \mu}{\sigma}\right),$$

$$\frac{dP(X_i \leqq x)}{dx} = f(x - \mu) = \frac{1}{\sigma}g\left(\frac{x - \mu}{\sigma}\right)$$

で与えられ, $\int_{-\infty}^{\infty} xf(x)dx = \int_{-\infty}^{\infty} xg(x)dx = 0$, $\int_{-\infty}^{\infty} x^2 f(x)dx = \sigma^2$, $\int_{-\infty}^{\infty} x^2 g(x)dx = 1$ が成り立つ. これを **1 標本モデル**という. (2.15) より

$$F_n(\boldsymbol{x}|\boldsymbol{\theta}) = \prod_{i=1}^{n} F(x_i - \mu) = \prod_{i=1}^{n} G\left(\frac{x_i - \mu}{\sigma}\right)$$

となる. μ, σ がともに未知ならば $\boldsymbol{\theta} = (\mu, \sigma)$, μ が未知, σ が既知ならば $\boldsymbol{\theta} = \mu$ である. 定義 2.20 より, $(X_1, \cdots, X_n)$ の同時密度関数は

$$f_n(\boldsymbol{x}|\boldsymbol{\theta}) = \prod_{i=1}^{n} f(x_i - \mu) = \frac{1}{\sigma^n} \prod_{i=1}^{n} g\left(\frac{x_i - \mu}{\sigma}\right)$$

である.

[2] **2 標本連続モデル**

$(X_1, \cdots, X_{n_1})$ をある母集団から大きさ n_1 の無作為標本, $(Y_1, \cdots, Y_{n_2})$ をもう 1 つの母集団から大きさ n_2 の無作為標本とする. $X_1, \cdots, X_{n_1}, Y_1, \cdots, Y_{n_2}$ は互いに独立で, 分散が存在し共通とする. その分散を, $\sigma^2 \equiv V(X_i) = V(Y_j)$ とおく. このとき, 各 X_i は同一のある連続分布関数 $G((x - \mu_1)/\sigma)$ $(i = 1, \cdots, n_1)$ をもち各 Y_j は同一のある分布関数 $G((x - \mu_2)/\sigma)$ $(j = 1, \cdots, n_2)$ をもつとし, 分布形は変わらないものとする. $g(x) \equiv G'(x)$ とおき, 一般性を失うことなく, $\int_{-\infty}^{\infty} xg(x)dx = 0$ を仮定する. このとき, $E(X_i) = \mu_1, E(Y_j) = \mu_2$ となる. すなわち, μ_1 は第 1 標本の平均を表し, μ_2 は第 2 標本の平均を表す. これを分散が共通の **2 標本モデル**という. $n \equiv n_1 + n_2, X_{n_1+j} \equiv Y_j, x_{n_1+j} \equiv y_j$ $(j = 1, \cdots, n_2)$ とおくと, $\boldsymbol{X} = (X_1, \cdots, X_n)$ の同時分布関数と同時密度関数は, それぞれ

$$F_n(\boldsymbol{x}|\boldsymbol{\theta}) = \prod_{i=1}^{n_1} G\left(\frac{x_i - \mu_1}{\sigma}\right) \prod_{j=1}^{n_2} G\left(\frac{y_j - \mu_2}{\sigma}\right),$$

$$f_n(\boldsymbol{x}|\boldsymbol{\theta}) = \frac{1}{\sigma^n} \prod_{i=1}^{n_1} g\left(\frac{x_i - \mu_1}{\sigma}\right) \prod_{j=1}^{n_2} g\left(\frac{y_j - \mu_2}{\sigma}\right)$$

である．μ_1, μ_2, σ がともに未知ならば $\boldsymbol{\theta} = (\mu_1, \mu_2, \sigma)$ であり，σ だけが既知ならば $\boldsymbol{\theta} = (\mu_1, \mu_2)$ である．

問 4.1 $X_1, \cdots, X_n$ は互いに独立で各 X_i は同一の正規分布 $N(\mu, \sigma^2)$ に従い，$\boldsymbol{X} \equiv (X_1, \cdots, X_n)$ とする．

(1) $\boldsymbol{X}$ の同時分布関数を標準正規分布関数 $\Phi(\cdot)$ を用いて表現せよ．

(2) $\boldsymbol{X}$ の同時密度関数を書け．

問 4.2 $X_1, \cdots, X_{n_1}, Y_1, \cdots, Y_{n_2}$ は互いに独立で各 X_i は同一の正規分布 $N(\mu_1, \sigma^2)$ に従い，Y_j は同一の正規分布 $N(\mu_2, \sigma^2)$ に従うとする．$\boldsymbol{X} \equiv (X_1, \cdots, X_{n_1}, Y_1, \cdots, Y_{n_2})$ とおく．

(1) $\boldsymbol{X}$ の同時分布関数を標準正規分布関数 $\Phi(\cdot)$ を用いて表現せよ．

(2) $\boldsymbol{X}$ の同時密度関数を書け．

4.2 仮説検定と考え方

Θ のはじめに指定した部分集合 Θ_0 に対して，**帰無仮説** $H_0 : \boldsymbol{\theta} \in \Theta_0$ と対立仮説 $H_1 : \boldsymbol{\theta} \in \Theta \cap \Theta_0^c$ をたて，確率ベクトル $\boldsymbol{X}$ の実現値 $\boldsymbol{x} = (x_1, \cdots, x_n) \in \mathfrak{X}$ を基に H_0 と H_1 のいずれが真であるかを検定する問題を**仮説検定**という．観測値 $\boldsymbol{x}$ により検定を行うため H_0 が真であるにもかかわらず H_0 を棄却する誤りを犯すことがある，この誤りを**第 1 種の誤り**という．また H_1 が真であるにもかかわらず H_1 を棄却する誤りを犯すことがある，この誤りを**第 2 種の誤り**という．

表 **4.1** 第 1 種，第 2 種の誤り

真実 \ 検定による判断	H_0 を棄却する	H_0 を棄却しない
H_0 が真	第 1 種の誤り	正しい判断
H_1 が真	正しい判断	第 2 種の誤り

以下例をもちいて検定の方法を説明する．

例 4.1 熱が 38.5 度以上ある風邪の子供にある薬を食後にのませると 2 時間後には 1 度より大きく下げることができるという．7 人の子供に実験したところ，$1.2, 1.1, 0.9, 1.5, 1.4, 1.3, 1.8$ 度下げることができ，この観測値は $N(\mu, 0.25)$ に従うものとする．このとき，この風邪薬は本当に 1 度より大きく下げることができるであろうか．

$$x_1 = 1.2, \quad x_2 = 1.1, \quad x_3 = 0.9, \quad x_4 = 1.5,$$
$$x_5 = 1.4, \quad x_6 = 1.3, \quad x_7 = 1.8$$

は $N(\mu, 0.25)$ に従う母集団からの観測値で，$\theta = \mu$，簡単のため $\boldsymbol{\Theta} = \{\mu | \mu \geq 1\}$ とし，$\boldsymbol{\Theta}_0 = \{\mu | \mu = 1\}$ と考える．このとき，

帰無仮説 $H_0 : \theta \in \boldsymbol{\Theta}_0$ vs. 対立仮説 $H_1 : \theta \in \boldsymbol{\Theta} \cap \boldsymbol{\Theta}_0^c$

$\iff H_0 : \mu = 1$ vs. $H_1 : \mu > 1$

となる．$X_1, X_2, X_3, X_4, X_5, X_6, X_7$ が $N(\mu, 0.25)$ に従うので，

$$E\left(\sum_{i=1}^{7} X_i\right) = \sum_{i=1}^{7} E(X_i) = 7\mu$$

となり帰無仮説が真のとき，統計量 $\sum_{i=1}^{7} X_i$ は平均 7 の周りに分布し対立仮説が真であればこの統計量は 7 よりも大きな平均の周りに分布する．ここでまず思いつく検定方法は，$\bar{x}$ を標本平均として，

ある値 c_0 を決めて，$\sum_{i=1}^{7} x_i > c_0$ ならば帰無仮説 H_0 を棄却

$\iff T(\boldsymbol{x}) \equiv \sqrt{\dfrac{7}{0.25}}(\bar{x} - 1) > t_0 \equiv \sqrt{\dfrac{7}{0.25}}\left(\dfrac{c_0}{7} - 1\right)$ ならば H_0 を棄却

すなわち，ある値 t_0 を決めて，$T(\boldsymbol{x}) > t_0$ ならば帰無仮説 H_0 を棄却することである．帰無仮説 H_0 が真のとき，系 3.6 より，$E_1(T(\boldsymbol{X})) = 0$, $V_1(T(\boldsymbol{X})) = 1$ が示され，$T(\boldsymbol{X})$ は $N(0,1)$ に従うことが分かる．ここで 第 1 種の誤りの確率は $P_1(T(\boldsymbol{X}) > t_0) = 1 - \Phi(t_0)$ である．

検定では t_0 を最初に決定するのではなく，はじめに定数 α $(0 < \alpha < 1)$ を決め，第 1 種の誤りの確率を α 以下に抑えた検定方式を考える．これを **水準** α

の検定という．α を検定の**有意水準**といい，通常は 0.05 または 0.01 が採られる．もちろん第 1 種の誤りを非常に小さくしなければならないような事例に対しては α は 0.01 より小さい値を決定する必要がある．$\alpha = 0.05$ としてこの例を考えると，巻末の付表 1 より帰無仮説 H_0 の下で $P_1(T(\boldsymbol{X}) > 1.645) = 0.05 = \alpha$ となり，$t_0 = 1.645$ となる．

$$\begin{cases} H_0 \text{ を棄却する} & (T(\boldsymbol{x}) > 1.645 \text{ のとき}) \\ H_0 \text{ を棄却しない} & (T(\boldsymbol{x}) < 1.645 \text{ のとき}) \end{cases} \quad (4.1)$$

の検定方式は水準 0.05 の検定である．

観測値 $\boldsymbol{x} = (1.2, 1.1, 0.9, 1.5, 1.4, 1.3, 1.8)$ に対して

$$T(\boldsymbol{x}) = (0.2 + 0.1 - 0.1 + 0.5 + 0.4 + 0.3 + 0.8)/(\sqrt{7 \cdot 0.25}) = 1.663$$

となり，(4.1) の検定方式では有意水準 0.05 で H_0 は棄却される．すなわち，この風邪薬は 1 度より大きく下げる解熱効果があると判定される．

対立仮説 H_1 が真，すなわち，$\mu > 1$ のとき，$T(\boldsymbol{X})$ は

$$\text{平均} \quad E\{T(\boldsymbol{X})\} = \sqrt{\frac{7}{0.25}}(\mu - 1), \qquad \text{分散} \quad V(T(\boldsymbol{X})) = 1$$

の正規分布に従う．図 4.1 は帰無仮説 H_0 の下での $T(\boldsymbol{X})$ の密度関数，対立仮説 H_1 の下での $T(\boldsymbol{X})$ の密度関数 ($\mu = 1.1, 5$) である．

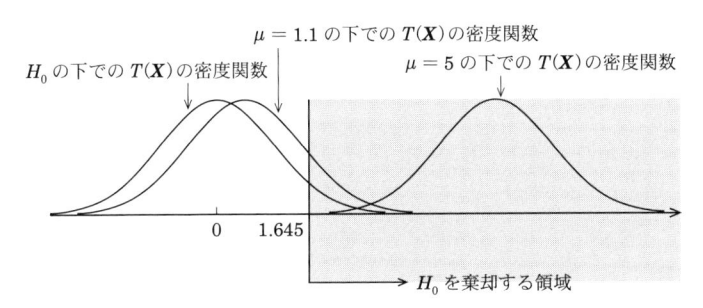

図 4.1 $T(\boldsymbol{X})$ の密度関数と有意水準 0.05 での棄却領域

μ が大きくなれば $T(\boldsymbol{X})$ の密度関数は右に平行移動し，H_0 を棄却する領域の確率が大きくなる．$\mu = 1.1$ のとき，対立仮説は真であるが H_0 を棄却する確率

は小さい.これは「帰無仮説を棄却できない」からといって「帰無仮説が真である」と判断することに無理があることを意味している.逆に帰無仮説を棄却できる場合には対立仮説が真であると判断することに信頼をおくことができる.このため,**検定においては帰無仮説を棄却し対立仮説を受け入れることに主眼が置かれ,帰無仮説よりも対立仮説に主張したい事柄を置いている**.

統計学では (4.1) を含む一般的な検定方式を次で定義する関数 $\phi(\cdot) : \mathfrak{X} \to R$ で表現する方法が採られる.

定義 4.1 任意の $x \in \mathfrak{X}$ に対して $0 \leqq \phi(x) \leqq 1$ を満たす関数 $\phi(\cdot)$ を考え,実現値 x が得られたとき,確率 $\phi(x)$ で H_1 が真であると判定し H_0 を棄却する.これは確率 $1 - \phi(x)$ で H_0 が真であると判定し H_0 を棄却しないことと同等である.このとき,この $\phi(\cdot)$ を**検定関数**あるいは単に**検定**という.特に $\phi(x) = 1$ ならば H_0 を棄却し,$\phi(x) = 0$ ならば H_0 を棄却しない.

(4.1) の検定方式は

$$\phi(x) = \begin{cases} 1 & (T(x) > 1.645 \text{ のとき}) \\ 0 & (T(x) < 1.645 \text{ のとき}) \end{cases} \quad (4.2)$$

と表現でき,第 1 種の誤りの確率は H_0 の下で

$$E_1\{\phi(X)\} = P_1\left(\sqrt{\frac{7}{0.25}}(\bar{X} - 1) > 1.645\right)$$

と表せる.

$\phi(\cdot)$ を使って検定方式は,次で定義される.

定義 4.2 はじめに定数 α $(0 < \alpha < 1)$ を与え,

$$\text{すべての} \quad \boldsymbol{\theta} \in \boldsymbol{\Theta}_0 \quad \text{に対して,} \quad E_{\boldsymbol{\theta}}\{\phi(X)\} \leqq \alpha \quad (4.3)$$

を満たす検定関数 $\phi(\cdot)$ によって与えられる検定を**水準 α の検定**という.α を検定の**有意水準**といい,通常 0.05 または 0.01 が採られる.

$$(4.3) \iff \sup_{\boldsymbol{\theta} \in \boldsymbol{\Theta}_0} E_{\boldsymbol{\theta}}\{\phi(X)\} \leqq \alpha$$

が成り立つ.

(4.2) による検定方式が最良になっていることは，後の例 4.2 と同様に示される．

広く知られている多くの検定は，$\boldsymbol{X}$ のある実数値関数 $T(\boldsymbol{X})$ が存在し，次で与えられる．

$$\phi(\boldsymbol{x}) = \begin{cases} 1 & (T(\boldsymbol{x}) > t_0 \text{のとき}) \\ \gamma & (T(\boldsymbol{x}) = t_0 \text{のとき}) \\ 0 & (T(\boldsymbol{x}) < t_0 \text{のとき}) \end{cases} \tag{4.4}$$

$$\Longleftrightarrow \begin{cases} H_0 \text{を棄却する} & (T(\boldsymbol{x}) > t_0 \text{のとき}) \\ \text{確率 } \gamma \text{ で } H_0 \text{を棄却する} & (T(\boldsymbol{x}) = t_0 \text{のとき}) \\ H_0 \text{を棄却しない} & (T(\boldsymbol{x}) < t_0 \text{のとき}) \end{cases}$$

ただし，$t_0, \gamma \ (0 \leqq \gamma \leqq 1)$ は $\sup_{\boldsymbol{\theta} \in \boldsymbol{\Theta}_0} E_{\boldsymbol{\theta}}\{\phi(\boldsymbol{X})\} = \alpha$ を満たす定数とする．特に，$T(\boldsymbol{X})$ が連続分布に従うならば，$P_{\boldsymbol{\theta}}(T(\boldsymbol{X}) = t_0) = 0$ より (4.4) は

$$\phi(\boldsymbol{x}) = \begin{cases} 1 & (T(\boldsymbol{x}) > t_0 \text{のとき}) \\ 0 & (T(\boldsymbol{x}) < t_0 \text{のとき}) \end{cases} \tag{4.5}$$

と表現してよい．例 4.1 の検定方式は (4.5) の表現で与えられた．$T(\boldsymbol{x})$ が離散分布に従うときは，(4.4) の 3 つの場合分けの表現で与えられる検定が良い手法である．

検定を行うために集約された統計量 $T(\boldsymbol{X})$ を**検定統計量**とよび，t_0 を**有意水準点**とよんでいる．$\boldsymbol{X}$ の実現値 $\boldsymbol{x}$ が与えられれば，検定統計量 $T(\boldsymbol{X})$ の実現値 $t_1 \equiv T(\boldsymbol{x})$ が計算できる．

$$\sup_{\boldsymbol{\theta} \in \boldsymbol{\Theta}_0} P_{\boldsymbol{\theta}}(T(\boldsymbol{X}) \geqq t_1) = \sup_{\boldsymbol{\theta} \in \boldsymbol{\Theta}_0} P_{\boldsymbol{\theta}}(T(\boldsymbol{X}) > t_1)$$

ならば，この値を p **値**という．

例 4.1 (つづき) 例 4.1 で $\boldsymbol{\Theta} = \{\mu | -\infty < \mu < \infty\}$，$\boldsymbol{\Theta}_0 = \{\mu | \mu \leqq 1\}$ にかえれば，「帰無仮説 $H_0 : \mu \leqq 1$ vs. 対立仮説 $H_1 : \mu > 1$」にかわる．$X_1, X_2, X_3, X_4, X_5, X_6, X_7$ が $N(\mu, 0.25)$ に従えば，

$$T(\boldsymbol{X}) + \sqrt{\frac{7}{0.25}}(1-\mu) = \sqrt{\frac{7}{0.25}}(\bar{X} - \mu) \text{ は } N(0,1) \text{ に従い},$$

$\phi(\boldsymbol{x})$ を (4.4) で定義すれば,

$$E_\mu\{\phi(\boldsymbol{X})\} = P_\mu\bigl(T(\boldsymbol{X}) > 1.645\bigr)$$

$$= P_\mu\left(\sqrt{\frac{7}{0.25}}(\bar{X} - \mu) > 1.645 + \sqrt{\frac{7}{0.25}}(1-\mu)\right)$$

$$= 1 - \Phi\left(1.645 + \sqrt{\frac{7}{0.25}}(1-\mu)\right)$$

は μ の増加関数となる. $\mu \leqq 1$ に対して $E_\mu\{\phi(\boldsymbol{X})\} \leqq E_1\{\phi(\boldsymbol{X})\} = 0.05$ となり, (4.4) で定義した $\phi(\boldsymbol{x})$ は「帰無仮説 $H_0 : \mu \leqq 1$ vs. 対立仮説 $H_1 : \mu > 1$」に対する水準 0.05 の検定でもある. この場合, 1.645 は有意水準 0.05 の有意水準点であり, $t_1 = T(1.2, 1.1, 0.9, 1.5, 1.4, 1.3, 1.8) = 1.663$ より,

$$\sup_{\mu \in \Theta_0} P_\mu(T(\boldsymbol{X}) \geqq 1.663) = P_1(T(\boldsymbol{X}) > 1.663) = 1 - \Phi(1.663) = 0.048$$

となる. 最右辺の値は計算機で求められる. p 値 (有意確率) が 0.05 より小さいことが分かる. 有意水準 0.05 で帰無仮説 $H_0 : \mu \leqq 1$ は棄却される. また, 第 2 種の誤りの確率は $\mu > 1$ に対して

$$P_\mu(T(\boldsymbol{X}) < 1.645) = P\left(T(\boldsymbol{X}) + \sqrt{\frac{7}{0.25}}(1-\mu) < 1.645 + \sqrt{\frac{7}{0.25}}(1-\mu)\right)$$

$$= \Phi\left(1.645 + \sqrt{\frac{7}{0.25}}(1-\mu)\right)$$

となり, μ の減少関数となる.

任意の $t \in R$ に対して $\sup_{\boldsymbol{\theta} \in \Theta_0} P_{\boldsymbol{\theta}}(T(\boldsymbol{X}) > t) = P_{\boldsymbol{\theta}_0}(T(\boldsymbol{X}) > t)$ となる $\boldsymbol{\theta}_0 \in \Theta_0$ が存在すると仮定する. このとき $P_{\boldsymbol{\theta}_0}(\cdot)$ の下での $T(\boldsymbol{X})$ の分布が, 連続型ならば p 値は図 4.2 の $[t_1, \infty)$ の部分の面積となり, (p 値)$\leqq \alpha$ ならば H_0 を棄却する.

$\boldsymbol{\theta} \in \Theta$ に対して $\beta_{\boldsymbol{\theta}}(\phi) \equiv E_{\boldsymbol{\theta}}\{\phi(\boldsymbol{X})\}$ とおく. さらに $\boldsymbol{\theta} \in \Theta \cap \Theta_0^c$ に対して $b(\boldsymbol{\theta}) \equiv \beta_{\boldsymbol{\theta}}(\phi)$ とおき, $b(\boldsymbol{\theta})$ を検出力または検出力関数という. ネイマン–ピアソンは, はじめに有意水準 α $(0 < \alpha < 1)$ を決め, $\beta_{\boldsymbol{\theta}}(\phi) \leqq \alpha$ $(\boldsymbol{\theta} \in \Theta_0$ につい

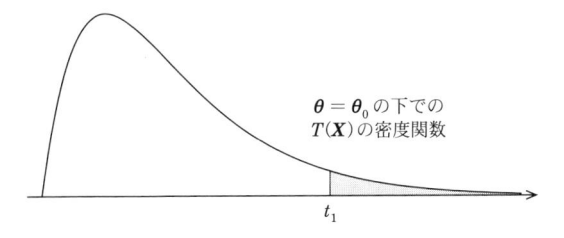

図 4.2 $T(\boldsymbol{X})$ が連続分布に従う場合の p 値

て一様) の下で, $\boldsymbol{\theta} \in \boldsymbol{\Theta} \cap \boldsymbol{\Theta}_0^c$ について一様に検出力 $b(\boldsymbol{\theta}) = \beta_{\boldsymbol{\theta}}(\phi)$ を最大にする検定関数 $\phi(\cdot)$ によって与えられる検定を最も良い検定法と定義した. $\boldsymbol{\theta} \in \boldsymbol{\Theta}_0$ ならば $\beta_{\boldsymbol{\theta}}(\phi)$ は第 1 種の誤りの確率であり, $\boldsymbol{\theta} \in \boldsymbol{\Theta} \cap \boldsymbol{\Theta}_0^c$ ならば

$$b(\boldsymbol{\theta}) = \beta_{\boldsymbol{\theta}}(\phi) = (対立仮説が真のときに帰無仮説を棄却する確率)$$
$$= 1 - (対立仮説が真のときに帰無仮説を棄却しない確率)$$
$$= 1 - (第 2 種の誤りの確率)$$

である. すなわち, ネイマン–ピアソンによる基準では, 第 1 種の誤りの確率を α 以下に抑えて第 2 種の誤りの確率を最小にする検定法を最良の方法としている.

定義 4.3 水準 α の検定の中で最大の検出力をもつ検定を**一様最強力検定** ($\boldsymbol{\theta} \in \boldsymbol{\Theta} \cap \boldsymbol{\Theta}_0^c$ について一様) という. すなわち,

$$すべての \quad \boldsymbol{\theta} \in \boldsymbol{\Theta}_0 \quad に対して, \quad \beta_{\boldsymbol{\theta}}(\phi^*) \leqq \alpha \tag{4.6}$$

$$((4.6) \iff \sup_{\boldsymbol{\theta} \in \boldsymbol{\Theta}_0} \beta_{\boldsymbol{\theta}}(\phi^*) \leqq \alpha)$$

を満たす任意の検定 $\phi^*(\boldsymbol{X})$ に対して

$$\beta_{\boldsymbol{\theta}}(\phi^*) \leqq \beta_{\boldsymbol{\theta}}(\phi) \qquad (\boldsymbol{\theta} \in \boldsymbol{\Theta} \cap \boldsymbol{\Theta}_0^c)$$

が成り立つ水準 α の検定 $\phi(\boldsymbol{X})$ を一様最強力検定という.

特に, 対立仮説が 1 点 $\boldsymbol{\Theta} \cap \boldsymbol{\Theta}_0^c = \{\boldsymbol{\theta}_1\}$ であるとき, 一様最強力検定を**最強力検定**とよぶ.

次は最強力検定法を述べている定理であるが, この最強力検定の定理から一様最強力検定が導かれることを例で示す.

定理 4.1 (ネイマン–ピアソンの基本定理) $\Theta = \{\boldsymbol{\theta}_0, \boldsymbol{\theta}_1\}$ とし，確率ベクトル $\boldsymbol{X} = (X_1, \cdots, X_n)$ は同時密度または確率関数 $f_n(\boldsymbol{x}|\boldsymbol{\theta})$ をもつとする．このとき，「帰無仮説 $H_0 : \boldsymbol{\theta} = \boldsymbol{\theta}_0$ vs. 対立仮説 $H_1 : \boldsymbol{\theta} = \boldsymbol{\theta}_1$」に対する水準 α の最強力検定は

$$\phi(\boldsymbol{X}) = \begin{cases} 1 & (f_n(\boldsymbol{X}|\boldsymbol{\theta}_1) > k f_n(\boldsymbol{X}|\boldsymbol{\theta}_0) \quad \text{のとき}) \\ \gamma & (f_n(\boldsymbol{X}|\boldsymbol{\theta}_1) = k f_n(\boldsymbol{X}|\boldsymbol{\theta}_0) \quad \text{のとき}) \\ 0 & (f_n(\boldsymbol{X}|\boldsymbol{\theta}_1) < k f_n(\boldsymbol{X}|\boldsymbol{\theta}_0) \quad \text{のとき}) \end{cases} \quad (4.7)$$

で与えられる．ただし，k, γ は $E_{\boldsymbol{\theta}_0}\{\phi(\boldsymbol{X})\} = \alpha$ を満たす定数とする．

証明 離散型の場合も同様に証明できるので密度関数をもつ連続型の場合の証明を与える．$\phi^*(\boldsymbol{X})$ を水準 α の任意の検定とする．このとき，

$$\beta_{\boldsymbol{\theta}_1}(\phi) - \beta_{\boldsymbol{\theta}_1}(\phi^*) - k\left\{\alpha - \int_{-\infty}^{\infty} \cdots \int_{-\infty}^{\infty} \phi^*(\boldsymbol{x}) f_n(\boldsymbol{x}|\boldsymbol{\theta}_0) dx_1 \cdots dx_n\right\}$$

$$= \int_{-\infty}^{\infty} \cdots \int_{-\infty}^{\infty} \{\phi(\boldsymbol{x}) - \phi^*(\boldsymbol{x})\} f_n(\boldsymbol{x}|\boldsymbol{\theta}_1) dx_1 \cdots dx_n$$

$$- k \int_{-\infty}^{\infty} \cdots \int_{-\infty}^{\infty} \{\phi(\boldsymbol{x}) - \phi^*(\boldsymbol{x})\} f_n(\boldsymbol{x}|\boldsymbol{\theta}_0) dx_1 \cdots dx_n$$

$$= \int_{-\infty}^{\infty} \cdots \int_{-\infty}^{\infty} \{\phi(\boldsymbol{x}) - \phi^*(\boldsymbol{x})\}\{f_n(\boldsymbol{x}|\boldsymbol{\theta}_1) - k f_n(\boldsymbol{x}|\boldsymbol{\theta}_0)\} dx_1 \cdots dx_n$$

であり，$\phi(\boldsymbol{x})$ の定義と $0 \leq \phi^*(\boldsymbol{x}) \leq 1$ を使い (4.7) の場合分けを考えることにより，上記の最終式の被積分関数は非負であることが示される．これにより，

$$\beta_{\boldsymbol{\theta}_1}(\phi) - \beta_{\boldsymbol{\theta}_1}(\phi^*) \geq k\left\{\alpha - \int_{-\infty}^{\infty} \cdots \int_{-\infty}^{\infty} \phi^*(\boldsymbol{x}) f_n(\boldsymbol{x}|\boldsymbol{\theta}_0) dx_1 \cdots dx_n\right\} \geq 0$$

が成り立つ．すなわち，$\phi(\boldsymbol{X})$ は最強力検定である． □

例 4.2 $X_1, \cdots, X_n$ は互いに独立で同一の $N(\mu, 1)$ に従うものとする．このとき，$(X_1, \cdots, X_n)$ の同時密度関数は

$$f_n(\boldsymbol{x}|\mu) = \prod_{i=1}^{n} \left[\frac{1}{\sqrt{2\pi}} \exp\left\{-\frac{(x_i - \mu)^2}{2}\right\}\right]$$

$$= \frac{1}{(\sqrt{2\pi})^n} \exp\left\{-\left(\sum_{i=1}^{n} x_i^2 - 2n\bar{x}_n \mu + n\mu^2\right)/2\right\}$$

である.「帰無仮説 $H_0 : \mu = 0$ vs. 対立仮説 $H_1 : \mu > 0$」に対する水準 α の検定を考える.「帰無仮説 H_0 vs. 対立仮説 $H_1' : \mu = c > 0$」に対する水準 α の最強力検定は (4.7) より,

$$\frac{f_n(\boldsymbol{X}|c)}{f_n(\boldsymbol{X}|0)} > k \text{ のとき } H_0 \text{ を棄却}$$

$$\iff \sqrt{n}\bar{X}_n > m \equiv \frac{1}{\sqrt{n}c}\left\{\log(k) + \frac{nc^2}{2}\right\} \text{ のとき } H_0 \text{ を棄却}$$

H_0 の下で $\sqrt{n}\bar{X}_n$ は $N(0,1)$ に従うので $N(0,1)$ の上側 α 点を $z(\alpha)$, すなわち $\int_z^\infty \varphi(x)dx = \alpha$ となる z を $z(\alpha)$ とすれば $P_0(\sqrt{n}\bar{X}_n > z(\alpha)) = \alpha$ が成り立ち,

$$\phi(\boldsymbol{X}) = \begin{cases} 1 & (\sqrt{n}\bar{X}_n > z(\alpha) \text{ のとき}) \\ 0 & (\sqrt{n}\bar{X}_n < z(\alpha) \text{ のとき}) \end{cases} \tag{4.8}$$

が「帰無仮説 H_0 vs. 対立仮説 $H_1' : \mu = c > 0$」に対する水準 α の最強力検定である.検定 $\phi(\boldsymbol{X})$ は c に依存しないので, (4.8) の検定方式は「帰無仮説 H_0 vs. 対立仮説 H_1」に対する水準 α の一様最強力検定である.この検定の検出力は

$$b(\mu) = P_\mu(\sqrt{n}\bar{X}_n > z(\alpha))$$
$$= P_\mu(\sqrt{n}(\bar{X}_n - \mu) > z(\alpha) - \sqrt{n}\mu) = 1 - \Phi(z(\alpha) - \sqrt{n}\mu)$$

となり, $\sqrt{n}\mu$ の増加関数である. $\alpha = 0.05$ のときの検出力関数のグラフを図 4.3 に示す.

図 4.3 より, 母数 μ が帰無仮説から大きく離れるか標本サイズ n が大きいときには, 検出力は 1 に近い.この性質はこの検定のみにいえることではなく, ほとんどの最良検定は母数が帰無仮説から大きく離れるか標本サイズが大きいときに検出力は 1 に近く, 検出力関数は母数と標本サイズの増加関数となっている.有意水準 α は小さい値に設定しておくので第 1 種の誤りを犯すことは少ないが, 標本サイズが大きくないかぎり母数が帰無仮説の近傍の対立仮説に入っていたとしても帰無仮説を棄却する確率は低い.これは帰無仮説を棄却できないからといって帰無仮説が真であると判断することに無理があることを意味している.帰無仮説を棄却できる場合に, 対立仮説が真であると判断することの方が自

図 **4.3** 検出力関数

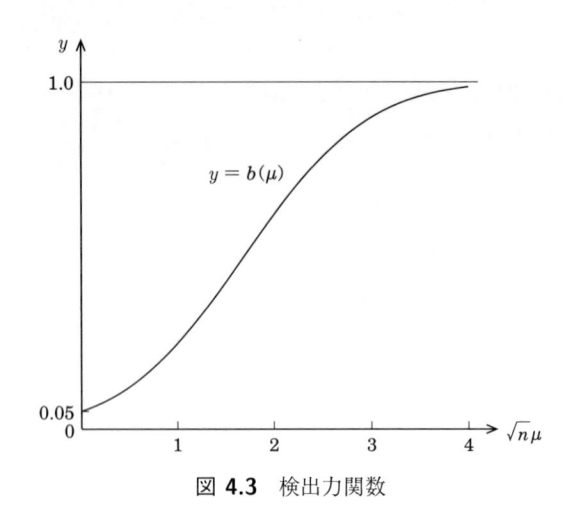

然で信頼をおくことができる．

例 4.1 で紹介した検定が一様最強力検定になっていることは例 4.2 と同様に示される．

問 4.3 $X_1, \cdots, X_n$ は互いに独立で同一の $N(\mu, 1)$ に従うものとする．

(1) 「帰無仮説 $H_0 : \mu = 1$ vs. 対立仮説 $H_1 : \mu = 2$」に対する水準 0.05 の最強力検定を求めよ．
(2) (1) の水準 0.05 の最強力検定の検出力関数を求めよ．
(3) 「帰無仮説 $H_0 : \mu = 1$ vs. 対立仮説 $H_2 : \mu > 1$」に対する水準 0.05 の一様最強力検定を求めよ．
(4) (3) の水準 0.05 の一様最強力検定の検出力関数を μ の式で表現せよ．
(5) 「帰無仮説 $H_0 : \mu = 1$ vs. 対立仮説 $H_3 : \mu = 0$」に対する水準 0.05 の最強力検定を求めよ．
(6) 「帰無仮説 $H_0 : \mu = 1$ vs. 対立仮説 $H_4 : \mu < 1$」に対する水準 0.05 の一様最強力検定を求めよ．

問 4.4 $c(\theta)$ が θ の狭義増加関数とし，$\boldsymbol{X} \equiv (X_1, \cdots, X_n)$ の同時密度または確率関数が

$$f_n(\boldsymbol{x}|\theta) = S(\boldsymbol{x})\exp\{c(\theta)T(\boldsymbol{x}) + d(\theta)\}$$

で与えられ，定数 θ_0 について $P_{\theta_0}(T(\boldsymbol{X}) \geqq t_\alpha) = \alpha$ ならば，

$$\phi(\boldsymbol{X}) = \begin{cases} 1 & (T(\boldsymbol{X}) \geqq t_\alpha \text{のとき}) \\ 0 & (T(\boldsymbol{X}) < t_\alpha \text{のとき}) \end{cases}$$

は「帰無仮説 $H_0: \theta = \theta_0$ vs. 対立仮説 $H_1: \theta > \theta_0$」に対する水準 α の一様最強力検定であることを示せ．また，この検定の検出力関数は θ の増加関数であることを示せ．

4.3 推定論

推定問題には**点推定**と**区間推定**がある．点推定は母数を 1 つの数値で定める方法で母数に近い値を与える．区間推定は点ではなく母数の入りそうな区間を推定する方法である．

[点推定]

関数 $g(\cdot): \boldsymbol{\Theta} \longrightarrow B \subset R$ とし，未知の値 $g(\boldsymbol{\theta})$ を $\boldsymbol{X} \equiv (X_1, \cdots, X_n)$ の関数 $d(\boldsymbol{X})$ によって推定することを考える．この $d(\boldsymbol{X})$ を**推定量**という．このとき，

$$\{d(\boldsymbol{X}) - g(\boldsymbol{\theta})\}^2 = \{(\text{推定量}) - (\text{推定されるべき母数})\}^2$$

を**二乗損失**といい，二乗損失の期待値

$$R(\boldsymbol{\theta}, d) \equiv E_{\boldsymbol{\theta}}\left[\{d(\boldsymbol{X}) - g(\boldsymbol{\theta})\}^2\right]$$

を**平均二乗誤差**とよぶ．この平均二乗誤差を小さくする推定量 $d(\boldsymbol{X})$ が良い統計手法である．すなわち，

$d(\boldsymbol{X})$ は $d'(\boldsymbol{X})$ より良い推定量である

$\iff \begin{cases} (1) & \text{任意の } \boldsymbol{\theta} \in \boldsymbol{\Theta} \text{ に対して } R(\boldsymbol{\theta}, d) \leqq R(\boldsymbol{\theta}, d') \\ (2) & \text{ある } \boldsymbol{\theta}_0 \in \boldsymbol{\Theta} \text{ が存在して，} R(\boldsymbol{\theta}_0, d) < R(\boldsymbol{\theta}_0, d') \end{cases}$

また $g(\boldsymbol{\theta})$ の 2 つの推定量 $d_1(\boldsymbol{X}), d_2(\boldsymbol{X})$ に対して，

$$e_{\boldsymbol{\theta}}(d_1(\boldsymbol{X}), d_2(\boldsymbol{X})) \equiv \frac{R(\boldsymbol{\theta}, d_2)}{R(\boldsymbol{\theta}, d_1)}$$

を $d_2(\boldsymbol{X})$ に対する $d_1(\boldsymbol{X})$ の**相対効率**といい，$\boldsymbol{\theta}$ に依存しなければこれを $e(d_1(\boldsymbol{X}), d_2(\boldsymbol{X}))$ と書く．

- $e(d_1(\boldsymbol{X}), d_2(\boldsymbol{X})) > 1$ ならば，$d_1(\boldsymbol{X})$ は $d_2(\boldsymbol{X})$ よりも良く，
- $e(d_1(\boldsymbol{X}), d_2(\boldsymbol{X})) < 1$ ならば，$d_2(\boldsymbol{X})$ が $d_1(\boldsymbol{X})$ よりも良い．

任意の $\boldsymbol{\theta} \in \Theta$ に対して $E_{\boldsymbol{\theta}}\{d(\boldsymbol{X})\} = g(\boldsymbol{\theta})$ を満たす推定量 $d(\boldsymbol{X})$ を $g(\boldsymbol{\theta})$ の**不偏推定量**という．不偏推定量の中で平均二乗誤差を最小にする推定量を**一様最小分散不偏推定量**とよんでいる．すなわち，

$d(\boldsymbol{X})$ が一様最小分散不偏推定量である．

$$\iff \begin{cases} (1) & \text{任意の } \boldsymbol{\theta} \in \Theta \text{ に対して } E_{\boldsymbol{\theta}}\{d(\boldsymbol{X})\} = g(\boldsymbol{\theta}) \\ (2) & \text{任意の不偏推定量 } d'(\boldsymbol{X}) \text{ に対して} \\ & R(\boldsymbol{\theta}, d) \leqq R(\boldsymbol{\theta}, d') \quad (\boldsymbol{\theta} \in \Theta) \end{cases}$$

次の定理を，適用して一様最小分散不偏推定量を導くことができる．

定理 4.2 ある実数値関数 $c_1(\boldsymbol{\theta}), \cdots, c_k(\boldsymbol{\theta})$, $d(\boldsymbol{\theta})$, $S(\boldsymbol{x})$, $T_1(\boldsymbol{x}), \cdots, T_k(\boldsymbol{x})$ が存在して，$\boldsymbol{X} \equiv (X_1, \cdots, X_n)$ の同時密度または確率関数が

$$f_n(\boldsymbol{x}|\boldsymbol{\theta}) = S(\boldsymbol{x}) \exp\left\{\sum_{i=1}^{k} c_i(\boldsymbol{\theta}) T_i(\boldsymbol{x}) + d(\boldsymbol{\theta})\right\} \quad (\boldsymbol{\theta} \in \Theta) \tag{4.9}$$

で与えられるものとする．さらに，$\mathcal{C} \equiv \{(c_1(\boldsymbol{\theta}), \cdots, c_k(\boldsymbol{\theta}))|\boldsymbol{\theta} \in \Theta\}$ は内点をもつとする．すなわち，ある $a_1, \cdots, a_k$ とある $\varepsilon > 0$ が存在して，

$$\left\{(x_1, \cdots, x_k) \middle| \sum_{i=1}^{k}(x_i - a_i)^2 < \varepsilon\right\} \subset \mathcal{C}$$

とする．このとき，ある実数値関数 $h(T_1(\boldsymbol{X}), \cdots, T_k(\boldsymbol{X}))$ が存在して，

$$E_{\boldsymbol{\theta}}\{h(T_1(\boldsymbol{X}), \cdots, T_k(\boldsymbol{X}))\} = g(\boldsymbol{\theta})$$

ならば，$h(T_1(\boldsymbol{X}), \cdots, T_k(\boldsymbol{X}))$ は，$g(\boldsymbol{\theta})$ の一様最小分散不偏推定量である．$f_n(\boldsymbol{x}|\boldsymbol{\theta})$ が (4.9) に分解されるとき，$\{f_n(\boldsymbol{x}|\boldsymbol{\theta})|\boldsymbol{\theta} \in \Theta\}$ を**指数型分布族**とよんでいる．

完備十分統計量を説明し，長い理論の積み重ねの上で定理 4.2 を証明することができる．巻末の参考文献 (統 9) を参照せよ．

例 4.3 $X_1, \cdots, X_n$ は互いに独立で同一の正規分布 $N(\mu, \sigma^2)$ に従うものとし，μ, σ^2 を未知とする．このとき，同時密度関数は，

$$f_n(\boldsymbol{x}|\boldsymbol{\theta}) = \exp\left\{\frac{\mu}{\sigma^2}\sum_{i=1}^n x_i - \frac{1}{2\sigma^2}\sum_{i=1}^n x_i^2 - \frac{n}{2}\left(\frac{\mu^2}{\sigma^2} + \log(2\pi\sigma^2)\right)\right\}$$

と変形できる．ここで，

$$k=2, \quad c_1(\boldsymbol{\theta}) = \frac{\mu}{\sigma^2}, \quad c_2(\boldsymbol{\theta}) = -\frac{1}{2\sigma^2}, \quad T_1(\boldsymbol{x}) = \sum_{i=1}^n x_i, \quad T_2(\boldsymbol{x}) = \sum_{i=1}^n x_i^2,$$

$$d(\boldsymbol{\theta}) = -\frac{n}{2}\left(\frac{\mu^2}{\sigma^2} + \log(2\pi\sigma^2)\right), \quad S(\boldsymbol{x}) = 1$$

とおけば，定理 4.2 の仮定が満たされる．

$$h_1(T_1(\boldsymbol{X}), T_2(\boldsymbol{X})) \equiv \frac{1}{n}T_1(\boldsymbol{X}) = \bar{X}_n$$

とすると，$E\{h_1(T_1(\boldsymbol{X}), T_2(\boldsymbol{X}))\} = \mu$ であるので，$\bar{X}_n$ は μ の一様最小分散不偏推定量である．次に，

$$h_2(T_1(\boldsymbol{X}), T_2(\boldsymbol{X})) \equiv \frac{1}{n-1}T_2(\boldsymbol{X}) - \frac{1}{n(n-1)}\{T_1(\boldsymbol{X})\}^2$$

$$= \frac{1}{n-1}\sum_{i=1}^n (X_i - \bar{X}_n)^2$$

とすると，

$$E\{h_2(T_1(\boldsymbol{X}), T_2(\boldsymbol{X}))\} = \frac{1}{n-1}\sum_{i=1}^n E\{(X_i - \mu)^2\} - \frac{n}{n-1}E\{(\bar{X}_n - \mu)^2\}$$

$$= \frac{n\sigma^2}{n-1} - \frac{\sigma^2}{n-1} = \sigma^2$$

であるので，$\sum_{i=1}^n (X_i - \bar{X}_n)^2/(n-1)$ は σ^2 の一様最小分散不偏推定量である．

問 4.5 $X_1, \cdots, X_n$ は互いに独立で同一の指数分布 $EX(\lambda)$ に従うものとする．このとき，$\bar{X}_n$ は $\mu \equiv 1/\lambda$ の一様最小分散不偏推定量であることを示せ．

問 4.6 問 4.2 の設定で，μ_1, μ_2, σ^2 は未知とする．このとき，μ_1, μ_2, σ^2 の一様最小分散不偏推定量を求めよ．

X の確率関数または密度関数を $f(x|\theta)$ $(\theta \in \Theta \subset R)$ とする．このとき，

$$I(\theta) \equiv E_\theta \left[\left\{ \frac{\frac{\partial}{\partial \theta} f(X|\theta)}{f(X|\theta)} \right\}^2 \right]$$

$$= \begin{cases} \sum_{i=1}^{\infty} \left\{ \dfrac{\frac{\partial}{\partial \theta} f(x_i|\theta)}{f(x_i|\theta)} \right\}^2 f(x_i|\theta) & \text{(離散型)} \\ \int_{-\infty}^{\infty} \left\{ \dfrac{\frac{\partial}{\partial \theta} f(x|\theta)}{f(x|\theta)} \right\}^2 f(x|\theta) dx & \text{(連続型)} \end{cases}$$

を θ に関する X の**フィッシャー情報量**という．

定理 4.3 （**クラメル–ラオの不等式**） $X_1, \cdots, X_n$ は互いに独立で同一の分布に従い，その分布の確率関数または密度関数を $f(x|\theta)$ $(\theta \in \Theta \subset R)$ とする．このとき，$E\{(T(\boldsymbol{X}))^2\} < \infty$ であり，微分と積分の順序交換可能などの正則条件の下で，$g(\theta)$ の不偏推定量 $T(\boldsymbol{X})$ の分散は，

$$V(T(\boldsymbol{X})) \geq \frac{\left\{ \dfrac{d}{d\theta} g(\theta) \right\}^2}{n \cdot I(\theta)} \tag{4.10}$$

を満たす．次の θ に関する微分方程式が満たされるとき，(4.10) 式で等号が成立する．

$$\sum_{i=1}^{n} \frac{\frac{\partial}{\partial \theta} f(X_i|\theta)}{f(X_i|\theta)} = nI(\theta) \cdot \frac{T(\boldsymbol{X}) - g(\theta)}{\frac{d}{d\theta} g(\theta)}$$

(4.10) の右辺を**クラメル–ラオの下限**という．

$g(\theta)$ の不偏推定量 $T(\boldsymbol{X})$ が (4.10) で等号を満たせば，定理 4.3 から，$T(\boldsymbol{X})$ は $g(\theta)$ の一様最小分散不偏推定量になる．しかしながら，この方法で一様最小

分散不偏推定量を導くことができるモデルは，非常に限定される．定理 4.3 の正則条件を明確に書かなかった理由は，その条件が煩雑で，定理 4.3 の適用例が少ないためである．定理 4.2 を適用することにより，分散分析モデルなどの広い範囲で，容易に母数の一様最小分散不偏推定量を導くことができる．

$n \to \infty$ として，
$$d(\boldsymbol{X}) \xrightarrow{P} g(\boldsymbol{\theta}) \tag{4.11}$$
かつ
$$\sqrt{n}\{d(\boldsymbol{X}) - g(\boldsymbol{\theta})\} \xrightarrow{\mathcal{L}} Z \tag{4.12}$$
であることが望ましい．ただし，Z は分散が有限の分布に従う確率変数である．(4.11) を満たす推定量 $d(\boldsymbol{X})$ を**一致推定量**とよんでいる．

例 4.4 $X_1, \cdots, X_n$ は互いに独立で同一の分布関数 $F(x - \mu)$ をもつものとし，
$$\int_{-\infty}^{\infty} x f(x) dx = 0, V(X_i) = \int_{-\infty}^{\infty} (x - \mu)^2 f(x - \mu) dx = \int_{-\infty}^{\infty} x^2 f(x) dx = \sigma^2$$
とする．$E(X_i) = \mu$ となる．$\bar{X}_n$ を標本平均とし，$d(\boldsymbol{X}) \equiv \bar{X}_n$, $g(\mu) \equiv \mu$ とすれば，定理 3.26 の大数の法則より，(4.11) を満たし，定理 3.27 の中心極限定理より，
$$\sqrt{n}(\bar{X}_n - \mu) \xrightarrow{\mathcal{L}} Z \sim N(0, \sigma^2)$$
が成り立ち，(4.12) を満たす．

一つの基準の下で最良推定量が決まる．その基準が多くあり，最良推定量も多く存在する．このため，本書でこれ以上詳しくは述べない．

[区間推定]

はじめに定数 α $(0 < \alpha < 1)$ を与え，任意の $\boldsymbol{\theta} \in \boldsymbol{\Theta}$ に対して
$$P_{\boldsymbol{\theta}}(L(\boldsymbol{X}) < g(\boldsymbol{\theta}) < U(\boldsymbol{X})) \geqq 1 - \alpha$$
$$\iff P_{\boldsymbol{\theta}}(g(\boldsymbol{\theta}) \in (L(\boldsymbol{X}), U(\boldsymbol{X}))) \geqq 1 - \alpha$$
を満たす開区間 $(L(\boldsymbol{X}), U(\boldsymbol{X}))$ を $g(\boldsymbol{\theta})$ に関する**信頼係数** $1 - \alpha$ **の信頼区間**また

は $100(1-\alpha)$% 信頼区間という．$U(\boldsymbol{X}) - L(\boldsymbol{X})$ を小さくする信頼区間が良い手法である．ただし，区間は，閉区間でも半開区間でもよい．すなわち，

次の (1) から (3) が成り立つならば，$g(\boldsymbol{\theta})$ に関する信頼係数 $1-\alpha$ の信頼区間として $(L(\boldsymbol{X}), U(\boldsymbol{X}))$ のほうが $(L'(\boldsymbol{X}), U'(\boldsymbol{X}))$ より良い．

$$\begin{cases} (1) & P_{\boldsymbol{\theta}}(L(\boldsymbol{X}) < g(\boldsymbol{\theta}) < U(\boldsymbol{X})) \geqq 1-\alpha \quad (\boldsymbol{\theta} \in \Theta) \\ (2) & P_{\boldsymbol{\theta}}(L'(\boldsymbol{X}) < g(\boldsymbol{\theta}) < U'(\boldsymbol{X})) \geqq 1-\alpha \quad (\boldsymbol{\theta} \in \Theta) \\ (3) & E_{\boldsymbol{\theta}}\{U(\boldsymbol{X}) - L(\boldsymbol{X})\} \leqq E_{\boldsymbol{\theta}}\{U'(\boldsymbol{X}) - L'(\boldsymbol{X})\} \quad (\boldsymbol{\theta} \in \Theta) \end{cases}$$

例 4.5 $X_1, \cdots, X_n$ は互いに独立で同一の正規分布 $N(\mu, 1)$ に従うものとする．このとき，$g(\mu) = \mu$ とする．$Z \equiv \sqrt{n}(\bar{X}_n - \mu)$ は標準正規分布 $N(0,1)$ に従う．巻末の付表 1 より，

$$P_\mu(\sqrt{n}|\bar{X}_n - \mu| < 1.96) = P(|Z| < 1.96) = 0.95$$
$$\iff P_\mu\left(\bar{X}_n - \frac{1.96}{\sqrt{n}} < \mu < \bar{X}_n + \frac{1.96}{\sqrt{n}}\right) = 0.95$$

が成り立つ．これにより，

$$(L(\boldsymbol{X}), U(\boldsymbol{X})) \equiv \left(\bar{X}_n - \frac{1.96}{\sqrt{n}}, \bar{X}_n + \frac{1.96}{\sqrt{n}}\right)$$

は μ に関する信頼係数 0.95 の信頼区間となる．同様に，$\bar{X}_{n-1}$ は X_n を除いた標本平均とすれば，

$$(L'(\boldsymbol{X}), U'(\boldsymbol{X})) \equiv \left(\bar{X}_{n-1} - \frac{1.96}{\sqrt{n-1}}, \bar{X}_{n-1} + \frac{1.96}{\sqrt{n-1}}\right)$$

も μ に関する信頼係数 0.95 の信頼区間となる．それぞれの区間幅は

$$U(\boldsymbol{X}) - L(\boldsymbol{X}) = \frac{3.92}{\sqrt{n}}, U'(\boldsymbol{X}) - L'(\boldsymbol{X}) = \frac{3.92}{\sqrt{n-1}}$$

となり，μ に関する信頼係数 0.95 の信頼区間として $(L(\boldsymbol{X}), U(\boldsymbol{X}))$ のほうが $(L'(\boldsymbol{X}), U'(\boldsymbol{X}))$ より良いこととなる．すなわち，1 つを除いた標本平均に基づいた信頼区間よりもすべての標本平均に基づいた信頼区間のほうが良いことが分かる．

問 4.7 $X_1, \cdots, X_n$ は互いに独立で,同一の連続分布に従うとする.その密度関数を

$$\frac{1}{\sigma}g\left(\frac{x}{\sigma}\right) \equiv \frac{dP(X_1 \leqq x)}{dx}$$

とする.さらに,$g(-x) = g(x)$,

$$\int_{-\infty}^{\infty} x^2 g(x) dx = 1, \qquad \int_{-\infty}^{\infty} x^4 g(x) dx = 3$$

とし,$T_n \equiv \dfrac{1}{n}\sum_{i=1}^{n} X_i^2$ とおく.

(1) $V(X_i) = \sigma^2$ であることを示せ.
(2) T_n は σ^2 の不偏推定量であることを示せ.
(3) $E\{(X_i^2 - \sigma^2)^2\} = 2\sigma^4$ であることを示せ.
(4) $R(\sigma^2, T_n)$ を求め,$e(T_n, T_{n-1})$ を求めよ.
(5) $T_n \xrightarrow{P} \sigma^2$ であることを示せ.
(6) $\sqrt{n}(T_n - \sigma^2) \xrightarrow{\mathcal{L}} Z$ となる Z の分布を述べよ.

問 4.8 $X_1, \cdots, X_n$ は互いに独立で同一の正規分布 $N(\mu, 9)$ に従うものとし,$\bar{X}_n$ を標本平均とする.

(1) $\sqrt{n}(\bar{X}_n - \mu)/3$ は標準正規分布 $N(0,1)$ に従うことを示せ.
(2) 巻末の付表 1 より,$P_\mu(-u < \sqrt{n}(\bar{X}_n - \mu)/3 < u) = 0.95$ となる u を求めよ.
(3) 巻末の付表 1 より,$P_\mu(-v < \sqrt{n}(\bar{X}_n - \mu)/3 < v) = 0.99$ となる v を求めよ.
(4) (2) より,μ に関する信頼係数 0.95 の信頼区間を求めよ.
(5) (3) より,μ に関する信頼係数 0.99 の信頼区間を求めよ.

第5章

1標本連続モデルの推測

血圧を下げる意図で製造された薬が，血圧を下げる効果があるか否かを調べることを考える．n 人の高血圧の人の血圧を計り，i 番目の人の薬の使用前と使用後の測定値をそれぞれ y_i, z_i とする．このとき，$(y_1, z_1), \cdots, (y_n, z_n)$ は数字の対に共通の要因が働いていると考えられ，**対をなすデータ**とよぶ．この場合，新しい観測値を $x_i \equiv y_i - z_i$ とすれば，$x_1, \cdots, x_n$ は互いに独立である．y_i と z_i は平均だけが異なる同じ分布に従っていると考えることが自然である．これにより各 x_i は同一の対称な分布に従っていると考える (命題 5.1)．一般に，観測値 $x_1, \cdots, x_n$ は互いに独立で同一の対称な分布に従っているとする．第4章で紹介した規準の下で位置母数の推測として最良となるパラメトリック法とノンパラメトリック法を紹介する．これらの手法の導き方は第9章で述べる．

5.1 対称な連続分布

X を連続型の確率変数とし，$F_X(x) \equiv P(X \leq x)$ を分布関数，$f_X(x) \equiv F_X'(x)$ を密度関数とする．$E(|X|) < \infty$ を仮定する．X の平均 $E(X)$ を記号 μ で表す．すなわち，

$$\mu \equiv E(X) = \int_{-\infty}^{\infty} x f_X(x) dx$$

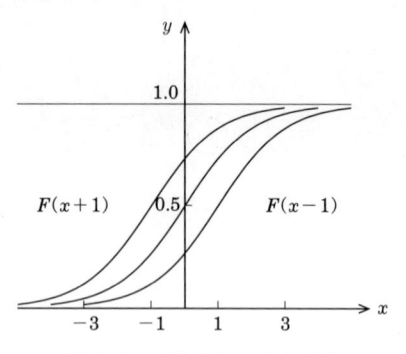

図 5.1 対称分布の分布関数

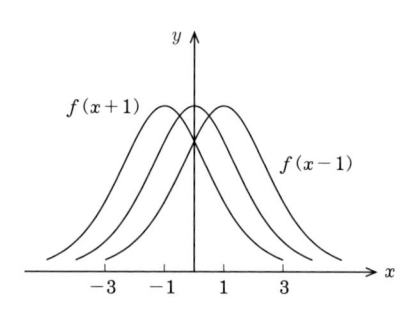

図 5.2 対称分布の密度関数

である．確率変数 $X - \mu$ と確率変数 $-(X - \mu)$ が同じ分布に従うと仮定する．この仮定を，連続型の確率変数 X の**分布は** μ **について対称である**という．$Y \equiv X - \mu$ とし，Y の分布関数と密度関数を $F(x), f(x)$ とする．このとき，Y と確率変数 $-Y$ が同じ分布に従う．すなわち，

$$1 - F(-x) = P(-Y \leq x) = P(Y \leq x) = F(x)$$

が成り立つ．Y の**分布は 0 について対称**である．容易に分かるように，

Y の分布は 0 について対称 $\iff$ Y と確率変数 $-Y$ が同じ分布に従う

$\iff$ 任意の x に対して $F(-x) = 1 - F(x)$

$\iff$ 任意の x に対して $f(-x) = f(x)$

であり，$F(0) = 0.5$ となり，0 が $F(x)$ の中央値である．

$$E(Y) = \int_{-\infty}^{\infty} x f(x) dx = 0$$

となる．$X = Y + \mu$ より，

$$F_X(x) = P(Y + \mu \leqq x) = P(Y \leqq x - \mu) = F(x - \mu),$$

$$f_X(x) = f(x - \mu)$$

が成り立つ．すなわち，X の密度関数 $f_X(x)$ は平均 0 の密度関数 $f(x)$ と平均母数 (パラメータ) μ で表現できる．

X の分散を σ^2 とすると，

$$\sigma^2 = V(X) = V(Y) = \int_{-\infty}^{\infty} x^2 f(x) dx \tag{5.1}$$

である．正規分布 $X \sim N(\mu, \sigma^2)$ ならば，X の分布は μ について対称で，

$$F_X(x) = \Phi\left(\frac{x - \mu}{\sigma}\right), \qquad F(x) = \Phi\left(\frac{x}{\sigma}\right)$$

である．

次に，対をなすデータから差の変換を行ったデータが対称な分布に従うことを示す．

命題 5.1 $(Y_1, Z_1), \cdots, (Y_n, Z_n)$ を独立で同一の分布に従う連続型の 2 次元確率変数とし，μ を定数とする．このとき，各 i について，2 次元の確率変数 $(Y_i, Z_i + \mu)$ と $(Z_i + \mu, Y_i)$ が同じ分布に従うならば，差の確率変数 $X_i \equiv Y_i - Z_i$ $(i = 1, \cdots, n)$ は独立で同一の μ について対称な分布に従う．

証明 $X_i - \mu = Y_i - (Z_i + \mu)$ と $-(X_i - \mu) = (Z_i + \mu) - Y_i$ は同じ分布に従うので X_i は μ について対称な分布に従う．独立で同一の分布に従うことは仮定より明らか． □

次に紹介する一様分布は単純であり，計算機による疑似乱数として標本を生成できる．

(1) 一様分布 $U(a, b)$

確率変数 X が区間 (a, b) 上の値を等確率でとる密度関数が

$$f(x|\boldsymbol{\theta}) = \begin{cases} \dfrac{1}{b-a} & (a < x < b) \\ 0 & (その他) \end{cases}$$

$$\Theta = \{\boldsymbol{\theta} = (a,b) | -\infty < a < b < \infty\},$$

で与えられる分布を **一様分布** といい，記号 $U(a,b)$ を使って表す．$U(a,b)$ の平均，分散，歪度，尖度は

$$E(X) = \frac{a+b}{2}, \quad V(X) = \frac{(a-b)^2}{12}, \quad \ell_1 = 0, \quad \ell_2 = -1.2 \quad (5.2)$$

であることが容易に示される．$a=0, b=1$ のときの $U(0,1)$ が標準型である．

問 5.1 (5.2) を示せ．

正規分布，一様分布以外の重要な対称分布として，混合正規分布，ロジスティック分布，両側指数分布の場合を表 5.1 に示す．

逆関数

$A, B \subset R$ とし，$g(\cdot): A \to B$ が全単射 (1対1対応) であるとき，$g^{-1}(\{x\})$ は A 上の 1 点となる．この値を $g^{-1}(x)$ と書き，$y = g^{-1}(x)$ を関数 $y = g(x)$ の **逆関数** という．

$$\frac{dg^{-1}(x)}{dx} = \frac{1}{g'(g^{-1}(x))}, \quad g(g^{-1}(x)) = g^{-1}(g(x)) = x$$

が成り立つ．逆関数の微分の例として

$$\frac{d\tan^{-1}(x)}{dx} = \cos^2 y|_{y=\tan^{-1}x} = \left.\frac{1}{1+\tan^2 y}\right|_{y=\tan^{-1}x} = \frac{1}{1+x^2} \quad (5.3)$$

である．

$U(0,1)$ に従う確率変数は連続型確率変数に変換できることを次に示す．

命題 5.2 U を $U(0,1)$ に従う確率変数とし，$F(x)$ は連続型の分布関数で狭義の増加とすれば，$X \equiv F^{-1}(U)$ は分布関数 $F(x)$ をもつ確率変数となる．

証明 以下の等式から分かる．

表 5.1 重要な対称分布と異常値をもつ分布

(2) 混合正規分布 $(1-\varepsilon)N(\mu,\sigma^2) + \varepsilon N(\mu, 9\sigma^2)$ (ε は既知の定数)
密度関数：$f(x|\boldsymbol{\theta}) = \dfrac{1-\varepsilon}{\sigma}\varphi\left(\dfrac{x-\mu}{\sigma}\right) + \dfrac{\varepsilon}{3\sigma}\varphi\left(\dfrac{x-\mu}{3\sigma}\right)$ $(-\infty < x < \infty)$
$$\Theta = \{\boldsymbol{\theta} = (\mu,\sigma^2)| -\infty < \mu < \infty, 0 < \sigma^2 < \infty\}$$
分布関数：$F(x|\boldsymbol{\theta}) = (1-\varepsilon)\Phi\left(\dfrac{x-\mu}{\sigma}\right) + \varepsilon\Phi\left(\dfrac{x-\mu}{3\sigma}\right)$
平均，分散，歪度，尖度：
$$E(X) = \mu,\ V(X) = (1+8\varepsilon)\sigma^2,\ \ell_1 = 0,\ \ell_2 = \dfrac{3(1+80\varepsilon)}{(1+8\varepsilon)^2} - 3$$
標準型は $\mu=0$, $\sigma^2=1$ とした $(1-\varepsilon)N(0,1) + \varepsilon N(0,9)$

(3) 異常値をもつ混合正規分布 $(1-\varepsilon)N(\mu,\sigma^2) + \varepsilon I_{\{\mu+5\}}$ (ε は既知の定数)
密度関数は存在しない．
$1-\varepsilon$ の確率で $N(\mu,\sigma^2)$ に従い，ε の確率で $\mu+5$ の値をとる．
$$\Theta = \{\boldsymbol{\theta} = (\mu,\sigma^2)| -\infty < \mu < \infty, 0 < \sigma^2 < \infty\}$$
分布関数：$F(x|\boldsymbol{\theta}) = (1-\varepsilon)\Phi\left(\dfrac{x-\mu}{\sigma}\right) + \varepsilon I_{[\mu+5,\infty)}(x)$

(4) ロジスティック分布 $LG(\mu,\eta)$
密度関数：$f(x|\boldsymbol{\theta}) = \dfrac{\exp\left(-\dfrac{x-\mu}{\eta}\right)}{\eta\left\{1+\exp\left(-\dfrac{x-\mu}{\eta}\right)\right\}^2}$ $(-\infty < x < \infty)$
$$\Theta = \{\boldsymbol{\theta} = (\mu,\eta)| -\infty < \mu < \infty, 0 < \eta < \infty\}$$
分布関数：$F(x|\boldsymbol{\theta}) = \dfrac{1}{1+\exp\left(-\dfrac{x-\mu}{\eta}\right)}$
平均，分散，歪度，尖度：
$$E(X) = \mu,\ V(X) = \dfrac{\pi^2\eta^2}{3},\ \ell_1 = 0,\ \ell_2 = 1.2$$
標準型は $\mu=0$, $\eta=1$ とした $LG(0,1)$

(5) 両側指数分布 $DE(\mu,\eta)$
密度関数：$f(x|\boldsymbol{\theta}) = \dfrac{1}{2\eta}\exp\left(-\dfrac{|x-\mu|}{\eta}\right)$ $(-\infty < x < \infty)$
$$\Theta = \{\boldsymbol{\theta} = (\mu,\eta)| -\infty < \mu < \infty, 0 < \eta < \infty\}$$
分布関数：$F(x|\boldsymbol{\theta}) = \begin{cases} \dfrac{1}{2}\exp\left(\dfrac{x-\mu}{\eta}\right) & (x \leqq \mu) \\ 1 - \dfrac{1}{2}\exp\left(-\dfrac{x-\mu}{\eta}\right) & (x > \mu) \end{cases}$
平均，分散，歪度，尖度：
$$E(X) = \mu,\ V(X) = 2\eta^2,\ \ell_1 = 0,\ \ell_2 = 3$$
標準型は $\mu=0$, $\eta=1$ とした $DE(0,1)$

$$P(X \leqq x) = P(F^{-1}(U) \leqq x) = P(U \leqq F(x)) = \int_0^{F(x)} dt = F(x) \quad \square$$

例 5.1 $F(x)$ をロジスティック分布 $LG(0,1)$ の分布関数とすれば,$F(\log\{u/(1-u)\}) = u$ より,$F^{-1}(u) = \log\{u/(1-u)\}$.ゆえに U を $U(0,1)$ に従う確率変数,$Y \equiv \eta \cdot \log\{U/(1-U)\} + \mu$ とおけば,$\log\{U/(1-U)\}$ は $LG(0,1)$ に従うので,命題 5.2 を使うと,

$$P(Y \leqq x) = P\left(\log\left\{\frac{U}{1-U}\right\} \leqq \frac{x-\mu}{\eta}\right) = F\left(\frac{x-\mu}{\eta}\right)$$
$$= \frac{1}{1+\exp\left(-\dfrac{x-\mu}{\eta}\right)}$$

となり Y は $LG(\mu,\eta)$ に従う確率変数となる.

例 5.2 $F(x)$ を両側指数分布 $DE(0,1)$ の分布関数とすれば,

$$F^{-1}(u) = \begin{cases} \log(2u) & \left(0 < u < \dfrac{1}{2}\right) \\ -\log\{2(1-u)\} & \left(\dfrac{1}{2} \leqq u < 1\right) \end{cases}$$

である.ゆえに U を $U(0,1)$ に従う確率変数とし,

$$V \equiv \begin{cases} \eta \cdot \log(2U) + \mu & \left(0 < U \leqq \dfrac{1}{2}\right) \\ -\eta \cdot \log\{2(1-U)\} + \mu & \left(\dfrac{1}{2} < U < 1\right) \end{cases}$$

とおく.このとき,V は $DE(\mu,\eta)$ に従う確率変数となる.

例 5.3 U を $U(0,1)$ に従う確率変数とすれば,$\sigma \cdot \Phi^{-1}(U) + \mu$ は $N(\mu,\sigma^2)$ に従う確率変数となる.逆関数 $\Phi^{-1}(u)$ の代わりに近似式の関数が通常使われる.

一様分布の確率変数から,連続型の確率変数が生成できるが離散型確率変数も生成可能である.1つの例として

例 5.4 U を $U(0,1)$ に従う確率変数とし,$0 < p < 1$ なる定数 p に対して,$U \leqq p$ ならば $X = 1$,$U > p$ ならば $X = 0$ で確率変数 X を定義すれば,すな

わち，$X \equiv I_{(0,p]}(U)$ とおくとすると，確率変数 X は 2 項分布 $B(1,p)$ (ベルヌーイ試行) に従う．

一様分布に従う 2 つの確率変数から生成される確率変数の例として，次のものがある．

例 5.5 確率変数 U_1, U_2 は互いに独立でともに $U(0,1)$ に従うとし，ε を $0 < \varepsilon < 1$ となる定数とする．

$$Y \equiv \begin{cases} \sigma \cdot \Phi^{-1}(U_2) + \mu & (U_1 \leq 1 - \varepsilon \text{ のとき}) \\ 3\sigma \cdot \Phi^{-1}(U_2) + \mu & (U_1 > 1 - \varepsilon \text{のとき}) \end{cases}$$

とおけば，

$$\begin{aligned} P(Y \leq x) &= P(U_1 \leq 1 - \varepsilon, \sigma \cdot \Phi^{-1}(U_2) + \mu \leq x) \\ &\quad + P(U_1 > 1 - \varepsilon, 3\sigma \cdot \Phi^{-1}(U_2) + \mu \leq x) \\ &= P(U_1 \leq 1 - \varepsilon) P(\sigma \cdot \Phi^{-1}(U_2) + \mu \leq x) \\ &\quad + P(U_1 > 1 - \varepsilon) P(3\sigma \cdot \Phi^{-1}(U_2) + \mu \leq x) \\ &= (1 - \varepsilon) \Phi\left(\frac{x - \mu}{\sigma}\right) + \varepsilon \cdot \Phi\left(\frac{x - \mu}{3\sigma}\right) \end{aligned}$$

であるので，Y は $(1-\varepsilon)N(\mu, \sigma^2) + \varepsilon N(\mu, 9\sigma^2)$ に従う確率変数となる．

例 5.5 より，$(1-\varepsilon)N(\mu, \sigma^2) + \varepsilon N(\mu, 9\sigma^2)$ に従う確率変数 X は $(1-\varepsilon)$ の確率で $N(\mu, \sigma^2)$ に従い，ε の確率で $N(\mu, 9\sigma^2)$ に従うことを意味する．また，$(1-\varepsilon)$ の確率で精度の高い観測を行い，ε の確率で精度の悪い観測を行うモデルが当てはまることを意味している．混合正規分布 (2) は，頑健な推定法の良さを示すために使われた最初の分布である．$N(0,1)$ と $0.9 \cdot N(0,1) + 0.1 \cdot N(0,9)$ の密度関数を重ね書きしたものが，図 5.3 である．混合正規分布は正規分布に非常に近いことが分かる．

定理 5.3 (ボックス–ミュラー)　確率変数 U_1, U_2 は互いに独立でともに $U(0,1)$ に従うとする．このとき，変数変換

$$Z_1 \equiv (-2\log U_1)^{\frac{1}{2}} \cos(2\pi U_2), \quad Z_2 \equiv (-2\log U_1)^{\frac{1}{2}} \sin(2\pi U_2)$$

図 **5.3** 混合正規分布の密度関数

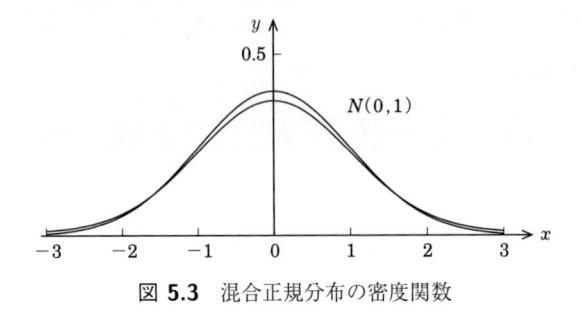

による確率変数 Z_1, Z_2 は互いに独立でともに標準正規分布 $N(0,1)$ に従う.

証明 変数変換を逆に解くと, $U_1 = \exp\{-(Z_1^2 + Z_2^2)/2\}$, $U_2 = \{1/(2\pi)\} \times \tan^{-1}(Z_2/Z_1)$ となる. ここで次の偏微分を得る.

$$\frac{\partial u_1}{\partial z_1} = -z_1 \exp\left(-\frac{z_1^2 + z_2^2}{2}\right), \quad \frac{\partial u_1}{\partial z_2} = -z_2 \exp\left(-\frac{z_1^2 + z_2^2}{2}\right)$$

$y = z_2/z_1$ とおき, (5.3) で示された $d\tan^{-1} y/dy = 1/(1+y^2)$ を使って,

$$\frac{\partial u_2}{\partial z_1} = \frac{du_2}{dy}\frac{\partial y}{\partial z_1} = \frac{1}{2\pi} \cdot \frac{1}{1+(z_2/z_1)^2} \cdot \left(-\frac{z_2}{z_1^2}\right) = -\frac{1}{2\pi} \cdot \frac{z_2}{z_1^2 + z_2^2},$$

$$\frac{\partial u_2}{\partial z_2} = \frac{du_2}{dy}\frac{\partial y}{\partial z_2} = \frac{1}{2\pi} \cdot \frac{1}{1+(z_2/z_1)^2} \cdot \frac{1}{z_1} = \frac{1}{2\pi} \cdot \frac{z_1}{z_1^2 + z_2^2}$$

となる. ここで, ヤコビアンは

$$J = \det\begin{pmatrix} \dfrac{\partial u_1}{\partial z_1} & \dfrac{\partial u_1}{\partial z_2} \\ \dfrac{\partial u_2}{\partial z_1} & \dfrac{\partial u_2}{\partial z_2} \end{pmatrix} = -\varphi(z_1)\varphi(z_2)$$

と計算される. 定理 2.35 を適用すると, (Z_1, Z_2) の同時密度関数は, $g(z_1, z_2) = 1 \cdot |J| = \varphi(z_1)\varphi(z_2)$ によって与えられ, 結論を得る. □

$N(0,1)$, $LG(0,\sqrt{3}/\pi)$, $DE(0,1/\sqrt{2})$, $U(-\sqrt{3},\sqrt{3})$ の密度関数を重ね書きしたものが, 図 5.4 である. いずれも平均 0 分散 1 である. 山の高い順は $DE(0,1/\sqrt{2})$, $LG(0,\sqrt{3}/\pi)$, $N(0,1)$, $U(-\sqrt{3},\sqrt{3})$ である. 視覚的にはわかりにくいが裾の重さも同じ順である.

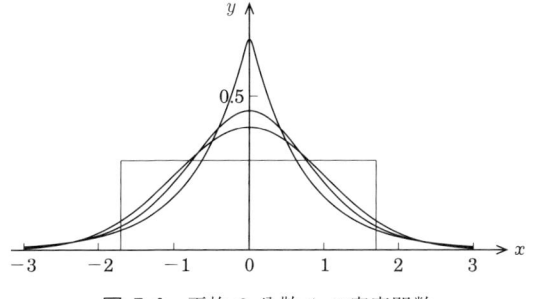

図 **5.4** 平均 0 分散 1 の密度関数

例 5.1～5.5, 定理 5.3 の変換により一様疑似乱数から，この節で述べた分布に従う標本を計算機により生成できる．

- 正規分布は歪度，尖度が 0 で富士山の形をした密度関数をもち，分布の再生性もあり，急減少とよばれる関数になり解析学の立場からも非常に扱いやすい．しかしながら，実際のデータ解析では表 5.1 の (2) から (5) のような面倒な分布を議論せざるを得ない．

問 **5.2** X が混合正規分布 $(1-\varepsilon)N(\mu,\sigma^2)+\varepsilon N(\mu,9\sigma^2)$ に従うとき，次の (1) から (3) を示せ．

(1) $E(X) = \mu$ (2) $V(X) = (1+8\varepsilon)\sigma^2$

(3) $\ell_2 = \dfrac{3(1+80\varepsilon)}{(1+8\varepsilon)^2} - 3$

問 **5.3** X が両側指数分布 $DE(\mu,\eta)$ に従うとき，次の (1) から (3) を示せ．

(1) $E(X) = \mu$ (2) $V(X) = 2\eta^2$ (3) $\ell_2 = 3$

問 **5.4** 確率変数 U, X は互いに独立とし，それぞれ $U(0,1)$, $N(0,1)$ に従うとする．ε を $0 < \varepsilon < 1$ となる定数とする．

$$Y \equiv \begin{cases} \sigma \cdot X + \mu & (U \leqq 1-\varepsilon \text{ のとき}) \\ 3\sigma \cdot X + \mu & (U > 1-\varepsilon \text{ のとき}) \end{cases}$$

とおく．ただし，$\sigma > 0$ とする．このとき，Y は $(1-\varepsilon)N(\mu,\sigma^2)+\varepsilon N(\mu,9\sigma^2)$ に従うことを示せ．

問 **5.5** 確率変数 U_1, U_2 は互いに独立でともに $U(0,1)$ に従うとし，ε を $0 <$

$\varepsilon < 1$ となる定数とおく．

$$Y \equiv \begin{cases} \sigma \cdot \log\{U_2/(1-U_2)\} + \mu & (U_1 \leqq 1-\varepsilon \text{ のとき}) \\ 3\sigma \cdot \log\{U_2/(1-U_2)\} + \mu & (U_1 > 1-\varepsilon \text{ のとき}) \end{cases}$$

とおく．ただし，$\sigma > 0$ とおく．

(1) $Z \equiv \log\{U_2/(1-U_2)\}$ は $LG(0,1)$ に従うことを示せ．
(2) $cZ + \mu = c\log\{U_2/(1-U_2)\} + \mu$ の従う分布を言え．ただし，$c > 0$ とする．
(3) Y の分布関数を求めよ．

5.2 モデルの設定

$(X_1, \cdots, X_n)$ を連続分布関数 $F_X(x) \equiv F(x-\mu)$ をもつ母集団からの大きさ n の無作為標本とおく．n を**標本サイズ**という．さらに，$F(x)$ の密度関数 $f(x) \equiv F'(x)$ は $f(-x) = f(x)$ を満たす 0 について対称な関数と仮定する．さらに，X_i の分散が存在すると仮定し，$\sigma^2 \equiv \displaystyle\int_{-\infty}^{\infty} x^2 f(x) dx$ とおく．すなわち，$X_1, \cdots, X_n$ は互いに独立で各 X_i は μ について対称な同一の連続分布関数 $F(x-\mu)$ をもつ．(5.1) より，μ と σ^2 は，それぞれ X_i の平均と分散であるが未知母数とする．

μ_0 を定数とし，

① 帰無仮説 $H_0 : \mu = \mu_0$ vs. 対立仮説 $H_1 : \mu \neq \mu_0$
② 帰無仮説 $H_0 : \mu = \mu_0$ vs. 対立仮説 $H_2 : \mu > \mu_0$
③ 帰無仮説 $H_0 : \mu = \mu_0$ vs. 対立仮説 $H_3 : \mu < \mu_0$

とする．

それぞれの場合について水準 α の検定を考える．対立仮説 H_1 の μ は μ_0 の両側にあるので**両側仮説**といい，対立仮説 H_2, H_3 の μ は μ_0 の片側にあるので**片側仮説**という．$F(x)$ が正規分布かまたは未知であってもよい場合に対して，検定，点推定と区間推定の手法を 5.3 節以降で述べる．

5.3 正規母集団での最良手法

$F(x)$ を正規分布 $N(0, \sigma^2)$ の分布関数とする．すなわち，$X_1, \cdots, X_n$ は互いに独立で各 X_i は同一の正規分布 $N(\mu, \sigma^2)$ に従う．

[1] t 検定　$\bar{X}_n \equiv \sum_{i=1}^n X_i/n, \tilde{\sigma}_n^2 \equiv \sum_{i=1}^n (X_i - \bar{X}_n)^2/(n-1)$ で定義し

$$T_S \equiv \frac{\sqrt{n}(\bar{X}_n - \mu_0)}{\tilde{\sigma}_n}$$

とおく．このとき，次の定理 5.4 を得る．

定理 5.4　H_0 の下で T_S は自由度 $n-1$ の t 分布に従う．

証明　$Z_i \equiv (X_i - \mu_0)/\sigma$ とおく．$Z_1, \cdots, Z_n$ は互いに独立である．$E(Z_i) = 0, V(Z_i) = 1$ より，$Z_i \sim N(0,1)$ である．このとき，T_S は，

$$T_S = \frac{\sqrt{n}\bar{Z}_n}{\sqrt{\sum_{i=1}^n (Z_i - \bar{Z}_n)^2/(n-1)}}$$

と表現できる．系 3.24 より，

$$\sum_{i=1}^n (Z_i - \bar{Z}_n)^2 \sim \chi_{n-1}^2$$

を得る．系 3.6 を使って，$\sqrt{n}\bar{Z}_n \sim N(0,1)$ である．$\mathrm{Cov}(Z_i - \bar{Z}_n, \bar{Z}_n) = 0$ より，定理 3.13 を適用すると，$(Z_1 - \bar{Z}_n, \cdots, Z_n - \bar{Z}_n)$ と $\bar{Z}_n$ は互いに独立である．ここで定理 2.29 により，$\sqrt{n}\bar{Z}_n$ と $\sum_{i=1}^n (Z_i - \bar{Z}_n)^2$ は独立となる．ゆえに，定理 3.21 より定理の主張を得る．　　　□

① の「帰無仮説 H_0 vs. 対立仮説 H_1」の検定に対しては $T(\boldsymbol{X}) = |T_S|$ が大きいとき H_0 を棄却する．自由度 $n-1$ の t 分布の上側 $100(\alpha/2)\%$ 点を $t(n-1; \alpha/2)$ とすると t 分布の密度関数が 0 について対称より H_0 の下で

$$P_0(|T_S| > t(n-1; \alpha/2)) = 2P_0(T_S > t(n-1; \alpha/2)) = \alpha$$

図中:

t_{n-1} の密度関数 $f_t(x\mid n-1)$

$\dfrac{\alpha}{2}$

$-t(n-1;\alpha/2)$　0　$t(n-1;\alpha/2)$

H_0 vs. H_1 の棄却域

$t(n-1;\alpha)$

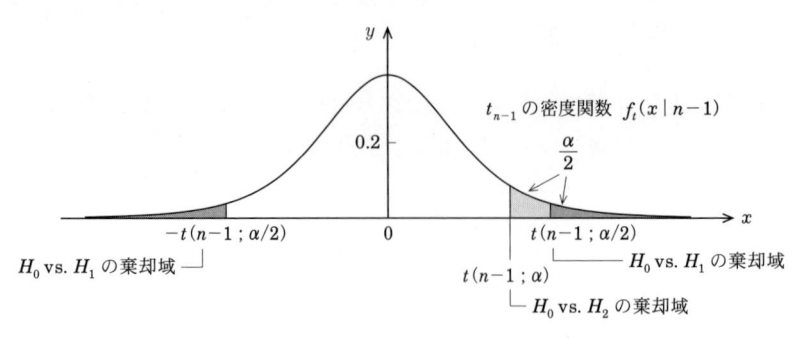

H_0 vs. H_1 の棄却域

H_0 vs. H_2 の棄却域

図 5.5　T_S の密度関数と t 検定の棄却域

を得る．また $P_0(|T_S|=t(n-1;\alpha/2))=0$ である．ゆえに水準 α の検定方式は検定関数 $\phi(\cdot)$ を使って，

$$\phi(\boldsymbol{X})=\begin{cases} 1 & (|T_S|>t(n-1;\alpha/2)\text{ のとき}) \\ 0 & (|T_S|<t(n-1;\alpha/2)\text{ のとき}) \end{cases}$$

と表現される．すなわち，$|T_S|>t(n-1;\alpha/2)$ のとき H_0 を棄却し，$|T_S|<t(n-1;\alpha/2)$ のとき H_0 を棄却しないことになる．

② の「帰無仮説 H_0 vs. 対立仮説 H_2」の検定に対しては $T(\boldsymbol{X})=T_S$ が大きいとき H_0 を棄却する．自由度 $n-1$ の t 分布の上側 $100\alpha\%$ 点を $t(n-1;\alpha)$ とすると，$P_0(T_S>t(n-1;\alpha))=\alpha$ である．ゆえに水準 α の検定方式は，

$$\phi(\boldsymbol{X})=\begin{cases} 1 & (T_S>t(n-1;\alpha)\text{ のとき}) \\ 0 & (T_S<t(n-1;\alpha)\text{ のとき}) \end{cases}$$

と表現される．

T に基づく検定を行うとき，有意水準 α の T の**棄却域**とは帰無仮説 H_0 を棄却する T の領域のことである．H_0 の下で t 分布に従う T_S を検定のための統計量と考えたときは図 5.5 で分かるように，両側検定の棄却域は両側にあり，μ の範囲を μ_0 の右側とした対立仮説 H_2 の片側検定は右側が棄却域となる．

③ の「帰無仮説 H_0 vs. 対立仮説 H_3」の水準 α の検定方式は，② と同様に

$$\phi(\boldsymbol{X})=\begin{cases} 1 & (-T_S>t(n-1;\alpha)\text{ のとき}) \\ 0 & (-T_S<t(n-1;\alpha)\text{ のとき}) \end{cases}$$

で与えられる．

[2] 平均と分散の点推定量　例 4.3 より，母数 μ, σ^2 の一様最小分散不偏推定量は，それぞれ，次で与えられる．

$$\tilde{\mu} = \bar{X}_n, \qquad \tilde{\sigma}^2 = \tilde{\sigma}_n^2$$

[3] 平均の区間推定　定理 5.4 と同様に $\sqrt{n}(\bar{X}_n - \mu)/\tilde{\sigma}_n$ は自由度 $n-1$ の t 分布に従うことが示せる．これにより

$$P\left(\left|\frac{\sqrt{n}(\bar{X}_n - \mu)}{\tilde{\sigma}_n}\right| < t(n-1;\alpha/2)\right) = 1 - \alpha$$

が成り立つ．確率の中は，

$$\bar{X}_n - \frac{\tilde{\sigma}_n}{\sqrt{n}}t(n-1;\alpha/2) < \mu < \bar{X}_n + \frac{\tilde{\sigma}_n}{\sqrt{n}}t(n-1;\alpha/2)$$

と同等である．したがって，区間

$$\left(\bar{X}_n - \frac{\tilde{\sigma}_n}{\sqrt{n}}t(n-1;\alpha/2),\ \bar{X}_n + \frac{\tilde{\sigma}_n}{\sqrt{n}}t(n-1;\alpha/2)\right)$$

が μ に関する信頼係数 $1-\alpha$ の信頼区間となる．

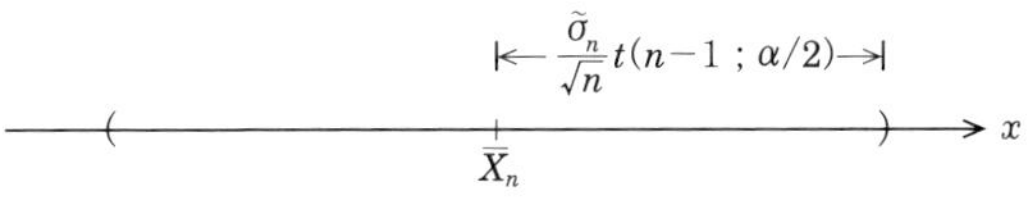

図 **5.6**　信頼区間

5.4　ノンパラメトリック法

$F(x)$ は未知であってもよいものとする．$X_1, \cdots, X_n$ は互いに独立で各 X_i は μ について対称な同一の連続分布関数 $F(x - \mu)$ をもつ．

[4] ウィルコクソンの符号付順位検定　$Y_i \equiv X_i - \mu_0\ (i = 1, \cdots, n)$ とおき，$|Y_1|, \cdots, |Y_n|$ を小さい方から並べたときの $|Y_i|$ の順位を R_i^+ とし，Y_i の符号を $\text{sign}(Y_i)$ で定義する．すなわち，

$$R_i^+ \equiv (|Y_j| \leqq |Y_i| \text{ かつ } 1 \leqq j \leqq n \text{ となる整数 } j \text{ の個数}),$$

$$\text{sign}(Y_i) \equiv \begin{cases} 1 & (Y_i > 0 \text{ のとき}) \\ 0 & (Y_i = 0 \text{ のとき}) \\ -1 & (Y_i < 0 \text{ のとき}) \end{cases}$$

とおく. 2^n 個からなるベクトルの集合 $\mathcal{S}_n$ を

$$\mathcal{S}_n \equiv \{\boldsymbol{s} | \boldsymbol{s} = (s_1, \cdots, s_n) \text{ で, 各 } s_i \text{ は } 1 \text{ または } -1\} \tag{5.4}$$

とおく. 帰無仮説 H_0 の下で $Y_1, \cdots, Y_n$ は互いに独立で各 Y_i は同一の分布関数

$$P_0(Y_i \leqq x) = P_0(X_i \leqq x + \mu_0) = F((x + \mu_0) - \mu_0) = F(x)$$

をもち, Y_i は対称な密度関数 $f(x)$ をもつ. 容易に分かるように, H_0 の下で

$$P_0(\text{sign}(Y_i) = 1) = P_0(\text{sign}(Y_i) = -1) = \frac{1}{2},$$

$$P_0(|Y_i| \leqq t) = 2\{F(t) - F(0)\} = 2F(t) - 1 \quad (t > 0)$$

である.

定理 5.5 帰無仮説 H_0 が真であると仮定する. $\mathcal{R}_n$ を (3.30) で定義した $(1, 2, \cdots, n)$ の並べ替えからなる $n!$ 個の要素の集合とする. このとき, 確率ベクトル $|\boldsymbol{Y}| \equiv (|Y_1|, \cdots, |Y_n|)$ と確率ベクトル $\text{sign}(\boldsymbol{Y}) \equiv (\text{sign}(Y_1), \cdots, \text{sign}(Y_n))$ は互いに独立である. さらに確率ベクトル $\boldsymbol{R}^+ \equiv (R_1^+, \cdots, R_n^+)$ と確率ベクトル $\text{sign}(\boldsymbol{Y})$ も互いに独立で, 任意の $\boldsymbol{r}^+ \in \mathcal{R}_n$ と任意の $\boldsymbol{s} \in \mathcal{S}_n$ に対して

$$P_0(\boldsymbol{R}^+ = \boldsymbol{r}^+, \text{sign}(\boldsymbol{Y}) = \boldsymbol{s}) = \frac{1}{n!} \cdot \frac{1}{2^n},$$

$$P_0(\boldsymbol{R}^+ = \boldsymbol{r}^+) = \frac{1}{n!}, \quad P_0(\text{sign}(\boldsymbol{Y}) = \boldsymbol{s}) = \frac{1}{2^n}$$

が成り立つ.

証明 $t > 0$ に対して,

$$P_0(|Y_i| \leqq t, \text{sign}(Y_i) = 1) = P_0(0 < Y_i \leqq t) = F(t) - F(0)$$

$$= P_0(|Y_i| \leqq t) \cdot 0.5 = P_0(|Y_i| \leqq t) \cdot P_0(\text{sign}(Y_i) = 1)$$

を得る. 同様に,

$$P_0(|Y_i| \leqq t, \text{ sign}(Y_i) = -1) = P_0(|Y_i| \leqq t) \cdot P_0(\text{sign}(Y_i) = -1)$$

が成り立つ．以上により，$|Y_i|$ と $\text{sign}(Y_i)$ は互いに独立である．もちろん，$i \neq j$ に対して $|Y_i|, |Y_j|, \text{sign}(Y_i), \text{sign}(Y_j)$ は互いに独立となる．ゆえに，$|\boldsymbol{Y}|$ と $\text{sign}(\boldsymbol{Y})$ は互いに独立である．

$\boldsymbol{R}^+$ は $|\boldsymbol{Y}|$ の関数であることと定理 2.29 より，$\boldsymbol{R}^+$ と $\text{sign}(\boldsymbol{Y})$ は互いに独立となる．$P_0(\boldsymbol{R}^+ = \boldsymbol{r}^+) = 1/n!$ は (3.31) と同様のことより分かり，この等式と独立性から他の等式は自明である． □

定理 5.5 の証明より，次の系を得る．

系 5.6 帰無仮説 H_0 が真であると仮定する．このとき，$|\boldsymbol{Y}| = |\boldsymbol{y}| \equiv (|y_1|, \cdots, |y_n|)$ を与えたときの $\text{sign}(\boldsymbol{Y})$ の条件付分布は次で与えられる．

$$P_0(\text{sign}(\boldsymbol{Y}) = \boldsymbol{s} | |\boldsymbol{Y}| = |\boldsymbol{y}|) = P_0(\text{sign}(\boldsymbol{Y}) = \boldsymbol{s}) = \frac{1}{2^n} \quad (\boldsymbol{s} \in \mathcal{S}_n)$$

例 5.6 $n = 5$ とし，$\boldsymbol{Y} \equiv (Y_1, \cdots, Y_5)$ の実現値を $(1.2, -2.3, -1.0, 1.3, 0.9)$ とすれば，その符号ベクトル $\text{sign}(\boldsymbol{Y})$ の実現値は $(1, -1, -1, 1, 1)$ である．絶対値ベクトル $|\boldsymbol{Y}|$ と絶対値順位ベクトル $\boldsymbol{R}^+$ の実現値は，それぞれ，$(1.2, 2.3, 1.0, 1.3, 0.9)$ と $(3, 5, 2, 4, 1)$ である．

符号付順位統計量 T_R を

$$T_R \equiv \sum_{i=1}^{n} \text{sign}(Y_i) \cdot R_i^+ \tag{5.5}$$

とおくと，H_0 の下で T_R の分布は

$$P_0(T_R \leqq t) = \frac{1}{n! 2^n} \# \left\{ (\boldsymbol{r}^+, \boldsymbol{s}) \,\bigg|\, \sum_{i=1}^{n} s_i \cdot r_i^+ \leqq t, \, \boldsymbol{r}^+ \in \mathcal{R}_n, \, \boldsymbol{s} \in \mathcal{S}_n \right\}$$

$$= \frac{1}{2^n} \# \left\{ \boldsymbol{s} \,\bigg|\, \sum_{i=1}^{n} s_i \cdot i \leqq t, \, \boldsymbol{s} \in \mathcal{S}_n \right\}$$

である．ただし，$\boldsymbol{r}^+ = (r_1^+, \cdots, r_n^+), \boldsymbol{s} = (s_1, \cdots, s_n)$ とし，$\mathcal{R}_n$ と $\mathcal{S}_n$ はそれぞれ (3.30) と (5.4) で定義したものとし，①の「帰無仮説 H_0 vs. 対立仮説 H_1」の検定に対しては $T(\boldsymbol{X}) = |T_R|$ が大きいとき H_0 を棄却する．また，次の補題 5.7 を得る．

補題 5.7 帰無仮説 H_0 が真であると仮定する．このとき，T_R は 0 について対称に分布する．すなわち，任意の $t > 0$ に対して，

$$P_0(T_R = -t) = P_0(T_R = t)$$

が成り立つ．

証明 $\boldsymbol{Y} \equiv (Y_1, \cdots, Y_n)$，$-\boldsymbol{Y} \equiv (-Y_1, \cdots, -Y_n)$ とおく．T_R は $\boldsymbol{Y}$ の関数であるので，$h(\boldsymbol{Y}) \equiv T_R$ とおく．(5.5) の右辺で，$\boldsymbol{Y}$ の代わりに $-\boldsymbol{Y}$ を代入して計算したものが $h(-\boldsymbol{Y})$ である．$|-\boldsymbol{Y}| = |\boldsymbol{Y}|$, $\mathbf{sign}(-\boldsymbol{Y}) = -\mathbf{sign}(\boldsymbol{Y})$ の関係があるので，$h(-\boldsymbol{Y}) = -T_R$ が成り立つ．$\boldsymbol{Y}$ と $-\boldsymbol{Y}$ は同じ分布に従うので，$-T_R$ と T_R は同じ分布に従う． □

定理 5.8 帰無仮説 H_0 の下で T_R の平均と分散は

$$E_0(T_R) = 0, \quad V_0(T_R) = \frac{n(n+1)(2n+1)}{6}$$

で与えられる．

証明 $E_0(T_R) = 0$ は，補題 5.7 から自明である．

同様の確からしさにより，$1 \leqq \ell \leqq n$ なる整数 ℓ に対して $P_0(R_i^+ = \ell) = 1/n$ である．ここで，

$$\begin{aligned}
V_0(T_R) &= E_0\left[\left\{\sum_{i=1}^n \mathrm{sign}(Y_i) R_i^+\right\}^2\right] \\
&= \sum_{i=1}^n E_0\{(R_i^+)^2\} + \sum_{i \neq j} E_0\{\mathrm{sign}(Y_i) R_i^+ \cdot \mathrm{sign}(Y_j) R_j^+\} \\
&= \sum_{k=1}^n k^2 + \sum_{i \neq j} E_0\{\mathrm{sign}(Y_i)\} E_0\{\mathrm{sign}(Y_j)\} E_0\{R_i^+ R_j^+\} \\
&= \frac{n(n+1)(2n+1)}{6}
\end{aligned}$$

を得る． □

ここで

$$Z_R \equiv \sqrt{\frac{6}{n(n+1)(2n+1)}} \cdot T_R$$

とおけば，H_0 の下で $E_0(Z_R) = 0, V_0(Z_R) = 1$ となる．(3.40) と同様に $n \to \infty$ として，H_0 の下で

$$Z_R \xrightarrow{\mathcal{L}} N(0,1) \tag{5.6}$$

である．すなわち，Z_R は標準正規分布に分布収束する．(5.6) の詳細な証明は，拙書『多群連続モデルの多重比較法』(以下 (著 1) と略す) の定理 2.5 に記述した．

$0 < \alpha < 1$ に対して $P_0(T_R > t_\alpha) \leqq \alpha$ かつ $P_0(T_R \geqq t_\alpha) > \alpha$ となる t_α を探す．それを，$w^s(n;\alpha)$ とする．すなわち，

$$P_0(T_R > w^s(n;\alpha)) \leqq \alpha, \qquad P_0(T_R \geqq w^s(n;\alpha)) > \alpha \tag{5.7}$$

である．このとき，補題 5.7 より，次の 2 つの不等式が導かれる．

$$P_0(|T_R| > w^s(n;\alpha/2)) = 2P_0(T_R > w^s(n;\alpha/2)) \leqq \alpha,$$
$$P_0(|T_R| \geqq w^s(n;\alpha/2)) = 2P_0(T_R \geqq w^s(n;\alpha/2)) > \alpha$$

このとき，① の「帰無仮説 H_0 vs. 対立仮説 H_1」の水準 α の検定方式は検定関数 $\phi(\cdot)$ を使って，

$$\phi(\boldsymbol{X}) = \begin{cases} 1 & (|T_R| > w^s(n;\alpha/2) \text{ のとき}) \\ \gamma_1 & (|T_R| = w^s(n;\alpha/2) \text{ のとき}) \\ 0 & (|T_R| < w^s(n;\alpha/2) \text{ のとき}) \end{cases} \tag{5.8}$$

と表現される．ただし，

$$\gamma_1 \equiv \frac{\alpha - P_0(|T_R| > w^s(n;\alpha/2))}{P_0(|T_R| = w^s(n;\alpha/2))}$$

とする．

有意水準が α であることは，

$$E_0\{\phi(\boldsymbol{X})\} = P_0(|T_R| > w^s(n;\alpha/2)) + \gamma_1 \cdot P_0(|T_R| = w^s(n;\alpha/2)) = \alpha$$

から分かる．(5.8) は

$$\begin{cases} |T_R| > w^s(n;\alpha/2) \text{ ならば } H_0 \text{ を棄却} \\ |T_R| = w^s(n;\alpha/2) \text{ ならば } \gamma_1 \text{ の確率で } H_0 \text{ を棄却} \\ |T_R| < w^s(n;\alpha/2) \text{ ならば } H_0 \text{ を棄却しない} \end{cases}$$

と同等である.この検定の場合,$|T_R| = w^s(n;\alpha/2)$ のとき,$(0,1)$ 上の一様乱数を計算機により生成し,その値を u_0 とする.$u_0 < \gamma_1$ ならば H_0 を棄却し,$u_0 > \gamma_1$ ならば H_0 を棄却しないこととなる.

(5.8) の検定方式よりも検出力が少し劣るが,

$$\phi(\boldsymbol{X}) = \begin{cases} 1 & (|T_R| > w^s(n;\alpha/2) \text{ のとき}) \\ 0 & (|T_R| \leq w^s(n;\alpha/2) \text{ のとき}) \end{cases}$$

$$\iff \begin{cases} |T_R| > w^s(n;\alpha/2) \text{ ならば } H_0 \text{ を棄却} \\ |T_R| \leq w^s(n;\alpha/2) \text{ ならば } H_0 \text{ を棄却しない} \end{cases}$$

も水準 α の検定である.

n が大きいとき,

$$P(|Z_R| > t) \approx P(|Z| > t), \qquad Z \sim N(0,1)$$

により,標準正規分布の上側 $100(\alpha/2)\%$ 点を $z(\alpha/2)$ とおけば,水準 α の検定方式は単純で検定関数 $\phi(\cdot)$ を使って,

$$\phi(\boldsymbol{X}) = \begin{cases} 1 & (|Z_R| > z(\alpha/2) \text{ のとき}) \\ 0 & (|Z_R| < z(\alpha/2) \text{ のとき}) \end{cases}$$

と表現される.有意水準が α であることは,次式から分かる.

$$E_0\{\phi(\boldsymbol{X})\} = P_0(|Z_R| > z(\alpha/2)) \approx P(|Z| > z(\alpha/2)) = \alpha$$

② の「帰無仮説 H_0 vs. 対立仮説 H_2」の検定に対しては $T(\boldsymbol{X}) = T_R$ が大きいとき H_0 を棄却する.このとき,水準 α の検定方式は検定関数 $\phi(\cdot)$ を使って,

$$\phi(\boldsymbol{X}) = \begin{cases} 1 & (T_R > w^s(n;\alpha) \text{ のとき}) \\ \gamma_2 & (T_R = w^s(n;\alpha) \text{ のとき}) \\ 0 & (T_R < w^s(n;\alpha) \text{ のとき}) \end{cases} \tag{5.9}$$

と表現される.ただし,

$$\gamma_2 \equiv \frac{\alpha - P_0(T_R > w^s(n;\alpha))}{P_0(T_R = w^s(n;\alpha))}$$

とする.

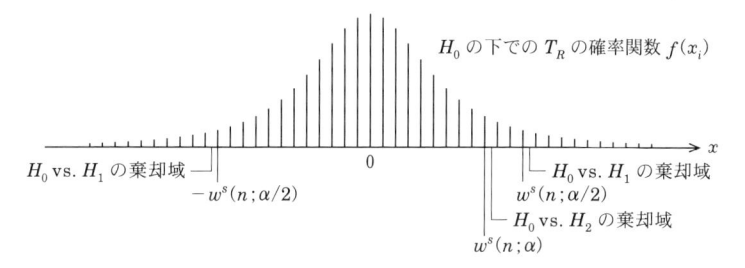

図 **5.7** T_R の確率関数と順位検定の棄却域

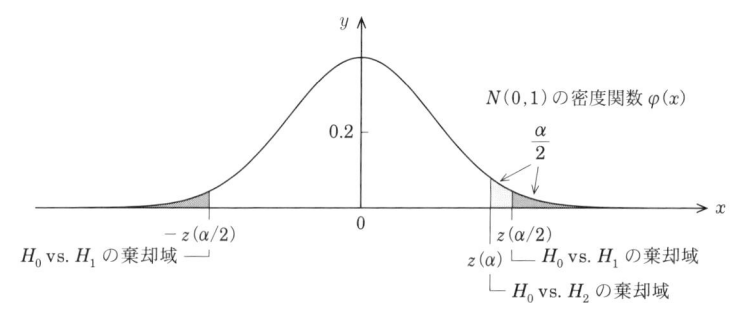

図 **5.8** $N(0,1)$ の密度と Z_R に基づく検定の棄却域

n が大きいとき，標準正規分布の上側 $100\alpha\%$ 点を $z(\alpha)$ とおけば，水準 α の検定方式は単純で，

$$\phi(\boldsymbol{X}) = \begin{cases} 1 & (Z_R > z(\alpha) \text{ のとき}) \\ 0 & (Z_R < z(\alpha) \text{ のとき}) \end{cases} \tag{5.10}$$

と表現される．

「帰無仮説 H_0 vs. 対立仮説 H_1」について水準 α の両側検定を考えた場合，T_R の実現値 (図 5.7 参照) が $w^s(n;\alpha/2)$ の右側か $-w^s(n;\alpha/2)$ の左側にあれば帰無仮説 H_0 を棄却し，T_R の実現値が $w^s(n;\alpha/2)$ か $-w^s(n;\alpha/2)$ の値の場合は帰無仮説 H_0 を棄却することもあれば棄却しないこともある．両側検定の棄却域は両側にあり，片側検定の棄却域は片側にある．n が大きいときには Z_R の分布を標準正規分布で近似でき，棄却域は図 5.8 のようになり，図 5.5 の t 検定の棄却域と類似している．

③ の「帰無仮説 H_0 vs. 対立仮説 H_3」の水準 α の検定方式は，② と同様に水準 α の検定方式は検定関数 $\phi(\cdot)$ を使って，補題 5.7 より，

$$\phi(\boldsymbol{X}) = \begin{cases} 1 & (-T_R > w^s(n;\alpha) \text{ のとき}) \\ \gamma_2 & (-T_R = w^s(n;\alpha) \text{ のとき}) \\ 0 & (-T_R < w^s(n;\alpha) \text{ のとき}) \end{cases}$$

と表現される．n が大きいとき，標準正規分布の上側 $100\alpha\%$ 点を $z(\alpha)$ とおけば，水準 α の検定方式は単純で，

$$\phi(\boldsymbol{X}) = \begin{cases} 1 & (-Z_R > z(\alpha) \text{ のとき}) \\ 0 & (-Z_R < z(\alpha) \text{ のとき}) \end{cases}$$

と表現される．

[5] **ホッジス–レーマン順位推定量** $|X_1 - \theta|, \cdots, |X_n - \theta|$ を小さい方から並べたときの $|X_i - \theta|$ の順位を $R_i^+(\theta)$ とおき，

$$T_R(\theta) \equiv \sum_{i=1}^{n} \text{sign}(X_i - \theta) \cdot R_i^+(\theta)$$

とおく．拙書 (著1) の 2.3.2 節より，$T_R(\theta)$ は θ の減少関数である．ここで，

$$\hat{\mu} \equiv \frac{1}{2}[\sup\{\theta | T_R(\theta) > 0\} + \inf\{\theta | T_R(\theta) < 0\}]$$

とおき，$W_{(1)} \leqq \cdots \leqq W_{(N)}$ を $\{(X_i + X_j)/2 | 1 \leqq i \leqq j \leqq n\}$ の順序統計量とすると，

$$\hat{\mu} = \left(N \text{ 個の値 } \left\{ \frac{X_i + X_j}{2} \middle| 1 \leqq i \leqq j \leqq n \right\} \text{ の標本中央値} \right)$$
$$= \frac{1}{2} \left(W_{\left(\left[\frac{N+1}{2}\right]\right)} + W_{\left(\left[\frac{N+2}{2}\right]\right)} \right)$$

が成り立つ．ただし，$N \equiv n(n+1)/2$ とする．$\hat{\mu}$ を μ のホッジス–レーマン順位推定量とよんでいる．$(X_i + X_j)/2$ は，**ウォルシュの平均**とよばれている．

[6] **順位区間推定** $w^s(n;\alpha/2)$ に対して $a \equiv (-w^s(n;\alpha/2) + N)/2$ とおく．このとき，$a > 0$ となり，

$$1 - \alpha \leqq P_0\left(|T_R| \leqq w^s(n; \alpha/2)\right) = P\left(|T_R(\mu)| \leqq w^s(n; \alpha/2)\right) \tag{5.11}$$

を得る．拙書 (著 1) の 2.3.3 節より，

$$((5.11) \text{ の最右辺}) = P\left(W_{(a)} \leqq \mu < W_{(N-a+1)}\right) \tag{5.12}$$

である．(5.11), (5.12) より，信頼係数 $1 - \alpha$ の正確に保守的な信頼区間は

$$W_{(a)} \leqq \mu < W_{(N-a+1)} \tag{5.13}$$

で与えられる．$c_n \equiv -\sigma_n \cdot z(\alpha/2) + N/2$, $\sigma_n \equiv \sqrt{n(n+1)(2n+1)/24}$ とおく．
$0 < c_n < N$ を仮定すると，同じく拙書 (著 1) の 2.3.3 節より，

$$1 - \alpha = \lim_{n \to \infty} P_0\left(|Z_R| \leqq z(\alpha/2)\right)$$
$$= \lim_{n \to \infty} P\left(W_{(-[-c_n])} \leqq \mu < W_{([N-c_n]+1)}\right)$$

が成り立つ．ゆえに，信頼係数 $1 - \alpha$ の漸近的な信頼区間は

$$W_{(-[-c_n])} \leqq \mu < W_{([N-c_n]+1)} \tag{5.14}$$

で与えられる．ただし，$[b]$ は b を超えない最大の整数とする．ちなみに，$[\ ]$ はガウス記号とよばれている．

問 5.6 ② の「帰無仮説 H_0 vs. 対立仮説 H_2」に対する (5.9) の検定が，有意水準 α であることを示せ．

問 5.7 n が大きいとき，標準正規分布の上側 $100\alpha\%$ 点を $z(\alpha)$ とおけば，② の「帰無仮説 H_0 vs. 対立仮説 H_2」に対する (5.10) の検定が，有意水準 α であることを示せ．

問 5.8 $n = 4$, $X_1, \cdots, X_4$ の実現値を，$x_1 = 3.6$, $x_2 = 2.2$, $x_3 = 1.0$, $x_4 = 5.8$ とする．

(1) 10 個の値 $\{(x_i + x_j)/2 | 1 \leqq i \leqq j \leqq 4\}$ の順序統計量の実現値を求めよ．
(2) ホッジス–レーマン順位推定量と標本平均を求めよ．
(3) $x_3 = 100$ のように測定ミスしたとき，ホッジス–レーマン順位推定量と標本平均を求めよ．さらに，(2) で得られた値との差の絶対値を求めよ．
(4) $x_3 = 1.0$ はミスせずに，$x_4 = 100$ のように測定ミスしたとき，ホッジ

スーレーマン順位推定量と標本平均を求めよ．さらに，(2) で得られた値との差の絶対値を求めよ．

5.5 手法の比較

t 検定は観測値が正規分布に従うとき有意確率 (p 値) を t 分布表を使って求めることができる．観測値が正規分布に従っていることがわからなければ有意確率を計算できず，検定が行えない．しかしながら，$\bar{Y} \equiv \sum_{i=1}^{n} Y_i/n = \sum_{i=1}^{n} \mathrm{sign}(Y_i)|Y_i|/n$ とおけば，

$$T_S = \sqrt{\frac{n-1}{n}} \cdot \frac{\sum_{i=1}^{n} \mathrm{sign}(Y_i)|Y_i|}{\sqrt{\sum_{i=1}^{n} \{\mathrm{sign}(Y_i)|Y_i| - \bar{Y}\}^2}}$$

より，T_S も $\mathrm{sign}(Y_i)$ と $|Y_i|$ の関数である．H_0 の下で $|\boldsymbol{Y}| = |\boldsymbol{y}|$ を与えたときの T_S の条件付分布 $P_0(T_S \leqq t||\boldsymbol{Y}| = |\boldsymbol{y}|)$ によって有意確率を計算すれば，観測値が未知の連続分布に従っていても検定が行える．$T_S^{\#} \equiv \sum_{i=1}^{n} \mathrm{sign}(Y_i)|y_i|$, $T_S' \equiv \sum_{i=1}^{n} \mathrm{sign}(Y_i)|Y_i|$ とおくと，$|\boldsymbol{Y}| = |\boldsymbol{y}|$ を与えたとき，$|T_S|$ は $|T_S'|$ の狭義増加関数である．このことと定理 5.5 を使って，任意の $t > 0$ に対して，

$$P_0(|T_S| \geqq t||\boldsymbol{Y}| = |\boldsymbol{y}|) = P_0\left(\sqrt{\frac{n-1}{n}} \cdot \frac{|T_S^{\#}|}{\sqrt{\sum_{i=1}^{n} |y_i|^2 - \frac{1}{n}(T_S^{\#})^2}} \geqq t\right)$$

$$= P_0(|T_S^{\#}| \geqq t')$$

$$= P_0(|T_S'| \geqq t'||\boldsymbol{Y}| = |\boldsymbol{y}|)$$

となる t' が存在する．すなわち，$|\boldsymbol{Y}| = |\boldsymbol{y}|$ を与えたときの条件付分布による t 検定は，T_S' に基づく条件付分布による検定と同値である．

条件付分布による t 検定とウィルコクソンの順位検定を，検出力により，比較

を行ったものが表 5.2 である．シミュレーションの繰り返し数 5000 回，有意水準 5%, $n = 15$, $\mu - \mu_0 = 0.6$, $F(x)$ が正規分布 $N(0,1)$, 混合正規分布 $CN \equiv 0.95N(0,1) + 0.05N(0,9)$, 異常値をもつ混合正規分布 $CO \equiv 0.98N(0,1) + 0.02I_{\{5\}}$, ロジスティック分布 $LG(0, \sqrt{3}/\pi)$, 両側指数分布 $DE(0, 1/\sqrt{2})$ である場合に設定した．表 5.2 から，観測値の従う分布が $DE(0, 1/\sqrt{2})$ のように正規分布からかなり離れた分布以外はそれほど検出力に差はない．

表 **5.2** $n = 15$ のときの両側検定の検出力

$F(x)$	並べ替え t 検定	順位検定
$N(0,1)$	0.56	0.55
CN	0.52	0.53
CO	0.62	0.60
$LG(0, \sqrt{3}/\pi)$	0.62	0.63
$DE(0, 1/\sqrt{2})$	0.64	0.68

次に，正規分布のときの最良推定量 $\tilde{\mu}$ とホッジス–レーマン推定量 $\hat{\mu}$ を比較する．$\tilde{\mu}$ に対する $\hat{\mu}$ の相対効率 $e(\hat{\mu}, \tilde{\mu}) = E\{(\tilde{\mu} - \mu)^2\}/E\{(\hat{\mu} - \mu)^2\}$ は母数 (μ, σ) に依存しない．この値を繰り返し数 10000 回のシミュレーション実験で求めたものを表 5.3 で示す．設定は，$n = 10, 20$, それ以外は検定の場合と同じである．表 5.3 より，以下の結論を得る．

表 **5.3** 推定量の相対効率 $e(\hat{\mu}, \tilde{\mu})$

$F(x)$	$n = 10$	$n = 20$
$N(0,1)$	0.94	0.95
CN	1.14	1.18
CO	1.27	1.37
$LG(0, \sqrt{3}/\pi)$	1.05	1.08
$DE(0, 1/\sqrt{2})$	1.28	1.38

- 観測値が混合正規分布 $0.95N(0,1) + 0.05N(0,9)$, ロジスティック分布 $LG(0, \sqrt{3}/\pi)$ などの正規分布に近い分布に従っている場合は，ノンパラメトリック法が少し良い．
- 観測値が両側指数分布 $DE(0, 1/\sqrt{2})$ などの正規分布からかなり離れた分布

の場合,または異常値をもつ混合正規分布 CO に従っている場合は,ノンパラメトリック法が良く,正規母集団での最良手法は非常に劣る.

5.6 分布の探索

$E(X^2) < \infty$ とし,$E(X) = \mu, V(X) = \sigma^2$ とする.$F_X(x) \equiv G((x-\mu)/\sigma)$ とおく.$\hat{F}_{X;n}(x)$ を

$$\hat{F}_{X;n}(x) \equiv \frac{1}{n}\#\{X_i | X_i \leqq x, 1 \leqq i \leqq n\}$$
$$= \frac{1}{n}\{x \text{ 以下となる } X_i \text{の個数}\}$$
$$= \frac{1}{n}\sum_{i=1}^{n} I_{(-\infty,x]}(X_i)$$

で定義し,**経験分布関数**とよび,$F_X(x)$ の不偏推定量である.

観測値の従っている分布を調べる方法として,ヒストグラムによる密度関数の推定と経験分布関数による分布関数の推定の 2 つが考えられる.ヒストグラムによる密度関数の推定はサイズ n が非常に大きくなければ信頼できなくなるため,通常は経験分布関数を使って分布を推定する.そこで,$G_0(x)$ を与え,経験分布関数を使って,

$$D_{G_0} \equiv \sup_{-\infty < x < \infty} \left| \hat{F}_{X;n}(x) - G_0\left(\frac{x - \bar{X}_\beta}{\check{\sigma}_n}\right) \right|$$

とおく.ただし,$X_{(1)} \leqq \cdots \leqq X_{(n)}$ を $X_1, \cdots, X_n$ の順序統計量とし,

$$\bar{X}_\beta \equiv \frac{1}{n - 2[n\beta]}(X_{([n\beta]+1)} + \cdots + X_{(n-[n\beta])}),$$

$$\check{\sigma}_n \equiv \frac{1}{G_0^{-1}(0.75)}(|X_1 - \text{med}(X)|, \cdots, |X_n - \text{med}(X)| \text{ の標本中央値}),$$

$\text{med}(X) \equiv (X_1, \cdots, X_n \text{ の標本中央値})$

$\bar{X}_\beta$ と $\check{\sigma}_n$ はそれぞれ μ と σ の推定量で異常値に対して特に頑健になっている.$\bar{X}_\beta$ は β トリム平均とよばれ,これ以後では $\beta = 0.05$ を当てはめる.D_{G_0} は順序統計量を使って

$$D_{G_0} = \max_{1 \leqq i \leqq n}\left[\max\left\{\left|\frac{i}{n} - G_0\left(\frac{X_{(i)} - \bar{X}_\beta}{\check{\sigma}_n}\right)\right|, \left|G_0\left(\frac{X_{(i)} - \bar{X}_\beta}{\check{\sigma}_n}\right) - \frac{i-1}{n}\right|\right\}\right]$$

と書きかえることができる．

　正規分布 $N(0,1)$, 混合正規分布 $CN = 0.95N(0,5/7) + 0.05N(0,45/7)$, ロジスティック分布 $LG(0,\sqrt{3}/\pi)$, 両側指数分布 $DE(0,1/\sqrt{2})$ が平均 0 分散 1 の分布で $\check{\sigma}_n$ を求めるための $G_0^{-1}(0.75)$ の値の数表を表 5.4 に示す．

表 **5.4**　$G_0^{-1}(0.75)$ の値

分布	$N(0,1)$	CN	$LG(0,\sqrt{3}/\pi)$	$DE(0,1/\sqrt{2})$
$G^{-1}(0.75)$	0.6745	0.5923	0.6057	0.4901

　表 1.2 の女子学生の身長データをもとにして経験分布関数 $\hat{F}_{X;n}(x)$ と $\Phi((x - \bar{X}_\beta)/\check{\sigma}_n)$ のグラフを図 5.9 に重ね書きした．$\bar{X}_\beta = 108.47$, $\check{\sigma}_n = 4.448$ である．

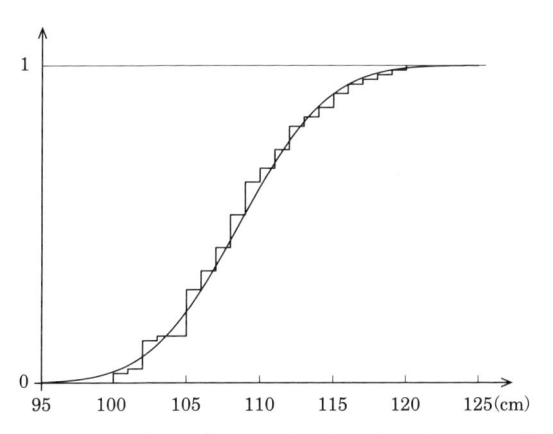

図 **5.9**　女子学生の身長の経験分布関数と正規分布関数

分布の探索

　D_{G_0} は，観測値の従っている分布がどれくらい $G_0((x-\mu)/\sigma)$ に近いかの秤として見ることができる．$G_0(x)$ として正規分布，混合正規分布，ロジスティック分布，両側指数分布，異常値を持つ混合正規分布を当てはめ，統計量 D_{G_0} のもっとも小さい値を与える分布 $G_0(x)$ を探し，それを観測値の従っている分布 $G(x)$ に最も近い分布と見なすことができる．

問 **5.9** $n=10, X_1, \cdots, X_{10}$ の実現値を,

$$x_1 = 3.3, \quad x_2 = 2.2, \quad x_3 = 1.0, \quad x_4 = 5.5, \quad x_5 = 8.8,$$
$$x_6 = 6.7, \quad x_7 = 10.0, \quad x_8 = 7.8, \quad x_9 = 1.2, \quad x_{10} = 4.5$$

とする.

(1) 順序統計量の実現値 $x_{(1)}, \cdots, x_{(10)}$ を求めよ.
(2) $\hat{F}_{X;10}(x)$ の実現値関数を求めよ.
(3) 0.1 トリム平均 $\bar{X}_{0.1}$ の実現値 $\bar{x}_{0.1}$ を求めよ.
(4) $G(x)$ を標準正規分布 $N(0,1)$ の分布関数とするとき, $\check{\sigma}_n$ の実現値を求めよ.
(5) $x_3 = -10, x_7 = 100$ のように測定ミスしたとき, $\bar{x}_{0.1}$ を求めよ.
(6) $x_3 = -10, x_7 = 100$ のように測定ミスし, $G(x)$ を標準正規分布 $N(0,1)$ の分布関数とするとき, $\check{\sigma}_n$ の実現値を求めよ.

5.7 データ解析

15 匹の実験動物を使って, 安静の状態で皮膚に 1 分間に血液が流れる量 (単位グラム) と麻酔をした後での血液が流れる量を測定した結果を, 表 5.5 に示す. 15 個の差の観測値を使って, 帰無仮説 $H_0 : \mu = 0$ vs. 対立仮説 $H_1 : \mu \neq 0$ に対する水準 0.05 の両側検定, 平均の点推定, 信頼係数 0.95 の信頼区間等を実行してみる.

(1) 正規母集団での最良手法による結果
    t 検定統計量 T_S の値: 2.91   両側 t 検定の p 値: 0.011
    水準 5% で帰無仮説は棄却された.
    平均の点推定量 $\tilde{\mu}$: 0.403   95% 信頼区間: $(0.126, 0.679)$
(2) ノンパラメトリック法による解析
    順位検定統計量の値は, 表 5.6 と巻末の付表 6 より,

$$T_R = 7 + 13 - 5 + 1 + 15 + 11 - 6 + 8 + 2 + 14 - 4 + 10 - 3 + 12 + 9$$
$$= 84 > 68 = w^s(15; 0.25)$$

であるので, 水準 5% で帰無仮説は棄却された.

表 5.5 麻酔と血液の流れる量

番号	1	2	3	4	5	6	7	8
安静	2.35	2.55	1.95	2.78	3.22	2.96	3.44	2.57
麻酔後	2.00	1.71	2.22	2.71	1.83	2.14	3.72	2.10
差	0.35	0.84	-0.27	0.07	1.39	0.82	-0.28	0.47

番号	9	10	11	12	13	14	15
安静	2.66	2.31	3.44	2.37	1.82	2.98	2.53
麻酔後	2.58	1.32	3.70	1.59	2.07	2.15	2.05
差	0.08	0.99	-0.26	0.78	-0.25	0.83	0.48

表 5.6 差の観測値の符号と順位

番号	1	2	3	4	5	6	7	8	9	10	11	12	13	14	15
符号	1	1	-1	1	1	1	-1	1	1	1	-1	1	-1	1	1
順位	7	13	5	1	15	11	6	8	2	14	4	10	3	12	9

正規化順位検定統計量の値は,巻末の付表 6 より,$Z_R = 2.39 > 1.96 = z(0.025)$ となり,漸近理論を使っても水準 5% で帰無仮説は棄却される.

$N = n(n+1)/2 = 15 \times 8 = 120$ である.$W_{(1)} \leqq \cdots \leqq W_{(120)}$ の実現値を表 5.7 に載せている.

表 5.7 を使って,平均の順位推定値は $\hat{\mu} = (W_{(60)} + W_{(61)})/2 = 0.39$ となる.μ に関する信頼区間は,(5.13), (5.14) によって与えられる.$a = (-w^s(15; 0.25) + 120)/2 = 26$, $N - a + 1 = 95$ より,表 5.7 を使って,μ に関する 95% 信頼区間は,$[W_{(26)}, W_{(95)}) = [0.09, 0.74)$ である.

$c_n = 25.49$ が計算され,$-[-c_n] = 26$, $[N - c_n] + 1 = 95$ となり,μ に関する 95% 漸近的信頼区間も,$[W_{(26)}, W_{(95)}) = [0.09, 0.74)$ である.

(3) 分布の探索の結果

    正規分布との距離は   0.14299

    混合正規分布との距離は 0.14305

    ロジスティック分布との距離は 0.14325

    両側指数分布との距離は 0.14862

表 5.7 ウォルシュの平均の順序統計量

\multicolumn{10}{c}{$W_{(1)} \leqq \cdots \leqq W_{(N)}$ の実現値}
−0.28	−0.28	−0.27	−0.27	−0.26	−0.26	−0.26	−0.26	−0.25	−0.25
−0.11	−0.10	−0.10	−0.10	−0.09	−0.09	−0.09	−0.09	0.03	0.04
0.05	0.05	0.07	0.08	0.08	0.09	0.10	0.10	0.10	0.11
0.11	0.11	0.11	0.21	0.22	0.25	0.25	0.26	0.26	0.27
0.27	0.27	0.27	0.28	0.28	0.28	0.28	0.28	0.28	0.28
0.28	0.28	0.29	0.29	0.29	0.35	0.36	0.36	0.37	0.37
0.41	0.41	0.42	0.43	0.44	0.45	0.45	0.45	0.45	0.46
0.47	0.47	0.48	0.53	0.54	0.56	0.56	0.56	0.56	0.57
0.58	0.59	0.59	0.62	0.63	0.64	0.65	0.65	0.65	0.65
0.66	0.67	0.73	0.73	0.74	0.74	0.78	0.80	0.80	0.81
0.82	0.82	0.83	0.83	0.83	0.84	0.87	0.88	0.90	0.91
0.91	0.93	0.94	0.99	1.09	1.11	1.11	1.12	1.19	1.39

　D_{G_0} を最小にする G_0 は，正規分布であった．これにより，観測値の従う分布は正規分布に近い．

　(1), (2) の結果から，正規母集団での最良手法，ノンパラメトリック法いずれの解析でも，帰無仮説 $H_0 : \mu = 0$ は棄却され，信頼区間も正の範囲であるので，$\mu > 0$，よって麻酔後は，安静時に比べて，血液が流れる量が少ないと判定される．

第6章

2標本連続モデルの推測

　福岡に住んでいる小学6年生 n_1 人の80メートル走のタイムを $x_1, \cdots, x_{n_1}$, 札幌に住んでいる小学6年生 n_2 人の80メートル走のタイムを $y_1, \cdots, y_{n_2}$ として，2つの都市における80メートル走の相違を統計解析しようとすれば，このデータは5章のときのような対をなすデータではないので**対をなさないデータ**とよばれている．対をなすデータは1標本問題として扱われることが多いが，対をなさないデータは2標本問題として扱われる．このとき，観測値 $x_1, \cdots, x_{n_1}$ は独立同一分布に従い，観測値 $y_1, \cdots, y_{n_2}$ も独立同一分布に従うと仮定することが自然であるが，分布に対称性を仮定できない場合も多い．この章でのノンパラメトリック法には分布の対称性は仮定しない．6.4節で，ノンパラメトリック法の分布のくずれと異常値に関する頑健性が示される．

　なお検定手法の導き方は第9章で述べる．特に，ノンパラメトリック検定法が正規分布の下でのパラメトリック検定法から導かれることを論述する．このことからも，正規分布の下での理論が統計学の基礎となっていることが分かる．

6.1　モデルの設定

　$(X_1, \cdots, X_{n_1})$ を連続分布関数 $F_X(x) \equiv F(x - \mu_1)$ をもつ母集団からの大きさ n_1 の無作為標本，$(Y_1, \cdots, Y_{n_2})$ を連続分布関数 $F_Y(x) \equiv F(x - \mu_2)$ を

もつ母集団からの大きさ n_2 の無作為標本とする．n_1, n_2 をそれぞれ第 1 標本，第 2 標本の**標本サイズ**という．すなわち，$X_1, \cdots, X_{n_1}, Y_1, \cdots, Y_{n_2}$ は互いに独立で，各 X_i は同一の分布関数 $F(x - \mu_1)$ をもち，各 Y_j は同一の分布関数 $F(x - \mu_2)$ をもつとする．さらに，$E(X_i^2) < \infty$ と仮定する．$F(x)$ の密度関数を $f(x) \equiv F'(x)$ とする．一般性を失うことなく $\int_{-\infty}^{\infty} x f(x) dx = 0$ とし，$\sigma^2 \equiv \int_{-\infty}^{\infty} x^2 f(x) dx$ とおく．このとき，

$$E(X_i) = \mu_1, \qquad E(Y_j) = \mu_2, \qquad V(X_i) = V(Y_j) = \sigma^2$$

が成り立ち，μ_1, μ_2 はそれぞれ X_i と Y_j の平均で，σ^2 は共通の分散となる．これらは未知母数とする．総標本サイズを $n \equiv n_1 + n_2$ とする．

表 **6.1** 2 標本モデル

群	サイズ	データ	平均	分布関数
第 1 標本	n_1	$X_1, \cdots, X_{n_1}$	μ_1	$F(x - \mu_1)$
第 2 標本	n_2	$Y_1, \cdots, Y_{n_2}$	μ_2	$F(x - \mu_2)$

総標本サイズ: $n \equiv n_1 + n_2$ （すべての観測値の個数）
分散と μ_1, μ_2 は未知とする．

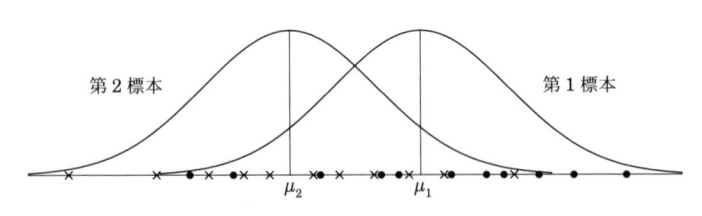

図 **6.1** 標本観測値と正規密度関数

位置母数の仮説

① 帰無仮説 $H_0 : \mu_1 = \mu_2$ vs. 対立仮説 $H_1 : \mu_1 \neq \mu_2$
② 帰無仮説 $H_0 : \mu_1 = \mu_2$ vs. 対立仮説 $H_2 : \mu_1 > \mu_2$
③ 帰無仮説 $H_0 : \mu_1 = \mu_2$ vs. 対立仮説 $H_3 : \mu_1 < \mu_2$

それぞれの場合について水準 α の検定を考える．対立仮説 H_1 は**両側仮説**といい，対立仮説 H_2, H_3 は**片側仮説**という．$F(x)$ が正規分布かまたは未知で

あってもよい場合に対して，検定，点推定と区間推定の手法を述べる．

6.2 正規母集団での最良手法

$F(x)$ を正規分布 $N(0,\sigma^2)$ とする．すなわち，$X_1,\cdots,X_{n_1},Y_1,\cdots,Y_{n_2}$ は互いに独立で，各 X_i は同一の $N(\mu_1,\sigma^2)$ に従い，各 Y_j は同一の $N(\mu_2,\sigma^2)$ に従う．

[1] t 検定 標本分散を

$$\tilde{\sigma}_n^2 \equiv \frac{1}{n-2}\left\{\sum_{i=1}^{n_1}(X_i-\bar{X})^2 + \sum_{j=1}^{n_2}(Y_j-\bar{Y})^2\right\}$$

で定義し

$$T_S \equiv \frac{\sqrt{n_1 n_2}(\bar{X}-\bar{Y})}{\sqrt{n}\tilde{\sigma}_n}$$

とおく．

定理 6.1 H_0 の下で T_S は自由度 $n-2$ の t 分布に従う．

証明 $\mu_1=\mu_2=\mu$ とする．$X_i'\equiv(X_i-\mu)/\sigma$, $Y_j'\equiv(Y_j-\mu)/\sigma$ とおく．$X_1',\cdots,X_{n_1}',Y_1',\cdots,Y_{n_2}'$ は互いに独立である．$E(X_i')=E(Y_j')=0, V(X_i')=V(Y_j')=1$ より，$X_i'\sim N(0,1), Y_j'\sim N(0,1)$ である．よって

$$T_S = \frac{\sqrt{n_1 n_2}(\bar{X}'-\bar{Y}')}{\sqrt{n}\tilde{\sigma}'_n}$$

が成り立つ．ただし，

$$\tilde{\sigma}'^2_n \equiv \frac{1}{n-2}\left\{\sum_{i=1}^{n_1}(X_i'-\bar{X}')^2 + \sum_{j=1}^{n_2}(Y_j'-\bar{Y}')^2\right\}$$

とする．系 3.6 を使って

$$U_n \equiv \frac{\sqrt{n_1 n_2}(\bar{X}'-\bar{Y}')}{\sqrt{n}} \sim N(0,1)$$

が示される．系 3.24 により

$$\sum_{i=1}^{n_1}(X_i' - \bar{X}')^2 \sim \chi_{n_1-1}^2, \qquad \sum_{j=1}^{n_2}(Y_j' - \bar{Y}')^2 \sim \chi_{n_2-1}^2$$

を得る．ここで系 3.18 より

$$V_n \equiv (n-2)\tilde{\sigma'}_n^2 \sim \chi_{n_1+n_2-2}^2 = \chi_{n-2}^2$$

となる．$\mathrm{Cov}(X_i' - \bar{X}', \bar{X}' - \bar{Y}') = \mathrm{Cov}(Y_j' - \bar{Y}', \bar{X}' - \bar{Y}') = 0$ より，定理 3.13 を適用すると，$(X_1' - \bar{X}', \cdots, X_{n_1}' - \bar{X}', Y_1' - \bar{Y}', \cdots, Y_{n_2}' - \bar{Y}')$ と $\bar{X}' - \bar{Y}'$ は互いに独立である．ここで定理 2.29 により，U_n と V_n は互いに独立となる．ゆえに定理 3.21 により結論が導かれる． □

① の「帰無仮説 H_0 vs. 対立仮説 H_1」の検定に対しては $T(\boldsymbol{X}, \boldsymbol{Y}) = |T_S|$ が大きいとき H_0 を棄却する．自由度 $n-2$ の t 分布の上側 $100(\alpha/2)\%$ 点を $t(n-2; \alpha/2)$ とする．このとき，t 分布の密度関数が 0 について対称より H_0 の下で

$$P_0(|T_S| > t(n-2; \alpha/2)) = P_0(T_S > t(n-2; \alpha/2) \text{ または } T_S < -t(n-2; \alpha/2))$$
$$= 2P_0(T_S > t(n-2; \alpha/2)) = \alpha$$

また $P_0(|T_S| = t(n-2; \alpha/2)) = 0$．そこで検定関数 $\phi(\cdot)$ を，

$$\phi(\boldsymbol{X}, \boldsymbol{Y}) = \begin{cases} 1 & (|T_S| > t(n-2; \alpha/2) \text{ のとき}) \\ 0 & (|T_S| < t(n-2; \alpha/2) \text{ のとき}) \end{cases} \tag{6.1}$$

で定義すれば，

$$E_0\{\phi(\boldsymbol{X}, \boldsymbol{Y})\} = P_0(|T_S| > t(n-2; \alpha/2)) = \alpha$$

より (6.1) による検定方式は水準 α の検定である．

② の「帰無仮説 H_0 vs. 対立仮説 H_2」の検定に対しては $T(\boldsymbol{X}, \boldsymbol{Y}) = T_S$ が大きいとき H_0 を棄却する．自由度 $n-2$ の t 分布の上側 $100\alpha\%$ 点を $t(n-2; \alpha)$ とすると，$P_0(T_S > t(n-2; \alpha)) = \alpha$．ゆえに検定方式は，

$$\phi(\boldsymbol{X}, \boldsymbol{Y}) = \begin{cases} 1 & (T_S > t(n-2; \alpha) \text{ のとき}) \\ 0 & (T_S < t(n-2; \alpha) \text{ のとき}) \end{cases}$$

と表現される．

③ の「帰無仮説 H_0 vs. 対立仮説 H_3」の水準 α の検定方式は，第 1 標本と第 2 標本を交換することにより ② の検定と同等になる．

[2] 平均と分散の点推定量　母数 $\mu_1, \mu_2, \delta \equiv \mu_1 - \mu_2, \sigma^2$ の一様最小分散不偏推定量は，それぞれ

$$\tilde{\mu}_1 = \bar{X}, \quad \tilde{\mu}_2 = \bar{Y}, \quad \tilde{\delta} = \bar{X} - \bar{Y}, \quad \tilde{\sigma}^2 \equiv \tilde{\sigma}_n^2 \tag{6.2}$$

で与えられる．

[3] 平均差の区間推定　平均差を $\delta \equiv \mu_1 - \mu_2$ とおくと，$\sqrt{n_1 n_2}(\bar{X} - \bar{Y} - \delta)/(\sqrt{n}\tilde{\sigma}_n)$ は自由度 $n-2$ の t 分布に従う (問 6.2)．ここで，

$$P\left(\left|\frac{\sqrt{n_1 n_2}(\bar{X} - \bar{Y} - \delta)}{\sqrt{n}\tilde{\sigma}_n}\right| < t(n-2;\alpha/2)\right) = 1 - \alpha,$$

$$\left|\frac{\sqrt{n_1 n_2}(\bar{X} - \bar{Y} - \delta)}{\sqrt{n}\tilde{\sigma}_n}\right| < t(n-2;\alpha/2)$$

$$\iff \bar{X} - \bar{Y} - \frac{\sqrt{n}\tilde{\sigma}_n}{\sqrt{n_1 n_2}}t(n-2;\alpha/2) < \delta < \bar{X} - \bar{Y} + \frac{\sqrt{n}\tilde{\sigma}_n}{\sqrt{n_1 n_2}}t(n-2;\alpha/2)$$

となる．ゆえに，区間

$$\left(\bar{X} - \bar{Y} - \frac{\sqrt{n}\tilde{\sigma}_n}{\sqrt{n_1 n_2}}t(n-2;\alpha/2), \quad \bar{X} - \bar{Y} + \frac{\sqrt{n}\tilde{\sigma}_n}{\sqrt{n_1 n_2}}t(n-2;\alpha/2)\right)$$

が δ に関する信頼係数 $1-\alpha$ の信頼区間である．

問 6.1　(6.2) の点推定量が一様最小分散不偏推定量であることを示せ．

問 6.2　$X_1, \cdots, X_{n_1}, Y_1, \cdots, Y_{n_2}$ は互いに独立で，各 X_i は同一の $N(\mu_1, \sigma^2)$，Y_j は $N(\mu_2, \sigma^2)$ に従うならば，$\sqrt{n_1 n_2}(\bar{X} - \bar{Y} - \mu_1 + \mu_2)/(\sqrt{n}\tilde{\sigma}_n)$ は自由度 $n-2$ の t 分布に従うことを示せ．

問 6.3　次の問に答えよ．

(1)　$F(x)$ を正規分布 $N(0,1)$ の分布関数としたとき，$\displaystyle\int_{-\infty}^{\infty}|x|f(x)dx$ の値

を求めよ.

(2) $F(x)$ を両側指数分布 $DE\left(0, 1/\sqrt{2}\right)$ の分布関数としたとき, $\int_{-\infty}^{\infty} |x| f(x) dx$ の値を求めよ.

問 6.4 X が指数分布 $EX(\lambda)$ に従うとき, $E(X) = 1/\lambda, V(X) = 1/\lambda^2$ を示せ.

問 6.5 ② の「帰無仮説 H_0 vs. 対立仮説 H_2」の検定に対しては $T(\boldsymbol{X}, \boldsymbol{Y}) = T_S$ が大きいとき H_0 を棄却する. 自由度 $n-2$ の t 分布の上側 $100\alpha\%$ 点を $t(n-2; \alpha)$ とすると, 検定

$$\phi(\boldsymbol{X}, \boldsymbol{Y}) = \begin{cases} 1 & (T_S > t(n-2;\alpha) \text{ のとき}) \\ 0 & (T_S < t(n-2;\alpha) \text{ のとき}) \end{cases}$$

の有意水準は, α であることを示せ.

問 6.6 (ウェルチの検定統計量) $X_1, \cdots, X_{n_1}, Y_1, \cdots, Y_{n_2}$ は互いに独立で, 各 X_i は同一の分布関数 $G((x-\mu)/\sigma_1)$, 各 Y_j は同一の分布関数 $G((x-\mu)/\sigma_2)$ $\left(\int_{-\infty}^{\infty} x g(x) d(x) = 0, \int_{-\infty}^{\infty} x^2 g(x) dx = 1\right)$ をもつとする.

$$T_W \equiv \frac{\bar{X} - \bar{Y}}{\sqrt{\dfrac{\tilde{\sigma}_1^2}{n_1} + \dfrac{\tilde{\sigma}_2^2}{n_2}}}$$

とおく. ただし, $\tilde{\sigma}_X^2 \equiv \sum_{i=1}^{n_1}(X_i - \bar{X})^2/(n_1-1)$, $\tilde{\sigma}_Y^2 \equiv \sum_{j=1}^{n_2}(Y_j - \bar{Y})^2/(n_2-1)$ で定義する. このとき, $\lim_{n \to \infty}(n_i/n) = \lambda_i > 0$ $(i=1,2)$ ならば, $n \to \infty$ として T_W は標準正規分布に分布収束することを示せ.

6.3 ノンパラメトリック法

$F(x)$ は未知であってもかまわないものとする.

[4] ウィルコクソンの順位検定 3.7 節の順位分布で定義したように $X_1, \cdots, X_{n_1}$,

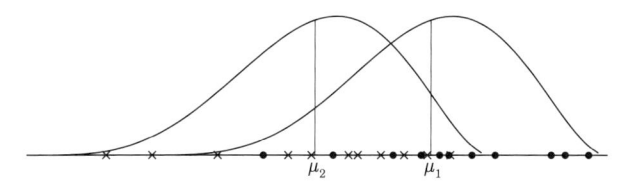

図 **6.2** 標本観測値と密度関数

$Y_1, \cdots, Y_{n_2}$ を小さい方から並べたときの X_i の順位を R_i, Y_j の順位を R_{n_1+j} とする．

$$T_R \equiv \sum_{i=1}^{n_1} R_i - \frac{n_1(n+1)}{2}$$

とおくと，H_0 の下で X_i と Y_j は同一分布に従い，(3.31) 式より T_R の分布は

$$P_0(T_R \leqq t) = \frac{1}{n!} \# \left\{ \boldsymbol{r} \,\middle|\, \sum_{i=1}^{n_1} r_i - \frac{n_1(n+1)}{2} \leqq t, \quad \boldsymbol{r} \in \mathcal{R}_n \right\} \qquad (6.3)$$

である．ただし，$\boldsymbol{r} \equiv (r_1, \cdots, r_n)$, $\mathcal{R}_n$ は (3.30) で定義したものとする．また，次の補題 6.2 を得る．

補題 6.2 帰無仮説 H_0 が真であると仮定する．このとき，T_R は 0 について対称に分布する．すなわち，任意の $t > 0$ に対して，

$$P_0(T_R = -t) = P_0(T_R = t)$$

が成り立つ．

証明 $\boldsymbol{r} \in \mathcal{R}_n$ に対して，

$$h(\boldsymbol{r}) \equiv \sum_{i=1}^{n_1} r_i - \frac{n_1(n+1)}{2}$$

とする．このとき，$h(R_1, \cdots, R_n) = T_R$, $h(n+1-R_1, \cdots, n+1-R_n) = -T_R$ が成り立つ．$(R_1, \cdots, R_n)$ と $(n+1-R_1, \cdots, n+1-R_n)$ は同じ分布に従うので，その関数 T_R と $-T_R$ は同じ分布に従う．ゆえに結論を得る． □

定理 6.3 帰無仮説 H_0 の下で，T_R の平均と分散は次で与えられる．

$$E_0(T_R) = 0, \qquad V_0(T_R) = \frac{n_1 n_2 (n+1)}{12}$$

証明 補題 6.2 または (3.33) を使って $E_0(T_R) = 0$ が示される．ここで，定理 3.25 より，

$$\begin{aligned}
V_0(T_R) = E_0(T_R^2) &= \sum_{i=1}^{n_1} \sum_{j=1}^{n_1} E_0(R_i R_j) - \frac{n_1^2 (n+1)^2}{4} \\
&= n_1 E_0(R_1^2) + n_1(n_1 - 1) E_0(R_1 R_2) - \frac{n_1^2 (n+1)^2}{4} \\
&= \frac{n_1 n_2 (n+1)}{12}
\end{aligned}$$

を得る． □

定理 6.3 より，

$$Z_R \equiv \sqrt{\frac{12}{n_1 n_2 (n+1)}} \cdot T_R$$

とおけば，H_0 の下で

$$E_0(Z_R) = \sqrt{\frac{12}{n_1 n_2 (n+1)}} E(T_R) = 0, \quad V_0(Z_R) = \frac{12}{n_1 n_2 (n+1)} V(T_R) = 1$$

である．(3.40) と同様に，$n \to \infty$ として，$n_1/n \to \lambda$ $(0 < \lambda < 1)$ ならば，H_0 の下で $n \to \infty$ として，

$$Z_R \xrightarrow{\mathcal{L}} N(0, 1) \tag{6.4}$$

が成り立つ．すなわち，Z_R は標準正規分布に分布収束する．(6.4) の詳細な証明は，拙書 (著1) の定理 3.3 を参照せよ．

①の「帰無仮説 H_0 vs. 対立仮説 H_1」の検定は，$T(\boldsymbol{X}, \boldsymbol{Y}) = |T_R|$ が大きいとき H_0 を棄却する．

$0 < \alpha < 1$ に対して，2つの不等式

$$P_0(\widehat{T} > t_\alpha) \leqq \alpha, \quad P_0(\widehat{T} \geqq t_\alpha) > \alpha \tag{6.5}$$

を満たす一意の解 t_α は n, n_1 にも依存するので，t_α を $w(n, n_1; \alpha)$ と書くことにする．$w(n, n_1; \alpha)$ の値は計算機を使用して求めることができる．そのアルゴ

リズムは同じく拙書 (著 1) の 3.3 節を参照してほしい．$w(n, n_1; \alpha) = w(n, n - n_1; \alpha)$ の関係がある．また $10 \leqq n \leqq 20$ のときの $w(n, n_1; \alpha)$ の数表を付表として巻末に載せた．

$0 < \alpha < 1$ に対して $P_0(|T_R| > t_{\frac{\alpha}{2}}) \leqq \alpha$ かつ $P_0(|T_R| \geqq t_{\frac{\alpha}{2}}) > \alpha$ となる $t_{\frac{\alpha}{2}}$ を探す．補題 6.2 より，$w(n, n_1; \alpha)$ の定義を使って，

$$t_{\frac{\alpha}{2}} = w(n, n_1; \alpha/2)$$

の関係が成り立つ．

このとき，検定関数 $\phi(\cdot)$ は，

$$\phi(\boldsymbol{X}, \boldsymbol{Y}) = \begin{cases} 1 & (|T_R| > w(n, n_1; \alpha/2) \text{ のとき}) \\ \gamma_1 & (|T_R| = w(n, n_1; \alpha/2) \text{ のとき}) \\ 0 & (|T_R| < w(n, n_1; \alpha/2) \text{ のとき}) \end{cases} \quad (6.6)$$

と表現される．ただし，

$$\gamma_1 \equiv \frac{\alpha - P_0(|T_R| > w(n, n_1; \alpha/2))}{P_0(|T_R| = w(n, n_1; \alpha/2))}$$

とする．

有意水準が α であることは，

$$E_0\{\phi(\boldsymbol{X}, \boldsymbol{Y})\} = P_0(|T_R| > w(n, n_1; \alpha/2)) + \gamma_1 \cdot P_0(|T_R| = w(n, n_1; \alpha/2))$$
$$= \alpha$$

から分かる．(6.6) は次と同等である．

$$\begin{cases} |T_R| > w(n, n_1; \alpha/2) \text{ ならば } H_0 \text{ を棄却} \\ |T_R| = w(n, n_1; \alpha/2) \text{ ならば } \gamma_1 \text{ の確率で } H_0 \text{ を棄却} \\ |T_R| < w(n, n_1; \alpha/2) \text{ ならば } H_0 \text{ を棄却しない} \end{cases}$$

n_1, n_2 がともに大きいとき，(6.4) より，

$$P_0(|Z_R| > t) \approx P(|Z| > t), \quad Z \sim N(0, 1)$$

により，検定方式は単純で検定関数 $\phi(\cdot)$ を使って，

と表現される.

$$E_0\{\phi(\boldsymbol{X})\} = 1 \times P_0(|Z_R| > z(\alpha/2)) + 0 \times P_0(|Z_R| < z(\alpha/2))$$
$$\approx P(|Z| > z(\alpha/2)) = \alpha$$

② の「帰無仮説 H_0 vs. 対立仮説 H_2」の検定に対しては $T(\boldsymbol{X}, \boldsymbol{Y}) = T_R$ が大きいとき H_0 を棄却する.水準 α の検定方式は検定関数 $\phi(\cdot)$ を使って,

$$\phi(\boldsymbol{X}, \boldsymbol{Y}) = \begin{cases} 1 & (T_R > w(n, n_1; \alpha) \text{ のとき}) \\ \gamma_2 & (T_R = w(n, n_1; \alpha) \text{ のとき}) \\ 0 & (T_R < w(n, n_1; \alpha) \text{ のとき}) \end{cases} \quad (6.7)$$

と表現される.ただし,

$$\gamma_2 \equiv \frac{\alpha - P_0(T_R > w(n, n_1; \alpha))}{P_0(T_R = w(n, n_1; \alpha))}$$

とする.

n_1, n_2 がともに大きいとき,標準正規分布の上側 $100\alpha\%$ 点を $z(\alpha)$ とおけば,水準 α の検定方式は,

$$\phi(\boldsymbol{X}, \boldsymbol{Y}) = \begin{cases} 1 & (Z_R > z(\alpha) \text{ のとき}) \\ 0 & (Z_R < z(\alpha) \text{ のとき}) \end{cases} \quad (6.8)$$

と表現される.

棄却域は図 5.7, 5.8 と同様になる.③ の「帰無仮説 H_0 vs. 対立仮説 H_3」の水準 α の検定方式は,第 1 標本と第 2 標本を交換することにより ② の検定と同等になる.

観測値のなかの同じ値を**タイ**という.順位検定で問題になる 1 つが観測値にタイがあるときの処理方法である.その処理方法は,拙書 (著 1) 3.3.4 節を参照のこと.

[5] **ホッジス–レーマン順位推定量**　$X_1 - \theta, \cdots, X_{n_1} - \theta, Y_1, \cdots, Y_{n_2}$ を小さ

い方から並べたときの $X_i - \theta$ の順位を $R_i(\theta)$ とおき,

$$T_R(\theta) \equiv \sum_{i=1}^{n_1} R_i(\theta) - \frac{n_1(n+1)}{2}$$

とおく. $T_R(\theta)$ は θ の減少関数である. ここで,

$$\hat{\delta} \equiv \frac{1}{2}[\sup\{\theta|T_R(\theta) > 0\} + \inf\{\theta|T_R(\theta) < 0\}]$$

とおき, $D_{(1)} \leqq \cdots \leqq D_{(N)}$ を $\{X_i - Y_j | 1 \leqq i \leqq n_1, 1 \leqq j \leqq n_2\}$ の順序統計量とすると

$$\hat{\delta} = \mathrm{med}\{X_i - Y_j | i = 1, \cdots, n_1, j = 1, \cdots, n_2\}$$
$$= (N \text{ 個の値 } \{X_i - Y_j | i = 1, \cdots, n_1, j = 1, \cdots, n_2\} \text{ の標本中央値})$$

が成り立つ. ただし, $N \equiv n_1 n_2$ とする. $\hat{\delta}$ を $\delta \equiv \mu_1 - \mu_2$ のホッジス–レーマン順位推定量とよんでいる.

問 6.7 ②の「帰無仮説 H_0 vs. 対立仮説 H_2」に対する (6.7) の検定の有意水準は α であることを示せ.

問 6.8 n_1, n_2 がともに大きいとき, ②の「帰無仮説 H_0 vs. 対立仮説 H_2」に対する (6.8) の検定の有意水準は α であることを示せ.

問 6.9 $n_1 = 4, X_1, \cdots, X_4$ の実現値を, $x_1 = 3.6, x_2 = 2.2, x_3 = 4.0, x_4 = 5.8$ とし, $n_2 = 3, Y_1, Y_2, Y_3$ の実現値を, $y_1 = 3.2, y_2 = 2.6, y_3 = 1.0$ とする.

(1) 12 個の値 $\{x_i - y_j | 1 \leqq i \leqq 4, 1 \leqq j \leqq 3\}$ の順序統計量の実現値を求めよ.

(2) ホッジス–レーマン順位推定量 $\hat{\delta}$ と正規性の下での最良手法 $\tilde{\delta}$ を求めよ.

(3) $x_4 = 100$ のように測定ミスしたとき, ホッジス–レーマン順位推定量 $\hat{\delta}$ と正規性の下での最良手法 $\tilde{\delta}$ を求めよ. さらに, (2) で得られた値との差の絶対値を求めよ.

[6] 順位区間推定 $w(n, n_1; \alpha/2)$ と $z(\alpha/2)$ に対して $a \equiv -w(n, n_1; \alpha/2) + N/2$ とおき, $\delta \equiv \mu_1 - \mu_2$ とする. このとき,

$$1-\alpha \leqq P_0\left(|T_R| \leqq w(n, n_1; \alpha/2)\right) = P\left(|T_R(\delta)| \leqq w(n, n_1; \alpha/2)\right) \quad (6.9)$$

を得る．拙書(著1)の3.3節より，

$$((6.9) \text{の最右辺}) = P\left(D_{(a)} \leqq \delta < D_{(N-a+1)}\right) \quad (6.10)$$

である．(6.9), (6.10) より，δ に関する信頼係数 $1-\alpha$ の正確に保守的な信頼区間は

$$D_{(a)} \leqq \delta < D_{(N-a+1)}$$

で与えられる．$c_n \equiv -\sigma_n \cdot z(\alpha/2) + N/2$, $\sigma_n \equiv \sqrt{n_1 n_2 (n+1)/12}$ とおく．同じく拙書(著1)の3.3節より，

$$\begin{aligned}1-\alpha &= \lim_{n\to\infty} P_0\left(|Z_R| \leqq z(\alpha/2)\right) \\ &= \lim_{n\to\infty} P\left(D_{(-[-c_n])} \leqq \delta < D_{([N-c_n]+1)}\right)\end{aligned} \quad (6.11)$$

が成り立つ．ゆえに，δ に関する信頼係数 $1-\alpha$ の漸近的な信頼区間は

$$D_{(-[-c_n])} \leqq \delta < D_{([N-c_n]+1)}$$

で与えられる．

6.4 手法の比較

$X_1, \cdots, X_{n_1}, Y_1, \cdots, Y_{n_2}$ の順序統計量を $X_{(1)} \leqq \cdots \leqq X_{(n)}$ とおき，その実現値を $x_{(1)} \leqq \cdots \leqq x_{(n)}$ とする．t 検定は観測値が正規分布に従うとき有意確率を t 分布表を使って求めることができる．観測値が正規分布に従っていることがわからなければ有意確率を計算できず，検定を行えない．しかしながら，H_0 の下で $\boldsymbol{X}_{(\cdot)} \equiv (X_{(1)}, \cdots, X_{(n)}) = \boldsymbol{x}_{(\cdot)} \equiv (x_{(1)}, \cdots, x_{(n)})$ を与えたときの T_S の条件付分布 $P_0(T_S \leqq t | \boldsymbol{X}_{(\cdot)} = \boldsymbol{x}_{(\cdot)})$ によって有意確率を計算すれば，(3.37) より，観測値が未知の連続分布に従っていても検定を行える．条件付分布によって t 統計量の有意確率を計算し検定を行う方法を**並べ替え t 検定**という．$T_S' \equiv \bar{X} - \bar{Y}$ とおけば，任意の u に対して，ある v が存在して，

$$P(|T_S| > u | \boldsymbol{X}_{(\cdot)} = \boldsymbol{x}_{(\cdot)}) = P\left(\frac{d_n |T_S'|}{\sqrt{c_n - (T_S')^2}} > u \middle| \boldsymbol{X}_{(\cdot)} = \boldsymbol{x}_{(\cdot)}\right)$$

表 **6.2** 重要な非対称分布

---

(1) ワイブル分布 $W(\alpha,\beta)$
密度関数 : $f(x|\boldsymbol{\theta}) = \beta\alpha x^{\alpha-1}\exp(-\beta x^\alpha)$ $(0 < x < \infty)$
$$\Theta = \{\boldsymbol{\theta} = (\alpha,\beta) | 0 < \alpha, \beta < \infty\}$$
分布関数 : $F(x|\boldsymbol{\theta}) = 1 - \exp(-\beta x^\alpha)$
平均, 分散 :
$$E(X) = \left(\frac{1}{\beta}\right)^{\frac{1}{\alpha}} \Gamma\left(\frac{1}{\alpha}+1\right),$$
$$V(X) = \left(\frac{1}{\beta}\right)^{\frac{2}{\alpha}} \left\{\Gamma\left(\frac{2}{\alpha}+1\right) - \Gamma^2\left(\frac{1}{\alpha}+1\right)\right\}$$

(2) 対数正規分布 $LN(\mu,\sigma)$
密度関数 : $f(x|\boldsymbol{\theta}) = \dfrac{1}{\sqrt{2\pi}\sigma x}\exp\left\{-\dfrac{(\log x - \mu)^2}{2\sigma^2}\right\}$ $(0 < x < \infty)$
$$\Theta = \{\boldsymbol{\theta} = (\mu,\sigma) | -\infty < \mu < \infty, 0 < \sigma < \infty\}$$
平均, 分散 :
$$E(X) = \exp\left(\mu + \frac{\sigma^2}{2}\right), V(X) = \exp(2\mu + 2\sigma^2) - \exp(2\mu + \sigma^2)$$
一般に $E(X^n) = \exp\left(n\mu + \dfrac{n^2\sigma^2}{2}\right)$

(3) 指数分布 $EX(\lambda)$
密度関数 : $f(x|\boldsymbol{\theta}) = \lambda e^{-\lambda x}$ $(0 < x < \infty)$
$$\Theta = \{\boldsymbol{\theta} = \lambda | 0 < \lambda < \infty\}.$$
分布関数 : $F(x|\boldsymbol{\theta}) = 1 - e^{-\lambda x}$
平均, 分散, 歪度, 尖度 :
$$E(X) = 1/\lambda, V(X) = 1/\lambda^2, \ell_1 = 2, \ell_2 = 6$$

$$= P(|T'_S| > v | \boldsymbol{X}_{(\cdot)} = \boldsymbol{x}_{(\cdot)}) \tag{6.12}$$

である. ただし,

$$c_n = \frac{n}{n_1 n_2}\sum_{k=1}^{n}\left(x_{(k)} - \frac{1}{n}\sum_{i=1}^{n}x_{(i)}\right)^2, \qquad d_n = \sqrt{n-2}$$

とする. (6.12) の 2 番目の等式は $\boldsymbol{X}_{(\cdot)} = \boldsymbol{x}_{(\cdot)}$ を与えたとき, $|T_S|$ が, $|T'_S|$ の狭義増加関数であることを使っている. 帰無仮説 H_0 の下で, (3.37) より,

表 6.3 検定の検出力

$F(x)$	$n_1 = n_2 = 10$		$n_1 = n_2 = 20$	
	並べ替え t 検定	順位検定	並べ替え t 検定	順位検定
$N(0,1)$	0.71	0.70	0.69	0.66
CN	0.63	0.64	0.58	0.60
CO	0.61	0.64	0.56	0.63
$LG(0,\sqrt{3}/\pi)$	0.73	0.73	0.70	0.72
$DE(0,1/\sqrt{2})$	0.74	0.78	0.71	0.80
$LN(0,1)$	0.45	0.65	0.36	0.71
$EX(1)$	0.75	0.82	0.71	0.88

表 6.4 推定量の相対効率 $e(\hat{\delta}, \tilde{\delta})$

$F(x)$	$n_1 = n_2 = 10$	$n_1 = n_2 = 20$
$N(0,1)$	0.93	0.95
CN	1.14	1.18
CO	1.24	1.29
$LG(0,\sqrt{3}/\pi)$	1.04	1.07
$DE(0,1/\sqrt{2})$	1.29	1.39
$LN(0,1)$	4.55	5.76
$EX(1)$	1.79	2.13

$$P_0(|T'_S| > t | \boldsymbol{X}_{(\cdot)} = \boldsymbol{x}_{(\cdot)})$$
$$= \frac{1}{n!} \# \left\{ \boldsymbol{v} \,\middle|\, \left| \frac{1}{n_1} \sum_{i=1}^{n_1} v_i - \frac{1}{n_2} \sum_{j=1}^{n_2} v_{n_1+j} \right| > t, \boldsymbol{v} \in \mathcal{V}_n \right\} \quad (6.13)$$

となる．(6.12), (6.13) より，並べ替え t 検定は T'_S を基に検定方式を定めることができる．対称でない分布を表 6.2 に掲げ，両側検定として並べ替え t 検定とウィルコクソンの順位検定を採用し，検出力により比較を行ったものが，表 6.3 である．シミュレーションの繰り返し数 3000 回，有意水準 5%，$\{n_1 = n_2 = 10$ かつ $\delta = 1.2\}$ または $\{n_1 = n_2 = 20$ かつ $\delta = 0.8\}$，$F(x)$ を正規分布 $N(0,1)$，混合正規分布 $CN \equiv 0.95N(0,1) + 0.05N(0,9)$，異常値をもつ混合正規分布 $CO \equiv 0.98N(0,1) + 0.02I_{\{5\}}$，ロジスティック分布 $LG(0,\sqrt{3}/\pi)$，両側指数分布 $DE(0,1/\sqrt{2})$，対数正規分布 $LN(0,1)$，指数分布 $EX(1)$，に設定した．
正規分布のときの最良推定量 $\tilde{\delta}$ とホッジス–レーマン推定量 $\hat{\delta}$ を比較する．$\tilde{\delta}$

に対する $\hat{\delta}$ の相対効率は母数 (μ_1, μ_2, σ) に依存せず，それを $e(\hat{\delta}, \tilde{\delta})$ とする．すなわち，$e(\hat{\delta}, \tilde{\delta}) = E\{(\tilde{\delta} - \delta)^2\}/E\{(\hat{\delta} - \delta)^2\}$ である．繰り返し数 10000 回のシミュレーション実験で求めた値は表 6.4 のとおりである．設定は，検定の場合と同じである．

表 6.3, 表 6.4 より，以下の結論を得る．

- 観測値が正規分布に従っている場合は，正規母集団での最良手法はノンパラメトリック法より少し良い．
- 観測値が混合正規分布 $0.95N(0,1) + 0.05N(0,9)$，異常値をもつ混合正規分布 $0.98N(0,1) + 0.02I_{\{5\}}$，ロジスティック分布 $LG(0, \sqrt{3}/\pi)$ などの正規分布に近い分布に従っている場合は，ノンパラメトリック法が良く，正規母集団での最良手法は劣る．
- 観測値が両側指数分布 $DE(0, 1/\sqrt{2})$，対数正規分布 $LN(0,1)$，指数分布 $EX(1)$ などの正規分布からかなり離れた分布に従っている場合は，ノンパラメトリック法が良く，正規母集団での最良手法は非常に劣る．

n_1, n_2 が大きいときの漸近的検出力の比較を，拙書 (著 1) の 3.4 節に記述した．

6.5 設定条件の緩和

6.1 節で述べたモデル設定よりも緩い条件で，ノンパラメトリック法を適用できることを論じる．まず，検定について以下に述べる．

$X_1, \cdots, X_{n_1}$ は同一の連続分布に従い，その分布関数を $F_X(x) \equiv P(X_i \leqq x)$ とする．同様に，$Y_1, \cdots, Y_{n_2}$ は同一の連続分布に従い，その分布関数を $F_Y(x) \equiv P(Y_j \leqq x)$ とする．

次の (i), (ii) を満たすとき，$F_X < F_Y$ と書く．

$$\begin{cases} \text{(i) すべての } x \text{ に対して,} & F_X(x) \leqq F_Y(x) \\ \text{(ii) ある } x \text{ が存在して,} & F_X(x) < F_Y(x) \end{cases}$$

このとき，$F_X < F_Y$ ならば，$E(X_1) > E(Y_1)$ である．

分布形の仮説

①′ 帰無仮説 $H_0 : F_X = F_Y$ vs. 対立仮説 $H_1' : F_X \neq F_Y$
②′ 帰無仮説 $H_0 : F_X = F_Y$ vs. 対立仮説 $H_2' : F_X < F_Y$
③′ 帰無仮説 $H_0 : F_X = F_Y$ vs. 対立仮説 $H_3' : F_X > F_Y$

それぞれの場合に対して，ノンパラメトリック法を与える．H_0 が真のとき，次の条件 (a.1) を設定する．

(a.1) 任意に $\boldsymbol{x} \equiv (x_1, \cdots, x_n) \in R^n$ を与え，$\mathcal{V}_n$ を (3.36) で定義する．このとき，任意の $\boldsymbol{v} \equiv (v_1, \cdots, v_n) \in \mathcal{V}_n$ に対して，

$$P(X_1 \leqq v_1, \cdots, X_{n_1} \leqq v_{n_1}, Y_1 \leqq v_{n_1+1}, \cdots, Y_{n_2} \leqq v_n)$$
$$= P(X_1 \leqq x_1, \cdots, X_{n_1} \leqq x_{n_1}, Y_1 \leqq x_{n_1+1}, \cdots, Y_{n_2} \leqq x_n)$$

が成り立つ．

条件 (a.1) を満たすために，$X_1, \cdots, X_{n_1}, Y_1, \cdots, Y_{n_2}$ が独立である必要はない．条件 (a.1) の下で，(6.3), (6.4) が成り立つので，[4] で述べた ①, ②, ③ に対するウィルコクソンの順位検定は，そのまま，それぞれ緩い条件 (a.1) の下での ①′, ②′, ③′ に対するノンパラメトリック検定となっている．条件 (a.1) の下で，(6.13) が成り立つので，条件 (a.1) の下での ①′, ②′, ③′ に対する並べ替え t 検定も，分布に依存しないノンパラメトリック検定となっている．

続いて，点推定と信頼区間について以下に解説する．

$X_1, \cdots, X_{n_1}$ は同一の連続分布に従い，その分布関数を $P(X_i \leqq x) = F(x - \mu_1)$ とする．同様に，$Y_1, \cdots, Y_{n_2}$ は同一の連続分布に従い，その分布関数を $P(Y_j \leqq x) = F(x - \mu_2)$ とする．このとき，次の条件 (a.2) を設定する．

(a.2) 任意に $\boldsymbol{x} \equiv (x_1, \cdots, x_n) \in R^n$ を与え，$\mathcal{V}_n$ を (3.36) で定義する．このとき，任意の $\boldsymbol{v} \equiv (v_1, \cdots, v_n) \in \mathcal{V}_n$ に対して，

$$P(X_1 - \mu_1 \leqq v_1, \cdots, X_{n_1} - \mu_1 \leqq v_{n_1}, Y_1 - \mu_2 \leqq v_{n_1+1}, \cdots, Y_{n_2} - \mu_2 \leqq v_n)$$
$$= P(X_1 - \mu_1 \leqq x_1, \cdots, X_{n_1} - \mu_1 \leqq x_{n_1},$$
$$Y_1 - \mu_2 \leqq x_{n_1+1}, \cdots, Y_{n_2} - \mu_2 \leqq x_n)$$

が成り立つ．

条件 (a.2) の下でも (6.9)〜(6.11) が成り立つので，[5], [6] で述べた δ に関する順位推定と順位信頼区間は，そのまま，それぞれ緩い条件 (a.2) の下での推測法となっている．

問 6.10 二標本のデータが次の表で与えられている．分布探索を除き，$\alpha = 0.05$ とし，このデータを統計解析せよ．

第1標本	30.0	30.1	15.6	24.3	30.5	17.8
第2標本	9.4	13.7	19.5	9.9		

　この章の手法を使ったデータ解析については，拙書 (著1) の 3.5 節を参照のこと．さらに，ノンパラメトリック順位推測法は，外れ値に頑健であることが例証できる．また，二標本を含む多標本の場合の分布探索法については同じく拙書 4.4 節を参照されたい．

第 **7** 章

比率モデルの推測

離散モデルとして代表的な 2 項分布に関係した比率モデルの推測論を述べる．比率モデルに関する手法は，F 分布を使った正確な手法とよばれている推測法が統計の教科書に紹介されている．著者の最近の研究で，正確な手法とよばれている推測法は，実は正確に保守的な推測法であることが分かり，すべての文献に正則条件が不足していることを発見した．これらの内容を厳密に 7.2 節で記述する．さらに，大標本理論の場合に，分散安定化変換に基づく手法等を述べる．第 5,6 章で述べた連続モデルの統計手法とは異なる漸近的性質をもっていることを 7.5 節で述べる．

7.1　2 項分布

実数 x と非負の整数 r に対して，$\binom{x}{r}$ を

$$\binom{x}{r} = \frac{x(x-1)\cdots(x-r+1)}{r!} \quad (r \geqq 1), \quad \binom{x}{0} = 1 \quad (7.1)$$

で定義する．以後 n を自然数とする．$n \geqq r$ ならば，$\binom{n}{r} = {}_nC_r$ である．高等学校でならった公式を $\binom{n}{r}$ を使って述べる．

組合せ

異なる n 個のものから, r 個をとる組合せの総数は次で与えられる.

$$\binom{n}{r} = \frac{n!}{r! \cdot (n-r)!} = \frac{n(n-1)\cdots(n-r+1)}{r(r-1)\cdots 2 \cdot 1}$$

性質 $\binom{n}{r} = \binom{n}{n-r}$, $\binom{n}{r} = \binom{n-1}{r} + \binom{n-1}{r-1}$

2 項定理 $(a+b)^n = \sum_{i=0}^{n} \binom{n}{i} a^{n-i} b^i = \sum_{i=0}^{n} \binom{n}{i} a^i b^{n-i}$

2 項分布 (重複試行の確率) $B(n,p)$

成功の確率が p, 失敗の確率が $1-p$ の試行を**ベルヌーイ試行**という. 試行が成功のとき 1 失敗のとき 0 とおき, 独立な n 回のベルヌーイ試行を $X_1, \cdots, X_n$ とする. すなわち, $P(X_i=1)=p$, $P(X_i=0)=1-p$ となる. このとき, 成功の回数は, 確率変数

$$X \equiv X_1 + \cdots + X_n$$

である. e_i を 1 または 0 の定数とし, $x \equiv \sum_{i=1}^{n} e_i$ とすると,

$$\begin{aligned}
P(X_1=e_1, \cdots, X_n=e_n) &= P(X_1=e_1) \times \cdots \times P(X_n=e_n) \\
&= p^{e_1}(1-p)^{1-e_1} \times \cdots \times p^{e_n}(1-p)^{1-e_n} \\
&= p^{\sum_{i=1}^{n} e_i}(1-p)^{n-\sum_{i=1}^{n} e_i} = p^x (1-p)^{n-x}
\end{aligned}$$

である.

X の確率関数は, $x=0,1,\cdots,n$ に対して,

$$\begin{aligned}
f(x|n,p) &\equiv P(X=x) \\
&= \sum_{\sum_{i=1}^{n} e_i = x} P(X_1=e_1, \cdots, X_n=e_n) = \binom{n}{x} p^x (1-p)^{n-x}
\end{aligned}$$

となる. この分布を **2 項分布**といい, 記号 $B(n,p)$ で表す.

2 項定理より,

$$\sum_{x=0}^{n} f(x|n,p) = \sum_{x=0}^{n} \binom{n}{x} p^x (1-p)^{n-x} = \{p + (1-p)\}^n = 1$$

である．

命題 7.1 確率変数 X, Y は互いに独立とする．このとき，

$$X \sim B(n_1, p), \quad Y \sim B(n_2, p) \Longrightarrow X + Y \sim B(n_1 + n_2, p)$$

が成り立つ．

証明 $X_i, Y_j \sim B(1, p)$ となる独立なベルヌーイ試行 $X_1, \cdots, X_{n_1}, Y_1, \cdots, Y_{n_2}$ によって，$X = X_1 + \cdots + X_{n_1}, Y = Y_1 + \cdots + Y_{n_2}$ と表現できる．これにより，$X + Y = X_1 + \cdots + X_{n_1} + Y_1 + \cdots + Y_{n_2} \sim B(n_1 + n_2, p)$ となる． □

補題 7.2 確率変数 X に対して，

$$V(X) = E\{X(X-1)\} + E(X) - \{E(X)\}^2$$

が成り立つ．

証明 命題 2.16 の (2) 及び定理 2.19 の (1) より，次の式を得る．

$$\begin{aligned} E\{X(X-1)\} + E(X) - \{E(X)\}^2 &= E(X^2) - E(X) + E(X) - \{E(X)\}^2 \\ &= E(X^2) - \{E(X)\}^2 \\ &= V(X) \end{aligned}$$

□

定理 7.3 $X \sim B(n, p)$ ならば，平均と分散は

$$E(X) = np, \quad V(X) = np(1-p)$$

で与えられる．

証明 $y \equiv x - 1$ とすると，$1 \leqq x \leqq n \iff 0 \leqq y \leqq n - 1$ となり，2 項定理を使って，

$$\begin{aligned} E(X) &= \sum_{x=0}^{n} x f(x|n,p) = \sum_{x=1}^{n} x \binom{n}{x} p^x (1-p)^{n-x} \\ &= np \sum_{x=1}^{n} \frac{(n-1)!}{(x-1)!(n-x)!} p^{(x-1)} (1-p)^{n-x} \end{aligned}$$

$$= np \sum_{y=0}^{n-1} \binom{n-1}{y} p^y (1-p)^{n-1-y}$$
$$= np\{p + (1-p)\}^{n-1} = np$$

である.

$z \equiv x - 2$ とすると,$2 \leqq x \leqq n \iff 0 \leqq z \leqq n-2$ となり,

$$E\{X(X-1)\} = \sum_{x=0}^{n} x(x-1) f(x|n,p)$$
$$= \sum_{x=2}^{n} x(x-1) \binom{n}{x} p^x (1-p)^{n-x}$$
$$= n(n-1)p^2 \sum_{x=2}^{n} \frac{(n-2)!}{(x-2)!(n-x)!} p^{(x-2)} (1-p)^{n-x}$$
$$= n(n-1)p^2 \sum_{z=0}^{n-2} \binom{n-2}{z} p^z (1-p)^{n-2-z}$$
$$= n(n-1)p^2 \{p + (1-p)\}^{n-2} = n(n-1)p^2$$

である.この結果と補題 7.2 を使って,

$$V(X) = n(n-1)p^2 + np - (np)^2 = np(1-p)$$

が成り立つ. □

図 7.1 は 2 項分布の確率関数である.

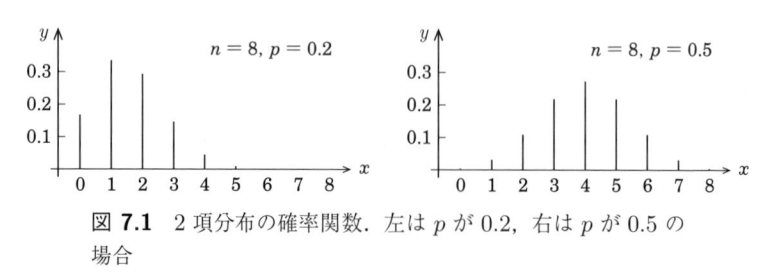

図 7.1 2 項分布の確率関数. 左は p が 0.2, 右は p が 0.5 の場合

命題 7.4 確率変数 X, Y が互いに独立で,それぞれ確率関数 $f(x), g(x)$ をもつならば,$X + Y$ の確率関数は,

$$P(X + Y = z) = \sum_{x+y=z} P(X = x, Y = y) = \sum_{x+y=z} f(x)g(y)$$

で与えられる．ただし，$\sum_{x+y=z}$ は $x+y=z$ を満たす (x,y) のすべての組についての和をとる．

問 7.1 $X \sim B(n,p)$ とする．

(1) X の特性関数は $(1-p+pe^{it})^n$ となることを示せ．
(2) 特性関数を使って，$E(X)=np, V(X)=np(1-p)$ を示せ．
(3) 特性関数を使って，命題 7.1 を示せ．

負の 2 項分布　$NB(r,p)$

0 が r 回起こるまで，独立で同一の成功の確率 p のベルヌーイ試行 $\{X_i|i \geqq 1\}$ を続ける．このとき，1 が起こった回数を X とすると，X の分布は，

$$\begin{aligned}
f_X(x|r,p) &\equiv P(X=x) \\
&= P(X_1+\cdots+X_{x+r-1}=x, X_{x+r}=0) \\
&= P(X_1+\cdots+X_{x+r-1}=x)P(X_{x+r}=0) \\
&= \binom{x+r-1}{x}(1-p)^r p^x = \binom{-r}{x}(1-p)^r(-p)^x \quad (7.2)
\end{aligned}$$

となる．この分布を**負の 2 項分布**といい，記号 $NB(r,p)$ で表す．

特に，$r=1$ のとき，$f(x|1,p)=p^x(1-p)$ である．

立場を替えて，1 が r 回起こるまで，独立で同一の成功の確率 p のベルヌーイ試行 $\{X_i|i \geqq 1\}$ を続ける．このとき，0 が起こった回数を Y とすると，Y の分布は，

$$f_Y(y|r,p) \equiv P(Y=y) = \binom{y+r-1}{y}p^r(1-p)^y = \binom{-r}{y}p^r\{-(1-p)\}^y$$

である．

7.2　1 標本モデルにおける小標本の推測法

p が 0 または 1 の自明な場合を除き，以後，

$$0 < p < 1 \quad (7.3)$$

を仮定する．

補題 7.5 X を 2 項分布 $B(n,p)$ に従う確率変数とする.自然数 m_1, m_2 に対して,$\mathcal{F}_{m_2}^{m_1}$ を自由度 (m_1, m_2) の F 分布に従う確率変数とし,自然数 m に対して,$\mathcal{F}_0^m = 1$ とする.このとき,$x = 0, 1, \cdots, n$ に対して,

$$P(X \geq x) = P\left(\mathcal{F}_{2x}^{2(n-x+1)} \geq \frac{x(1-p)}{(n-x+1)p}\right), \tag{7.4}$$

$$P(X \leq x) = P\left(\mathcal{F}_{2(n-x)}^{2(x+1)} \geq \frac{(n-x)p}{(x+1)(1-p)}\right) \tag{7.5}$$

が成り立つ.上側確率 $P(X \geq x)$ は p の連続な増加関数であり,分布関数 $P(X \leq x)$ は p の連続な減少関数である.

証明 ベータ分布 $BE(m_1, m_2)$ の密度関数を $f(y|m_1, m_2)$ で表すものとする.$x = 0$ のとき (7.4) は自明である.x を n 以下の自然数とし,T がベータ分布 $BE(n-x+1, x)$ に従うとすると,

$$P(T \geq 1-p) = \int_{1-p}^{1} f(t|n-x+1, x)dt$$

となる.$y \equiv 1-t$ とした変数変換と部分積分により,

$$\begin{aligned}
P(T \geq 1-p) &= \int_0^p f(y|x, n-x+1)dy \\
&= \frac{n!}{(x-1)! \cdot (n-x)!} \int_0^p y^{x-1}(1-y)^{n-x}dy \\
&= \binom{n}{x} p^x(1-p)^{n-x} \\
&\quad + \frac{n!}{x! \cdot (n-x-1)!} \int_0^p y^x(1-y)^{n-x-1}dy \\
&= \binom{n}{x} p^x(1-p)^{n-x} + \int_0^p f(y|x+1, n-x)dy \tag{7.6}
\end{aligned}$$

が示される.(7.6) は x の漸化式であるので,同様の部分積分を連続して行うことにより,(7.6) は,

$$\begin{aligned}
P(T \geq 1-p) &= \sum_{k=x}^{n-1} \binom{n}{k} p^k(1-p)^{n-k} + n\int_0^p y^{n-1}dy \\
&= \sum_{k=x}^{n} \binom{n}{k} p^k(1-p)^{n-k} = P(X \geq x) \tag{7.7}
\end{aligned}$$

となる．補題 3.19 より，$\{x/(n-x+1)\} \cdot \{T/(1-T)\}$ は自由度 $(2(n-x+1), 2x)$ の F 分布に従う．これにより，

$$\mathcal{F}_{2x}^{2(n-x+1)} = \frac{x}{n-x+1} \cdot \frac{T}{1-T} \tag{7.8}$$

である．ここで，(7.7), (7.8) より，

$$P(X \geqq x) = P(T \geqq 1-p) = P\left(\mathcal{F}_{2x}^{2(n-x+1)} \geqq \frac{x(1-p)}{(n-x+1)p}\right)$$

を得て，(7.4) が導かれた．

$x = n$ のとき (7.5) は自明である．x を $0 \leqq x \leqq n-1$ となる整数とする．U がベータ分布 $BE(x+1, n-x)$ に従うとすると，

$$P(U \geqq p) = \int_p^1 f(u|x+1, n-x) du$$

となる．$y \equiv 1-u$ とした変数変換と部分積分により，${}_n C_r = {}_n C_{n-r}$ の関係を使って，(7.7) と同様に，

$$\begin{aligned} P(U \geqq p) &= \int_0^{1-p} f(y|n-x, x+1) dy \\ &= \sum_{k=n-x}^{n} \binom{n}{k} (1-p)^k p^{n-k} \\ &= \sum_{\ell=0}^{x} \binom{n}{\ell} p^\ell (1-p)^{n-\ell} = P(X \leqq x) \end{aligned} \tag{7.9}$$

が成り立つ．

補題 3.19 より，$\{(n-x)/(x+1)\} \cdot \{U/(1-U)\}$ は自由度 $(2(x+1), 2(n-x))$ の F 分布に従う．ここで，(7.8) と同様に

$$\mathcal{F}_{2(n-x)}^{2(x+1)} = \frac{n-x}{x+1} \cdot \frac{U}{1-U} \tag{7.10}$$

である．(7.9), (7.10) より，

$$P(X \leqq x) = P(U \geqq p) = P\left(\mathcal{F}_{2(n-x)}^{2(x+1)} \geqq \frac{(n-x)p}{(x+1)(1-p)}\right)$$

を得て，(7.5) が導かれた．$P(X \geqq x)$ が p の連続な増加関数であることは，

(7.6) と $\int_0^p f(y|x, n-x+1) dy$ が p の連続な増加関数であることから分かる. 同様に, (7.9) から, $P(X \leqq x)$ が p の連続な減少関数であることが分かる. □

$B(n, p)$ の確率関数 $f(x|n, p)$ と与えられた $\alpha (0 < \alpha < 1)$ に対して, 条件

$$p^n \leqq \alpha \quad (\Longleftrightarrow p \leqq \alpha^{1/n}) \tag{b.1}$$

が満たされるとする. $u(p, n; \alpha)$ を

$$P(X \geqq u(p, n; \alpha)) = \sum_{j=u(p,n;\alpha)}^{n} f(j|n, p) \leqq \alpha \tag{7.11}$$

を満たす最小の自然数とする. (7.4) より, F 分布の上側確率を使って $u(p, n; \alpha)$ を求めることが出来る.

条件

$$(1-p)^n \leqq \alpha \quad (\Longleftrightarrow p \geqq 1 - \alpha^{1/n}) \tag{b.2}$$

が満たされるとする. $\ell(p, n; \alpha)$ を

$$P(X \leqq \ell(p, n; \alpha)) = \sum_{j=0}^{\ell(p,n;\alpha)} f(j|n, p) \leqq \alpha \tag{7.12}$$

を満たす最大の整数とする. (7.5) より, F 分布の上側確率を使って $\ell(p, n; \alpha)$ を求めることが出来る. 補題 7.5 の後半部分より, $u(p, n; \alpha), \ell(p, n; \alpha)$ は p の増加関数である.

定理 7.6 X を 2 項分布 $B(n, p)$ に従う確率変数とする. (7.3) を満たす p に対して, 条件 (b.1) の下で, 事象の等式

$$\{\omega | X(\omega) \geqq u(p, n; \alpha)\} = \left\{\omega \middle| p \leqq \frac{L(\omega)}{K(\omega) \cdot F_{L(\omega)}^{K(\omega)}(\alpha) + L(\omega)}\right\} \tag{7.13}$$

が成り立ち, 条件 (b.2) の下で, 事象の等式

$$\{\omega | X(\omega) \leqq \ell(p, n; \alpha)\} = \left\{\omega \middle| p \geqq \frac{K^*(\omega) \cdot F_{L^*(\omega)}^{K^*(\omega)}(\alpha)}{K^*(\omega) \cdot F_{L^*(\omega)}^{K^*(\omega)}(\alpha) + L^*(\omega)}\right\} \tag{7.14}$$

が成り立つ. ただし, $F_0^m(\alpha) = 1$, 自然数 m_1, m_2 に対して $F_{m_2}^{m_1}(\alpha)$ を自由度

(m_1, m_2) の F 分布の上側 $100\alpha\%$ 点とし，確率変数 K, L, K^*, L^* を

$$K \equiv 2(n - X + 1), \quad L \equiv 2X, \quad K^* \equiv 2(X + 1), \quad L^* \equiv 2(n - X)$$

で定義し，$K(\omega) = 2(n - X(\omega) + 1)$ である．$L(\omega), K^*(\omega), L^*(\omega)$ も同様に定義する．

証明 (b.1) が成り立たなければ，(7.11) 式の右側の不等式を満たす $u(p, n; \alpha)$ は存在しない．$Y(\omega) \equiv L(\omega)/\left\{K(\omega) \cdot F_{L(\omega)}^{K(\omega)}(\alpha) + L(\omega)\right\}$ とする．このとき，$Y(\cdot)$ は $\Omega = \{\omega_0, \omega_1, \cdots, \omega_n\}$ 上の実数値関数で，全事象 Ω は有限個からなる．これにより，$Y(\cdot)$ は定義 2.6 を満たすこととなり，Y は確率変数となる．事象 A, B を

$$A \equiv \{\omega | X(\omega) < u(p, n; \alpha)\}, \quad B \equiv \left\{\omega \middle| p > \frac{L(\omega)}{K(\omega) \cdot F_{L(\omega)}^{K(\omega)}(\alpha) + L(\omega)}\right\}$$

で定義する．任意の $\omega \in A$ に対して，$x \equiv X(\omega)$ とする．このとき，

$$x < u(p, n; \alpha) \tag{7.15}$$

が成り立つ．補題 7.5 の (7.4) より，(7.15) は

$$P\left(\mathcal{F}_{2x}^{2(n-x+1)} \geqq \frac{x(1-p)}{(n-x+1)p}\right) = \sum_{j=x}^{n} f(j|n, p) > \alpha \tag{7.16}$$

と同値である．これにより，(7.15) は

$$F_{2x}^{2(n-x+1)}(\alpha) > \frac{x(1-p)}{(n-x+1)p} \iff p > \frac{2x}{2(n-x+1)F_{2x}^{2(n-x+1)}(\alpha) + 2x}$$

と同値である．以上により，$\omega \in A \Leftrightarrow \omega \in B$ が示された．これは $A = B$ である．この両辺の補事象をとることにより，$A^c = B^c$ と同値の (7.13) を得る．

次に (7.14) を導く．(b.2) が成り立たなければ，(7.12) の右側の不等式を満たす $\ell(p, n; \alpha)$ は存在しない．事象 C, D を

$$C \equiv \{\omega | X(\omega) > \ell(p, n; \alpha)\}, \quad D \equiv \left\{\omega \middle| p < \frac{K^*(\omega) \cdot F_{L^*(\omega)}^{K^*(\omega)}(\alpha)}{K^*(\omega) \cdot F_{L^*(\omega)}^{K^*(\omega)}(\alpha) + L^*(\omega)}\right\}$$

で定義する．任意の $\omega \in C$ に対して，$x \equiv X(\omega)$ とする．このとき，

$$x > \ell(p, n; \alpha) \tag{7.17}$$

が成り立つ. 補題 7.5 の (7.5) より, (7.17) は

$$P\left(\mathcal{F}_{2(n-x)}^{2(x+1)} \geqq \frac{(n-x)p}{(x+1)(1-p)}\right) = \sum_{j=0}^{x} f(j|n,p) > \alpha$$

と同値である. さらに, 上式は

$$F_{2(n-x)}^{2(x+1)}(\alpha) > \frac{(n-x)p}{(x+1)(1-p)} \iff p < \frac{2(x+1)F_{2(n-x)}^{2(x+1)}(\alpha)}{2(x+1)F_{2(n-x)}^{2(x+1)}(\alpha) + 2(n-x)}$$

と同値である. 以上により, $C = D$ である. この両辺の補事象をとることにより, (7.14) を得る. □

この定理 7.6 より, 系 7.7 を得る.

系 7.7 $0 < p < 1$ となる p に対して, 条件 (b.1) の下で,

$$P\left(\frac{L}{K \cdot F_L^K(\alpha) + L} \geqq p\right) = P(X \geqq u(p, n; \alpha)) \leqq \alpha \tag{7.18}$$

が成り立ち, 条件 (b.2) の下で,

$$P\left(\frac{K^* \cdot F_{L^*}^{K^*}(\alpha)}{K^* \cdot F_{L^*}^{K^*}(\alpha) + L^*} \leqq p\right) = P(X \leqq \ell(p, n; \alpha)) \leqq \alpha \tag{7.19}$$

が成り立つ.

$$A \equiv \left\{\frac{L}{K \cdot F_L^K\left(\frac{\alpha}{2}\right) + L} \geqq p\right\}, \quad B \equiv \left\{\frac{K^* \cdot F_{L^*}^{K^*}\left(\frac{\alpha}{2}\right)}{K^* \cdot F_{L^*}^{K^*}\left(\frac{\alpha}{2}\right) + L^*} \leqq p\right\}$$

とおくと, $\alpha/2 < 0.5$ であるので, 系 7.7 より, $A \cap B = \emptyset$ となり

$$P(A \cup B) = P(A) + P(B) \leqq \alpha \tag{7.20}$$

が成り立つ. 以上により, 次の信頼区間を得る.

[1] 正確に保守的な信頼区間 正則条件として,

を仮定する．このとき，信頼係数 $1-\alpha$ の正確に保守的な信頼区間は，

$$\frac{L}{KF_L^K\left(\frac{\alpha}{2}\right)+L} < p < \frac{K^*F_{L^*}^{K^*}\left(\frac{\alpha}{2}\right)}{K^*F_{L^*}^{K^*}\left(\frac{\alpha}{2}\right)+L^*}$$

で与えられる．

次に，$0 < p_0 < 1$ となる p_0 を与え，検定方式を論じる．上記の信頼区間から，次の「正確に保守的な両側検定」を得る．

[2] 正確に保守的な検定 正則条件として，

$$p_0^n \leqq \alpha/2 \quad \text{かつ} \quad (1-p_0)^n \leqq \alpha/2 \tag{b.4}$$

を仮定する．このとき，帰無仮説 $H_0: p = p_0$ vs. 対立仮説 $H_1: p \neq p_0$ に対する水準 α の両側検定は，次で与えられる．

$$\frac{L}{KF_L^K\left(\frac{\alpha}{2}\right)+L} \geqq p_0 \quad \text{または} \quad \frac{K^*F_{L^*}^{K^*}\left(\frac{\alpha}{2}\right)}{K^*F_{L^*}^{K^*}\left(\frac{\alpha}{2}\right)+L^*} \leqq p_0 \tag{7.21}$$

$\Longrightarrow H_0$ を棄却し，H_1 を受け入れ，$p \neq p_0$ と判定する．

この両側検定は，検定関数

$$\phi(X) = \begin{cases} 1 & \left(\dfrac{L}{KF_L^K\left(\frac{\alpha}{2}\right)+L} \geqq p_0 \quad \text{または} \quad \dfrac{K^*F_{L^*}^{K^*}\left(\frac{\alpha}{2}\right)}{K^*F_{L^*}^{K^*}\left(\frac{\alpha}{2}\right)+L^*} \leqq p_0\right) \\ 0 & \left(\dfrac{L}{KF_L^K\left(\frac{\alpha}{2}\right)+L} < p_0 < \dfrac{K^*F_{L^*}^{K^*}\left(\frac{\alpha}{2}\right)}{K^*F_{L^*}^{K^*}\left(\frac{\alpha}{2}\right)+L^*}\right) \end{cases}$$

で与えられる検定と同等である．系 7.7 を使って，この検定は，検定関数

$$\phi(X) = \begin{cases} 1 & (X \leqq \ell(p_0, n; \alpha/2) \quad \text{または} \quad X \geqq u(p_0, n; \alpha/2)) \\ 0 & (\ell(p_0, n; \alpha/2) + 1 \leqq X \leqq u(p_0, n; \alpha/2) - 1) \end{cases} \tag{7.22}$$

で与えられる検定と同等である．

[3] **正確な検定** 条件 (b.4) を満たすと仮定する．このとき，検定関数

$$\phi(X) = \begin{cases} 1 & (X \geqq u(p_0, n; \alpha/2) \ \ \text{または} \ \ X \leqq \ell(p_0, n; \alpha/2)) \\ \gamma_1 & (X = u(p_0, n; \alpha/2) - 1) \\ \gamma_2 & (X = \ell(p_0, n; \alpha/2) + 1) \\ 0 & (\ell(p_0, n; \alpha/2) + 1 < X < u(p_0, n; \alpha/2) - 1) \end{cases} \quad (7.23)$$

で与えられる帰無仮説 H_0 に対する両側検定は，H_0 の下で $E_0\{\phi(X)\} = \alpha$ であるので，この検定は水準 α の検定である．ただし，

$$\gamma_1 \equiv \frac{\alpha/2 - P_0\left(X \geqq u(p_0, n; \alpha/2)\right)}{P_0\left(X = u(p_0, n; \alpha/2) - 1\right)}, \quad \gamma_2 \equiv \frac{\alpha/2 - P_0\left(X \leqq \ell(p_0, n; \alpha/2)\right)}{P_0\left(X = \ell(p_0, n; \alpha/2) + 1\right)}$$

とし，$P_0(\cdot)$ は H_0 の下での確率測度を表すものとする．γ_1, γ_2 の値は (7.4), (7.5) を使って与えることができる．

(7.21) を棄却域とする検定はよく知られ，多くの統計書に記載されているが，条件 (b.4) が書かれていない．困ったことに，(b.4) がなくても，形式的に，棄却領域 (7.21) の検定を実行できる．(b.4) が満たされているときだけ，棄却領域 (7.21) の検定と検定 (7.22) の正当性が主張できる．さらに，(7.23) の正確な検定のほうが (7.22) の正確に保守的な検定よりも検出力が高い．

問 7.2 帰無仮説 H_0 vs. 対立仮説 $H_2 : p > p_0$ に対する水準 α の検定について，次の (1) から (3) に答えよ．

(1) 正確に保守的な検定を述べよ．
(2) 正確な検定を述べよ．
(3) (1), (2) が正当であるための十分条件を述べよ．

問 7.3 帰無仮説 H_0 vs. 対立仮説 $H_3 : p < p_0$ に対する水準 α の検定について，次の (1) から (3) に答えよ．

(1) 正確に保守的な検定を述べよ．
(2) 正確な検定を述べよ．
(3) (1), (2) が正当であるための十分条件を述べよ．

7.3 1標本モデルにおける大標本の推測法

正確に保守的な手法に比べ漸近理論による手法は面倒ではない．引き続き漸近理論を述べる．$X \sim B(n, p)$ とし，p の点推定量を

$$\hat{p} \equiv X/n \quad \text{or} \quad (X+0.5)/(n+1)$$

とする．ただし，$A \equiv B \text{ or } C$ は，B または C を A とおくの意味である．

定理 3.27 の中心極限定理より，$n \to \infty$ として

$$\frac{\sqrt{n}(\hat{p}-p)}{\sqrt{p(1-p)}} \xrightarrow{\mathcal{L}} Z \sim N(0,1) \tag{7.24}$$

である．さらに，定理 3.32 のスラッキーの定理を適用すると，

$$\frac{\sqrt{n}(\hat{p}-p)}{\sqrt{\hat{p}(1-\hat{p})}} \xrightarrow{\mathcal{L}} Z \sim N(0,1) \tag{7.25}$$

が成り立つ．

命題 7.8 母数 θ の推定量 T_n に対して，ある関数 $h(\cdot)$ が存在して，

$$\sqrt{n}(T_n - \theta) \xrightarrow{\mathcal{L}} N(0, h(\theta))$$

を満たし，微分係数 $g'(\theta)$ は存在し 0 でないものとする．このとき，

$$\sqrt{n}(g(T_n) - g(\theta)) \xrightarrow{\mathcal{L}} N(0, \{g'(\theta)\}^2 \cdot h(\theta))$$

が成り立つ．

証明 命題の主張の左辺の式に定理 3.35 のデルタ法を適用すると，結論が得られる． □

命題 7.8 より，ある定数 $c > 0$ が存在して，$\{g'(\theta)\}^2 \cdot h(\theta) = c$ であるならば，漸近分散は定数 c となる．このような $g(\cdot)$ を**分散安定化変換**とよんでいる．

$$\frac{d}{dx} \arcsin\left(\sqrt{x}\right) = \frac{1}{2\sqrt{x(1-x)}} \tag{7.26}$$

となる．(7.24), (7.26) の関係と命題 7.8 を使うことにより，逆正弦変換後は，

$$\sqrt{n}\left\{\arcsin\left(\sqrt{\hat{p}}\right) - \arcsin\left(\sqrt{p}\right)\right\} \xrightarrow{\mathcal{L}} N\left(0, \frac{1}{4}\right) \tag{7.27}$$

が成り立つ．(7.27) の漸近分布の分散は未知母数 p に依存していないので，$\arcsin\left(\sqrt{\hat{p}}\right)$ $(g(p) = \arcsin(\sqrt{p}))$ は，2 項分布の場合の分散安定化変換である．

[4] 漸近的な検定　(7.25), (7.27) より，

$$T \equiv 2\sqrt{n}\left\{\arcsin\left(\sqrt{\hat{p}}\right) - \arcsin\left(\sqrt{p_0}\right)\right\} \quad \text{or} \quad \frac{\sqrt{n}(\hat{p} - p_0)}{\sqrt{\hat{p}(1-\hat{p})}}$$

とおくと，H_0 の下で T は標準正規分布で近似できる．$|T|$ が大きいとき H_0 を棄却する．標準正規分布の上側 $100\alpha\%$ 点を $z(\alpha)$ とする．標準正規分布の密度関数が 0 について対称より，H_0 の下で

$$\lim_{n\to\infty} P_0(|T| > z(\alpha/2)) = P(|Z| > z(\alpha/2))$$
$$= P(Z > z(\alpha/2) \quad \text{または} \quad Z < -z(\alpha/2))$$
$$= 2P(Z > z(\alpha/2)) = \alpha$$

となる．ゆえに水準 α の検定方式は検定関数 $\phi(\cdot)$ を使って，

$$\phi(\boldsymbol{X}) = \begin{cases} 1 & (|T| > z(\alpha/2) \text{ のとき}) \\ 0 & (|T| < z(\alpha/2) \text{ のとき}) \end{cases}$$

と表現される．

問 7.4　帰無仮説 H_0 vs. 対立仮説 $H_2: p > p_0$ に対する水準 α の漸近的な検定について述べよ．

[5] 漸近的な信頼区間　(7.25) より，p の信頼係数 $1-\alpha$ の近似両側信頼区間は，

$$\hat{p} - z(\alpha/2) \cdot \sqrt{\frac{\hat{p}(1-\hat{p})}{n}} < p < \hat{p} + z(\alpha/2) \cdot \sqrt{\frac{\hat{p}(1-\hat{p})}{n}} \tag{7.28}$$

と求められる．また，(7.24) より，

$$\lim_{n\to\infty} P\left(\left|\frac{\sqrt{n}(\hat{p}-p)}{\sqrt{p(1-p)}}\right| < z(\alpha/2)\right) = 1-\alpha \tag{7.29}$$

である．(7.29) 式の確率の中を平方して

$$\frac{n(\hat{p}-p)^2}{p(1-p)} < z^2(\alpha/2) \iff \left(n+z^2(\alpha/2)\right)p^2 - \left(2n\hat{p}+z^2(\alpha/2)\right)p + n\hat{p}^2 < 0$$

$$\iff \frac{2n\hat{p}+z^2(\alpha/2) - \sqrt{4nz^2(\alpha/2)\hat{p}(1-\hat{p}) + z^4(\alpha/2)}}{2(n+z^2(\alpha/2))}$$

$$< p < \frac{2n\hat{p}+z^2(\alpha/2) + \sqrt{4nz^2(\alpha/2)\hat{p}(1-\hat{p}) + z^4(\alpha/2)}}{2(n+z^2(\alpha/2))} \tag{7.30}$$

を得る．(7.29) より，区間 (7.30) も，p に関する信頼係数 $1-\alpha$ の近似両側信頼区間である．(7.29) の確率の中の式の推定は 1 つしかつかわれずに，信頼区間 (7.30) が構成されている．

問 7.5 ある都市の市会議員選挙で 15 パーセント以上の支持があると当選が確実となる．86 人の有権者に尋ねたところ，A 氏が立候補した場合 25 人が支持すると答えた．A 氏は立候補すべきか．

$0 < p < 1$ の制約があるが，(7.28), (7.30) の信頼区間が 0 または 1 を含むことがある．これを回避するために，次の変換を考える．

$$\text{logit}(p) \equiv \log\left(\frac{p}{1-p}\right)$$

を p を変数とするロジット関数または**ロジット変換**という．

問 7.6 p をロジット変換したものを θ とおく．すなわち，

$$\theta \equiv \log\left(\frac{p}{1-p}\right) \iff p = \frac{e^\theta}{e^\theta+1}$$

である．

(1) θ の推定量として，$\hat{\theta} = \log\{\hat{p}/(1-\hat{p})\}$ を使って，信頼係数 $1-\alpha$ の θ に関する漸近的な信頼区間を求めよ．
(2) (1) を使って，信頼係数 $1-\alpha$ の p に関する漸近的な信頼区間を求めよ．

さらに，この信頼区間が 0 も 1 も含まないことを示せ．

7.4　2 標本モデルの推測法

$X_1, \cdots, X_{n_1}$ を成功の確率 p_1 の独立な n_1 回のベルヌーイ試行とし，$Y_1, \cdots, Y_{n_2}$ を成功の確率 p_2 の独立な n_2 回のベルヌーイ試行とする．さらに，$(X_1, \cdots, X_{n_1})$ と $(Y_1, \cdots, Y_{n_2})$ は互いに独立とする．p_1, p_2 が 0 または 1 の自明な場合を除き，以後，

$$0 < p_i < 1 \quad (i = 1, 2)$$

を仮定する．

確率変数 X, Y を

$$X \equiv X_1 + \cdots + X_{n_1}, \quad Y \equiv Y_1 + \cdots + Y_{n_2}$$

で定義し，p_1, p_2 の点推定量を，それぞれ，

$$\hat{p}_1 \equiv \frac{X}{n_1} \quad \text{or} \quad \frac{X + 0.5}{n_1 + 1}, \quad \hat{p}_2 \equiv \frac{Y}{n_2} \quad \text{or} \quad \frac{Y + 0.5}{n_2 + 1}$$

とする．

表 **7.1**　2 標本比率のモデル

標本	サイズ	データ	成功の回数	成功の回数の分布
第 1 標本	n_1	$X_1, \cdots, X_{n_1}$	X	$B(n_1, p_1)$
第 2 標本	n_2	$Y_1, \cdots, Y_{n_2}$	Y	$B(n_2, p_2)$

総標本サイズ: $n \equiv n_1 + n_2$ (すべての観測値の個数) とする．p_1, p_2 は未知母数とする．

$n \equiv n_1 + n_2$ とおき，$0 < \lim_{n \to \infty} n_1/n = \lambda < 1$ を仮定すると，(7.24) と同様に，

$$\sqrt{n}(\hat{p}_1 - p_1) \xrightarrow{\mathcal{L}} \sqrt{\frac{p_1(1 - p_1)}{\lambda}} \cdot \widetilde{Z}_1, \tag{7.31}$$

$$\sqrt{n}(\hat{p}_2 - p_2) \xrightarrow{\mathcal{L}} \sqrt{\frac{p_2(1 - p_2)}{1 - \lambda}} \cdot \widetilde{Z}_2 \tag{7.32}$$

が成り立つ．ただし，$\widetilde{Z}_1, \widetilde{Z}_2$ は互いに独立で同一の標準正規分布 $N(0, 1)$ に従う．(7.26), (7.31), (7.32) の関係とスラッキーの定理，デルタ法を使うことによ

り，逆正弦変換後は，

$$\sqrt{n}\left\{\arcsin\left(\sqrt{\hat{p}_1}\right) - \arcsin\left(\sqrt{p_1}\right)\right\} \xrightarrow{\mathcal{L}} Z_1 \sim N\left(0, \frac{1}{4\lambda}\right), \tag{7.33}$$

$$\sqrt{n}\left\{\arcsin\left(\sqrt{\hat{p}_2}\right) - \arcsin\left(\sqrt{p_2}\right)\right\} \xrightarrow{\mathcal{L}} Z_2 \sim N\left(0, \frac{1}{4(1-\lambda)}\right) \tag{7.34}$$

が成り立つ．

[6] 漸近的な検定

帰無仮説 $H_0 : p_1 = p_2$　vs.　対立仮説　$H_1 : p_1 \neq p_2$

の水準 α の検定を考える．

$$T \equiv \frac{2\left\{\arcsin\left(\sqrt{\hat{p}_1}\right) - \arcsin\left(\sqrt{\hat{p}_2}\right)\right\}}{\sqrt{\dfrac{1}{n_1} + \dfrac{1}{n_2}}} \quad \text{or} \quad \frac{\hat{p}_1 - \hat{p}_2}{\tilde{\sigma}_n}$$

とおく．ただし，

$$\tilde{\sigma}_n \equiv \sqrt{\frac{1}{n_1}\hat{p}_1(1-\hat{p}_1) + \frac{1}{n_2}\hat{p}_2(1-\hat{p}_2)}$$

とする．このとき，(7.31)～(7.34) より，H_0 の下で，

$$T \xrightarrow{\mathcal{L}} N(0,1) \tag{7.35}$$

である．すなわち，H_0 の下で，T の従っている分布は標準正規分布で近似できる．$|T|$ が大きいとき H_0 を棄却する．水準 α の検定方式は，

$$\begin{cases} |T| > z(\alpha/2) \text{ ならば } H_0 \text{ を棄却} \\ |T| < z(\alpha/2) \text{ ならば } H_0 \text{ を棄却しない} \end{cases}$$

で与えられる．

問 7.7 片側検定について，次の (1), (2) に答えよ．

(1) 帰無仮説 H_0 vs. 対立仮説 $H_2 : p_1 > p_2$ に対する水準 α の漸近的な検定について述べよ．

(2) 帰無仮説 H_0 vs. 対立仮説 $H_3 : p_1 < p_2$ に対する水準 α の漸近的な検定

について述べよ.

[7] 漸近的な信頼区間 $\hat{p}_1 - \hat{p}_2$ が $p_1 - p_2$ の点推定量で, 成功の確率の差 $p_1 - p_2$ に対する信頼係数 $1-\alpha$ の信頼区間は, (7.35) より,

$$\hat{p}_1 - \hat{p}_2 - z(\alpha/2) \cdot \tilde{\sigma}_n < p_1 - p_2 < \hat{p}_1 - \hat{p}_2 + z(\alpha/2) \cdot \tilde{\sigma}_n \tag{7.36}$$

である.

$-1 < p_1 - p_2 < 1$ の関係が成り立つが, (7.36) で与えられた信頼区間は -1 または 1 を含むことがある. そこで, ロジット変換による信頼区間を説明する.

$$\theta \equiv \log\left(\frac{\dfrac{p_1 - p_2 + 1}{2}}{1 - \dfrac{p_1 - p_2 + 1}{2}}\right) = \log\left\{\frac{p_1 - p_2 + 1}{1 - (p_1 - p_2)}\right\}$$

とおくと,

$$p_1 - p_2 = \frac{e^\theta - 1}{e^\theta + 1},$$
$$c \equiv \frac{d\theta}{d(p_1 - p_2)} = \frac{1}{1 + p_1 - p_2} + \frac{1}{1 - (p_1 - p_2)} = \frac{2}{1 - (p_1 - p_2)^2} \tag{7.37}$$

が導かれる. さらに,

$$\hat{\theta} \equiv \log\left\{\frac{\hat{p}_1 - \hat{p}_2 + 1}{1 - (\hat{p}_1 - \hat{p}_2)}\right\}$$

とおく. このとき, $\hat{p}_1$ と $\hat{p}_2$ が互いに独立であることと (7.31), (7.32) により

$$\sqrt{n}(\hat{p}_1 - \hat{p}_2 - p_1 + p_2) \xrightarrow{\mathcal{L}} \sqrt{\frac{p_1(1-p_1)}{\lambda}} \cdot \widetilde{Z}_1 - \sqrt{\frac{p_2(1-p_2)}{1-\lambda}} \cdot \widetilde{Z}_2 \tag{7.38}$$

が成り立つ. 定理 3.35 のデルタ法で $a_n \equiv \sqrt{n}$, $b \equiv p_1 - p_2$, $\mathcal{Y}_n \equiv \hat{p}_1 - \hat{p}_2$, $\mathcal{Y} \equiv \sqrt{\dfrac{p_1(1-p_1)}{\lambda}} \cdot \widetilde{Z}_1 - \sqrt{\dfrac{p_2(1-p_2)}{1-\lambda}} \cdot \widetilde{Z}_2$, $g(x) \equiv \log\left\{(x+1)/(1-x)\right\}$ を当てはめ, (7.37), (7.38) を使うと

$$\sqrt{n}(\hat{\theta} - \theta) \xrightarrow{\mathcal{L}} c\left(\sqrt{\frac{p_1(1-p_1)}{\lambda}} \cdot \widetilde{Z}_1 - \sqrt{\frac{p_2(1-p_2)}{1-\lambda}} \cdot \widetilde{Z}_2\right)$$

$$\sim N\left(0, \frac{c^2 p_1(1-p_1)}{\lambda} + \frac{c^2 p_2(1-p_2)}{1-\lambda}\right) \tag{7.39}$$

が導かれる．

$$\hat{\sigma}_n \equiv \frac{2}{1-(\hat{p}_1-\hat{p}_2)^2} \cdot \sqrt{\frac{1}{n_1}\hat{p}_1(1-\hat{p}_1) + \frac{1}{n_2}\hat{p}_2(1-\hat{p}_2)}$$

とおくと，(7.39) とスラツキーの定理より，

$$\frac{\hat{\theta}-\theta}{\hat{\sigma}_n} \xrightarrow{\mathcal{L}} N(0,1)$$

得る．ここで，θ についての信頼係数 $1-\alpha$ の信頼区間は，

$$\hat{\theta} - z(\alpha/2) \cdot \hat{\sigma}_n < \theta < \hat{\theta} + z(\alpha/2) \cdot \hat{\sigma}_n$$

で与えられる．逆変換することにより，信頼係数 $1-\alpha$ の p_1-p_2 に関する漸近的な信頼区間は，次で与えられる．

$$\frac{\exp(\hat{\theta}-z(\alpha/2)\cdot\hat{\sigma}_n)-1}{\exp(\hat{\theta}-z(\alpha/2)\cdot\hat{\sigma}_n)+1} < p_1-p_2 < \frac{\exp(\hat{\theta}+z(\alpha/2)\cdot\hat{\sigma}_n)-1}{\exp(\hat{\theta}+z(\alpha/2)\cdot\hat{\sigma}_n)+1}$$

この信頼区間は -1 と 1 を含むことはない．7.2 節の 1 標本モデルに対してもロジット変換による信頼係数 $1-\alpha$ の p に関する漸近的な信頼区間を構築することは可能である．

(7.33), (7.34) を使って，

$$\frac{2\left\{\arcsin(\sqrt{\hat{p}_1}) - \arcsin(\sqrt{\hat{p}_2}) - \arcsin(\sqrt{p_1}) + \arcsin(\sqrt{p_2})\right\}}{\sqrt{\dfrac{1}{n_1}+\dfrac{1}{n_2}}}$$

$$\xrightarrow{\mathcal{L}} N(0,1)$$

が成り立つ．ここで，信頼係数 $1-\alpha$ の $\arcsin(\sqrt{p_1})-\arcsin(\sqrt{p_2})$ に関する漸近的な信頼区間は，次で与えられる．

$$\arcsin\left(\sqrt{\hat{p}_1}\right) - \arcsin\left(\sqrt{\hat{p}_2}\right) - z(\alpha/2)\cdot\sqrt{\frac{1}{4n_1}+\frac{1}{4n_2}}$$
$$< \arcsin(\sqrt{p_1}) - \arcsin(\sqrt{p_2})$$
$$< \arcsin\left(\sqrt{\hat{p}_1}\right) - \arcsin\left(\sqrt{\hat{p}_2}\right) + z(\alpha/2)\cdot\sqrt{\frac{1}{4n_1}+\frac{1}{4n_2}}$$

問 **7.8** 7.2 節の 1 標本モデルの設定とする．(7.27) を使って，$\arcsin(\sqrt{p})$ に関する漸近的な信頼区間を与えよ．

[8] **同時信頼区間** 同時信頼区間を紹介する．I_1, I_2 を区間とし，
$$P(p_1 \in I_1, p_2 \in I_2) \geqq 1 - \alpha$$
のとき，$p_1 \in I_1, p_2 \in I_2$ を，p_1, p_2 に関する信頼係数 $1 - \alpha$ の**同時信頼区間**という．同時信頼区間は**多重比較法**の 1 つである．多重比較法については，拙書 (著 1), (著 3), (著 5), (著 6) を参照せよ．

定理 7.6 で定義した K, L, K^*, L^* と同様に，
$$K_1 \equiv 2(n_1 - X + 1), \quad L_1 \equiv 2X, \quad K_1^* \equiv 2(X + 1), \quad L_1^* \equiv 2(n_1 - X),$$
$$K_2 \equiv 2(n_2 - Y + 1), \quad L_2 \equiv 2Y, \quad K_2^* \equiv 2(Y + 1), \quad L_2^* \equiv 2(n_2 - Y)$$
とし，$i = 1, 2$ に対して，[1] の正確に保守的な信頼区間と同様に，

$$G_i \equiv \left\{ \frac{L_i}{K_i \cdot F_{L_i}^{K_i}\left(\frac{1 - \sqrt{1-\alpha}}{2}\right) + L_i} < p_i < \frac{K_i^* \cdot F_{L_i^*}^{K_i^*}\left(\frac{1 - \sqrt{1-\alpha}}{2}\right)}{K_i^* \cdot F_{L_i^*}^{K_i^*}\left(\frac{1 - \sqrt{1-\alpha}}{2}\right) + L_i^*} \right\}$$

とおく．条件 (b.3) に対応して，次の仮定 (b.5) をおく．

$$p_1^{n_1}, \quad p_2^{n_2}, \quad (1-p_1)^{n_1}, \quad (1-p_2)^{n_2} \leqq \frac{1 - \sqrt{1-\alpha}}{2} \tag{b.5}$$

このとき，G_1, G_2 は互いに独立であるので，(7.20) より，
$$P(G_1 \cap G_2) = P(G_1)P(G_2) = \{1 - P(G_1^c)\}\{1 - P(G_2^c)\} \geqq 1 - \alpha$$
が成り立つ．これにより，

$$\frac{L_i}{K_i \cdot F_{L_i}^{K_i}\left(\frac{1 - \sqrt{1-\alpha}}{2}\right) + L_i} < p_i < \frac{K_i^* \cdot F_{L_i^*}^{K_i^*}\left(\frac{1 - \sqrt{1-\alpha}}{2}\right)}{K_i^* \cdot F_{L_i^*}^{K_i^*}\left(\frac{1 - \sqrt{1-\alpha}}{2}\right) + L_i^*}$$

$$(i = 1, 2)$$

は，p_1, p_2 に関する信頼係数 $1-\alpha$ の同時信頼区間である．この同時信頼区間は正確に保守的な手法である．この 2 つの区間が交わらなければ p_1 と p_2 が異なると判定する．

問 7.9 杉花粉症の人をある都市で調査したところ 150 人中 66 人，ある村では 60 人中 7 人であった．この都市と村では杉花粉症の人の比率に違いがあるか．

7.5 連続モデルの場合との漸近的な相違

6.2 節の t 統計量 T_S, 6.3 節の順位統計量 Z_R に対して，6.3 節のモデル設定と $\mu_1 = \mu_2$ の下で，$n \to \infty$ として，$n_1/n \to \lambda$ $(0 < \lambda < 1)$ ならば，

$$T_S \xrightarrow{\mathcal{L}} N(0,1), \tag{7.40}$$

$$Z_R \xrightarrow{\mathcal{L}} N(0,1) \tag{7.41}$$

が成り立つ．(7.40) は中心極限定理とスラッキーの定理を使って容易に示すことができる．(7.41) は (6.4) で論述した．(7.40) の標準正規分布への収束は，母数 μ_1 に依存しないが分布 $F(x)$ に依存する．ところが，(7.41) の標準正規分布への収束は，分布 $F(x)$ と μ_1 に依存しない特長をもっており，その収束も速い．

$$T_1 \equiv \frac{2\{\arcsin(\sqrt{\hat{p}_1}) - \arcsin(\sqrt{\hat{p}_2})\}}{\sqrt{\dfrac{1}{n_1} + \dfrac{1}{n_2}}}, \quad T_2 \equiv \frac{\hat{p}_1 - \hat{p}_2}{\tilde{\sigma}_n}$$

とおくと，$p_1 = p_2$ の下で

$$T_1 \xrightarrow{\mathcal{L}} N(0,1), \tag{7.42}$$

$$T_2 \xrightarrow{\mathcal{L}} N(0,1) \tag{7.43}$$

が成立する．(7.40)〜(7.43) の分布収束は見かけ上は変わらないが，T_1 と T_2 は標準正規分布への収束が遅く，さらに，母数 p_1 にも依存する．p_1 が 0 または 1 に近いときは収束が悪くなる．特に，よく紹介されている T_2 の収束の悪さが著しい．漸近理論を使ってデータ解析に応用するならば，分散安定化変換に基づく T_1 を使った方が良い．

第 8 章

ポアソンモデルの推測

稀におこる現象の回数はポアソン分布に従う．ポアソン分布に従う観測値のデータは，地震の回数，交通事故の件数などいくらでも存在する．ポアソンモデルの統計手法は重要であるにもかかわらず，これまでの統計学の入門書に，少量の内容しか記述されていない．第7章の比率のモデルに関する手法と同様に，正確な手法とよばれている推測法は，実は正確に保守的な推測法であることが分かり，すべての文献に正則条件も不足していることを発見した．これらの内容を8.2節で厳密に解説する．さらに，分散安定化変換等を使って，大標本理論にもとづくいくつかの手法とその性質を論述する．紹介した統計手法を使って，東日本大地震のデータを解析する．

8.1 ポアソン分布

ポアソン分布の紹介から始める．

ポアソン分布　$\mathcal{P}_o(\mu)$

2項分布 $B(n,p)$ において，$np = \mu$（正かつ一定）とおき，$n \to \infty$（すなわち $p \to 0$）とすると，補題 3.29 より

$$\binom{n}{x} p^x (1-p)^{n-x} = \frac{n!}{x!(n-x)!} \left(\frac{\mu}{n}\right)^x \left(1 - \frac{\mu}{n}\right)^{n-x}$$

$$= \frac{\mu^x}{x!}\left(1-\frac{\mu}{n}\right)^n \cdot \frac{n!}{(n-x)!n^x} \cdot \left(1-\frac{\mu}{n}\right)^{-x}$$
$$\longrightarrow \frac{\mu^x}{x!}e^{-\mu}$$

が成り立つ. すなわち, 2項分布 $B(n,p)$ の確率関数は n が大きく, p が小さいとき,

$$f(x|\mu) = \frac{\mu^x}{x!}e^{-\mu}, \qquad x=0,1,2,\cdots ; \ \mu>0 \tag{8.1}$$

で近似できる. ただし, $0!=1$ とする. $f(x|\mu)$ を確率関数としてもつ分布を**ポアソン分布**といい, 記号 $\mathcal{P}_o(\mu)$ で表す. ポアソン分布はベルヌーイ試行で回数 n が大きく(大量に観測し) p が小さい(稀に起こる現象の)ときのモデルとして用いられる.

定理 8.1 $X \sim \mathcal{P}_o(\mu)$ ならば, 平均と分散は

$$E(X) = V(X) = \mu$$

で与えられる.

証明 $y \equiv x-1$ とすると, $1 \leqq x \iff 0 \leqq y$ となり, (3.2)式を使うと,

$$E(X) = \sum_{x=0}^{\infty} xf(x|\mu) = \sum_{x=1}^{\infty} x \cdot \frac{\mu^x}{x!}e^{-\mu}$$
$$= \mu e^{-\mu} \sum_{y=0}^{\infty} \frac{\mu^y}{y!} = \mu e^{-\mu}e^{\mu} = \mu$$

である.

$z \equiv x-2$ とすると, $2 \leqq x \iff 0 \leqq z$ となり,

$$E\{X(X-1)\} = \sum_{x=0}^{\infty} x(x-1)f(x|\mu)$$
$$= \sum_{x=2}^{\infty} x(x-1) \cdot \frac{\mu^x}{x!}e^{-\mu} = \mu^2 e^{-\mu} \sum_{x=2}^{\infty} \frac{\mu^{x-2}}{(x-2)!}$$
$$= \mu^2 e^{-\mu} \sum_{z=0}^{\infty} \frac{\mu^z}{z!} = \mu^2 e^{-\mu}e^{\mu} = \mu^2$$

である. この結果と補題7.2を使って, $V(X) = \mu^2 + \mu - \mu^2 = \mu$ を得る. □

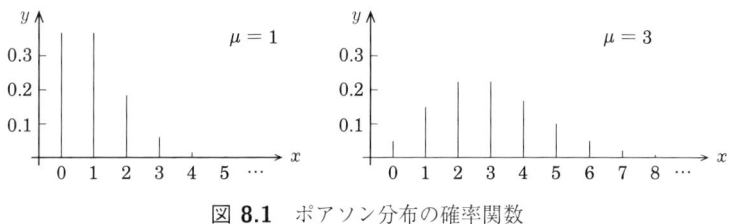

図 8.1 にポアソン分布の確率関数を示す.

図 8.1 ポアソン分布の確率関数

問 8.1 X がポアソン分布 $\mathcal{P}_o(\mu)$ に従うとする.

(1) X の特性関数は $\exp\{\mu(e^{it}-1)\}$ となることを示せ.
(2) 特性関数を使って, $E(X) = V(X) = \mu$ を示せ.

命題 8.2 確率変数 X, Y は互いに独立とする. このとき,

$$X \sim \mathcal{P}_o(\mu_1), \quad Y \sim \mathcal{P}_o(\mu_2) \Longrightarrow X + Y \sim \mathcal{P}_o(\mu_1 + \mu_2)$$

が成り立つ.

証明 問 8.1 (1) より, X, Y の特性関数は, それぞれ, $\psi_X(t) = \exp\{\mu_1(e^{it}-1)\}$, $\psi_Y(t) = \exp\{\mu_2(e^{it}-1)\}$ で与えられる. X, Y が独立より, $X+Y$ の特性関数 $\psi_{X+Y}(t)$ は,

$$\psi_{X+Y}(t) = E\{\exp(itX + itY)\} = E\{\exp(itX) \cdot \exp(itY)\}$$
$$= E\{\exp(itX)\} \cdot E\{\exp(itY)\} = \exp\{(\mu_1 + \mu_2)(e^{it}-1)\}$$

である. この特性関数は $\mathcal{P}_o(\mu_1 + \mu_2)$ の特性関数と一致している. ゆえに, この命題の主張を得る. □

任意の時点から, 稀に起こる現象 E を単位時間観測し, その生起回数を X とする. (i) E は同時に 2 回以上起こらない. (ii) 単位時間に E の起こる確率は, 過去の起こり方に無関係である. (iii) 単位時間に E の生起回数の平均は $E(X) = \mu$ (一定) である. これら 3 つの条件を満たすとき, X はポアソン分布 $\mathcal{P}_o(\mu)$ に従う. 時間 t を導入するとき, t の時間 $[0, t]$ に E の起こる回数を $X(t)$ とすると, $X(t) \sim \mathcal{P}_o(\mu t)$ である. この $X(t)$ を**ポアソン過程**という. すなわち,

$$P(X(t) = x) = \frac{(\mu t)^x}{x!}e^{-\mu t}, \qquad x = 0, 1, 2, \cdots ; \mu > 0 \qquad (8.2)$$

が成り立つ. 上記の (i) から (iii) を考慮すると, 次の (1),(2) を満たすとき, $X(t)$ は (8.2) のポアソン過程に従うという.

(1) $0 \leqq t_0 < t_1 < \cdots < t_n$ に対して, $\{X(t_i) - X(t_{i-1}) | i = 1, \cdots, n\}$ は互いに独立である. ただし, $X(0) = 0$ とする.

(2) $0 \leqq s < t$ に対して, $X(t) - X(s)$ がポアソン分布 $\mathcal{P}_o(\mu(t - s))$ に従う.

E の生起する時間の間隔を T とすると, T の分布関数は,

$$P(T \leqq t) = 1 - P(T > t) = 1 - P(X(t) = 0) = 1 - e^{-\mu t}$$

で与えられる. ここで, T の密度関数は, $dP(T \leqq x)/dx = \mu e^{-\mu x}$ となり, T は指数分布 $EX(\mu)$ に従う. ゆえに, (8.2) のポアソン過程において, E の生起する時間の間隔は指数分布 $EX(\mu)$ に従っている.

上記とは逆に, $(i-1)$ 回目の E の生起時点から i 回目の生起時点までの時間の間隔を T_i とし, $\{T_i \mid i \geqq 1\}$ が互いに独立かつ $T_i \sim EX(\mu) = GA(1, \mu)$ を仮定すると, t の時間 $[0, t]$ に E の起こる回数 $X(t)$ が (8.2) のポアソン過程に従うことを以下に示す.

系 3.16 より, E の x 回目の生起時間 $S_x \equiv \sum_{i=1}^{x} T_i$ はガンマ分布 $GA(x, \mu)$ に従う. さらに, $\{X(t) \geqq x\} = \{S_x \leqq t\}$ が成り立つので,

$$\begin{aligned} P(X(t) = x) &= P\left(X(t) \geqq x\right) - P\left(X(t) \geqq x + 1\right) \\ &= P\left(S_x \leqq t\right) - P\left(S_{x+1} \leqq t\right) \end{aligned} \qquad (8.3)$$

を得る. $S_{x+1} \sim GA(x+1, \mu)$ であることから, 部分積分を使用して

$$\begin{aligned} P\left(S_{x+1} \leqq t\right) &= \int_0^t \frac{1}{x!}\mu^{x+1} y^x e^{-\mu y} dy \\ &= \left[-\frac{1}{x!}\mu^x y^x e^{-\mu y}\right]_0^t + \int_0^t \frac{1}{(x-1)!}\mu^x y^{x-1} e^{-\mu y} dy \\ &= -\frac{(\mu t)^x}{x!}e^{-\mu t} + P\left(S_x \leqq t\right) \end{aligned} \qquad (8.4)$$

を導くことができる. (8.3), (8.4) より, (8.2) が示せた.

この節の終わりとして，負の2項分布もポアソン分布で近似できることを以下に示す．

(7.2) の負の2項分布 $NB(r,p)$ において，$rp/(1-p) = \mu$ (正かつ一定) とおき，$r \to \infty$ (すなわち $p \to 0$) とすると，補題3.29 より

$$\binom{x+r-1}{x}(1-p)^r p^x = \frac{(r+x-1)(r+x-2)\cdots r}{x!}\left(\frac{r}{\mu+r}\right)^r\left(\frac{\mu}{\mu+r}\right)^x$$

$$= \frac{\mu^x}{x!}\left\{\left(1+\frac{\mu}{r}\right)^{\frac{r}{\mu}}\right\}^{-\mu} \cdot \frac{\left(1+\dfrac{x-1}{r}\right)\left(1+\dfrac{x-2}{r}\right)\cdots 1}{\left(1+\dfrac{\mu}{r}\right)^x}$$

$$\longrightarrow \frac{\mu^x}{x!}e^{-\mu}$$

が成り立つ．すなわち，負の2項分布 $NB(r,p)$ の確率関数は r が大きく，p が小さいとき，(8.1) のポアソン分布の確率関数 $f(x|\mu)$ に収束する．

8.2　1標本モデルにおける小標本の推測法

小標本での推測論を論述するために，次の補題8.3から始める．

補題 8.3　X をポアソン分布 $\mathcal{P}_o(\mu)$ に従う確率変数とする．さらに，自然数 m に対して χ_m^2 を自由度 m の χ^2 分布に従う確率変数とし，$\chi_0^2 = 0$ とする．このとき，0以上の整数 x に対して，

$$P(X \geqq x) = 1 - P\left(\chi_{2x}^2 \geqq 2\mu\right), \tag{8.5}$$

$$P(X \leqq x) = P\left(\chi_{2(x+1)}^2 \geqq 2\mu\right) \tag{8.6}$$

が成り立つ．上側確率 $P(X \geqq x)$ は μ の増加関数であり，分布関数 $P(X \leqq x)$ は μ の減少関数である．

証明　$x=0$ のとき，(8.5) は自明であるので，x を自然数とする．さらに，$f(x|\mu)$ を (8.1) で与えられた $\mathcal{P}_o(\mu)$ の密度関数とする．このとき，部分積分により，

$$P\left(\chi_{2x}^2 \leqq 2\mu\right) = \frac{1}{2^x \Gamma(x)}\int_0^{2\mu} t^{x-1}e^{-\frac{t}{2}}dt$$

$$= \frac{1}{2^x \Gamma(x+1)} \int_0^{2\mu} (t^x)' e^{-\frac{t}{2}} dt$$

$$= f(x|\mu) + \frac{1}{2^{x+1}\Gamma(x+1)} \int_0^{2\mu} t^x e^{-\frac{t}{2}} dt$$

を得る．上式が x の漸化式であることに注目し，同様の部分積分を無限回行うことにより，収束する無限級数で表現でき

$$P\left(\chi^2_{2x} \leqq 2\mu\right) = \sum_{k=x}^{\infty} f(k|\mu) = P(X \geqq x)$$

を導くことができる．ここで (8.5) を得る．

(8.5) より，

$$P(X \leqq x) = 1 - P(X > x) = 1 - P(X \geqq x+1) = P\left(\chi^2_{2(x+1)} \geqq 2\mu\right)$$

が導かれ，(8.6) を得る．後半の μ に関する単調性は，確率の性質から自明である． □

$X_1, \cdots, X_n$ をポアソン分布 $\mathcal{P}_o(\mu)$ からの無作為標本とする．

$$W \equiv \sum_{i=1}^{n} X_i$$

とする．このとき，命題 8.2 より，$W \sim \mathcal{P}_o(n\mu)$ である．

$\mathcal{P}_o(n\mu)$ の確率関数 $f(x|n\mu)$ と与えられた α $(0 < \alpha < 1)$ に対して，$u(\mu, n; \alpha)$ を

$$P\left(W \geqq u(\mu, n; \alpha)\right) = \sum_{k=u(\mu,n;\alpha)}^{\infty} f(k|n\mu) \leqq \alpha$$

を満たす最小の自然数とする．自然数 w に対し $F(w|n\mu) \equiv P\left(\chi^2_{2(w+1)} \geqq 2n\mu\right)$ とおくと，補題 8.3 より，$F(w|n\mu)$ は μ の減少関数である．条件

$$e^{-n\mu} \leqq \alpha \quad (\Longleftrightarrow \mu \geqq -\log(\alpha)/n) \tag{c.1}$$

が満たされるとする．このとき，

$$P\left(W \leqq \ell(\mu, n; \alpha)\right) = \sum_{k=0}^{\ell(\mu,n;\alpha)} f(k|n\mu) \leqq \alpha \tag{8.7}$$

を満たす最大の整数 $\ell(\mu, n; \alpha)$ が存在する．

ここで，次の定理 8.4 を導くことができる．

定理 8.4 事象の等式

$$\left\{\omega \,\Big|\, W(\omega) \geq u(\mu, n; \alpha)\right\} = \left\{\omega \,\Big|\, \mu \leq \frac{\chi^2_{2W(\omega)}(1-\alpha)}{2n}\right\} \tag{8.8}$$

が成り立つ．ただし，$\chi^2_0(\alpha) = 0$，自然数 m に対して $\chi^2_m(\alpha)$ を χ^2_m の上側 $100\alpha\%$ 点とする．

条件 (c.1) の下で，事象の等式

$$\left\{\omega \,\Big|\, W(\omega) \leq \ell(\mu, n; \alpha)\right\} = \left\{\omega \,\Big|\, \mu \geq \frac{\chi^2_{2(W(\omega)+1)}(\alpha)}{2n}\right\} \tag{8.9}$$

が成り立つ．

証明 $Y(\omega) \equiv \chi^2_{2W(\omega)}(1-\alpha)/(2n)$ とする．このとき，$Y(\cdot)$ は Ω 上の実数値関数で，(8.8) を示せば，定義 2.6 を満たすことが分かり，Y は確率変数となる．A, B を

$$A \equiv \left\{\omega \,\Big|\, W(\omega) < u(\mu, n; \alpha)\right\}, \qquad B \equiv \left\{\omega \,\Big|\, \mu > \frac{\chi^2_{2W(\omega)}(1-\alpha)}{2n}\right\}$$

で定義する．任意の $\omega \in A$ に対して，$w \equiv W(\omega)$ とする．このとき，

$$w < u(\mu, n; \alpha) \tag{8.10}$$

が成り立つ．補題 8.3 の (8.5) より，(8.10) は

$$1 - P\left(\chi^2_{2w} \geq 2n\mu\right) = \sum_{j=w}^{\infty} f(j|n\mu) > \alpha$$

と同値である．さらに，上式は

$$\chi^2_{2w}(1-\alpha) < 2n\mu \iff \mu > \frac{\chi^2_{2w}(1-\alpha)}{2n}$$

と同値である．以上により，$\omega \in A \Leftrightarrow \omega \in B$ が示された．これは $A = B$ である．この両辺の補事象をとることにより，(8.8) を得る．

次に (8.9) を導く．(c.1) が成り立たなければ，(8.7) 式の右側の不等式を満たす $\ell(\mu, n; \alpha)$ は存在しない．

$$C \equiv \left\{\omega \middle| W(\omega) > \ell(\mu, n; \alpha)\right\}, \qquad D \equiv \left\{\omega \middle| \mu < \frac{\chi^2_{2(W(\omega)+1)}(\alpha)}{2n}\right\}$$

とする．任意の $\omega \in C$ に対して，$w \equiv W(\omega)$ とする．このとき，

$$w > \ell(\mu, n; \alpha) \tag{8.11}$$

が成り立つ．補題 8.3 の (8.6) より，(8.11) は

$$P\left(\chi^2_{2(w+1)} \geqq 2n\mu\right) = \sum_{j=0}^{w} f(j|n\mu) > \alpha$$

と同値である．上式は

$$\chi^2_{2(w+1)}(\alpha) > 2n\mu \iff \mu < \frac{\chi^2_{2(w+1)}(\alpha)}{2n}$$

と同値である．

以上により，$C = D$ である．ここで，両辺の補事象をとることにより，(8.9) を得る． □

定理 8.4 より，系 8.5 を得る．

系 8.5 $0 < \mu$ に対して，

$$P\left(\frac{\chi^2_{2W}(1-\alpha)}{2n} \geqq \mu\right) = P(W \geqq u(\mu, n; \alpha)) \leqq \alpha \tag{8.12}$$

が成り立ち，条件 (c.1) の下で

$$P\left(\frac{\chi^2_{2(W+1)}(\alpha)}{2n} \leqq \mu\right) = P(W \leqq \ell(\mu, n; \alpha)) \leqq \alpha \tag{8.13}$$

が成り立つ．

$$A \equiv \left\{\frac{\chi^2_{2W}\left(1 - \frac{\alpha}{2}\right)}{2n} \geqq \mu\right\}, \qquad B \equiv \left\{\frac{\chi^2_{2(W+1)}\left(\frac{\alpha}{2}\right)}{2n} \leqq \mu\right\}$$

とおくと，$\alpha/2 < 0.5$ であるので，(8.12), (8.13) より，$A \cap B = \varnothing$ となり
$$P(A \cup B) = P(A) + P(B) \leqq \alpha \tag{8.14}$$
を得る．以上により，次の信頼区間を得る．

[1] **正確に保守的な信頼区間**　正則条件
$$e^{-n\mu} \leqq \alpha/2 \tag{c.2}$$
を仮定する．このとき，信頼係数 $1-\alpha$ の正確に保守的な信頼区間は，
$$\frac{\chi^2_{2W}\left(1-\dfrac{\alpha}{2}\right)}{2n} < \mu < \frac{\chi^2_{2(W+1)}\left(\dfrac{\alpha}{2}\right)}{2n}$$
で与えられる．

次に，$0 < \mu_0$ となる μ_0 を与え，上記の信頼区間から，次の正確に保守的な両側検定を得る．

[2] **正確に保守的な検定**　水準 α の検定は，次で与えられる．条件
$$e^{-n\mu_0} \leqq \alpha/2 \tag{c.3}$$
を仮定する．このとき，帰無仮説 $H_0 : \mu = \mu_0$ vs. 対立仮説 $H_1 : \mu \neq \mu_0$ に対する水準 α の両側検定は，次で与えられる．

$$\frac{\chi^2_{2W}\left(1-\dfrac{\alpha}{2}\right)}{2n} \geqq \mu_0 \quad \text{または} \quad \frac{\chi^2_{2(W+1)}\left(\dfrac{\alpha}{2}\right)}{2n} \leqq \mu_0 \tag{8.15}$$
$\implies$　H_0 を棄却し，H_1 を受け入れ，$\mu \neq \mu_0$ と判定する．

上記の両側検定は，検定関数

$$\phi(W) = \begin{cases} 1 & \left(\dfrac{\chi^2_{2W}\left(1-\dfrac{\alpha}{2}\right)}{2n} \geqq \mu_0 \quad \text{または} \quad \dfrac{\chi^2_{2(W+1)}\left(\dfrac{\alpha}{2}\right)}{2n} \leqq \mu_0 \right) \\ 0 & \left(\dfrac{\chi^2_{2W}\left(1-\dfrac{\alpha}{2}\right)}{2n} < \mu_0 < \dfrac{\chi^2_{2(W+1)}\left(\dfrac{\alpha}{2}\right)}{2n} \right) \end{cases}$$

で与えられる検定と同等である．(8.8), (8.9) を使って，(8.15) を棄却域とする検定は，検定関数

$$\phi(W) = \begin{cases} 1 & (W \leqq \ell(\mu_0, n; \alpha/2) \quad \text{または} \quad W \geqq u(\mu_0, n; \alpha/2)) \\ 0 & (\ell(\mu_0, n; \alpha/2) + 1 \leqq W \leqq u(\mu_0, n; \alpha/2) - 1) \end{cases}$$

で与えられる検定と同等である．

[3] **正確な検定**　条件 (c.3) が満たされると仮定する．このとき，検定関数

$$\phi(W) = \begin{cases} 1 & (W \geqq u(\mu_0, n; \alpha/2) \quad \text{または} \quad W \leqq \ell(\mu_0, n; \alpha/2)) \\ \gamma_1 & (W = u(\mu_0, n; \alpha/2) - 1) \\ \gamma_2 & (W = \ell(\mu_0, n; \alpha/2) + 1) \\ 0 & (\ell(\mu_0, n; \alpha/2) + 1 < W < u(\mu_0, n; \alpha/2) - 1) \end{cases} \quad (8.16)$$

で与えられる帰無仮説 H_0 に対する両側検定は，帰無仮説 H_0 の下で $E_0\{\phi(W)\} = \alpha$ であるので，この検定は水準 α の検定である．ただし，

$$\gamma_1 \equiv \frac{\alpha/2 - P_0\left(W \geqq u(\mu_0, n; \alpha/2)\right)}{P_0\left(W = u(\mu_0, n; \alpha/2) - 1\right)}, \qquad \gamma_2 \equiv \frac{\alpha/2 - P_0\left(W \leqq \ell(\mu_0, n; \alpha/2)\right)}{P_0\left(W = \ell(\mu_0, n; \alpha/2) + 1\right)}$$

とし，$P_0(\cdot)$ は H_0 の下での確率測度を表すものとする．γ_1, γ_2 の値は (8.5), (8.6) を使って与えることができる．

(8.15) を棄却域とする検定はよく知られ，多くの統計書に記載されているが，条件 (c.3) が書かれていない．困ったことに，(c.3) がなくても，形式的に，棄却領域 (8.15) の検定を実行できる．(c.3) が満たされているときだけ，(8.15) を棄却域とする検定と検定 (8.16) の正当性が主張できる．さらに，(8.16) の正確な検定のほうが (8.15) を棄却域とする正確に保守的な検定よりも検出力が高い．

問 **8.2** 帰無仮説 H_0 vs. 対立仮説 $H_2 : \mu > \mu_0$ に対する水準 α の検定について，次の (1) から (3) に答えよ．

(1) 正確に保守的な検定を述べよ．
(2) 正確な検定を述べよ．
(3) (1), (2) が正当であるための十分条件を述べよ．

問 **8.3** 帰無仮説 H_0 vs. 対立仮説 $H_3 : \mu < \mu_0$ に対する水準 α の検定について，次の (1), (2) に答えよ．

(1) 正確に保守的な検定を述べよ．
(2) 正確な検定を述べよ．

8.3 1 標本モデルにおける大標本の推測法

上記の正確な手法に比べ漸近理論による手法は面倒ではない．引き続き漸近理論を述べる．μ の点推定量は

$$\hat{\mu} \equiv \frac{W}{n}$$

で与えられる．このとき，

$$\sqrt{n}(\hat{\mu} - \mu) \xrightarrow{\mathcal{L}} Y \sim N(0, \mu) \tag{8.17}$$

が成り立つ．ここで，標準偏差

$$\sigma \equiv \sqrt{\mu}$$

の推定量として，$\sqrt{\hat{\mu}}$ が考えられる．また，巻末の参考文献 (論 1), (論 2) より，$\sqrt{n\mu}$ の推定量として，

$$\frac{1}{2}\left\{\sqrt{W+1} + \sqrt{W}\right\}, \quad \sqrt{W + \frac{3}{8}}$$

も提案することができる．ここで，σ の推定量として

$$\hat{\sigma} \equiv \sqrt{\hat{\mu}}, \quad \frac{1}{2}\left\{\sqrt{\frac{W+1}{n}} + \sqrt{\frac{W}{n}}\right\}, \quad \text{or} \quad \sqrt{\frac{W}{n} + \frac{3}{8n}} \tag{8.18}$$

とする．ただし，$A \equiv B, C,$ or D は，B または C または D を A とおくの意味である．

(8.17) と命題 7.8 を使うことにより，
$$2\sqrt{n}\,(\hat{\sigma} - \sigma) \xrightarrow{\mathcal{L}} Z \sim N(0,1) \tag{8.19}$$
を得る．(8.19) の漸近分布の分散は未知母数 μ を含んでいない．$\hat{\sigma}$ ($g(\mu) = \sqrt{\mu} = \sigma$) は，ポアソン分布の場合の分散安定化変換である．

[4] 漸近的な検定 $\sigma_0 \equiv \sqrt{\mu_0}$ とおき，
$$T \equiv \frac{\sqrt{n}(\hat{\mu} - \mu_0)}{\sqrt{\hat{\mu}}} \quad \text{or} \quad 2\sqrt{n}\,(\hat{\sigma} - \sigma_0)$$
とおくと，(8.17), (8.19) より，帰無仮説 H_0 の下で，$n \to \infty$ として
$$T \xrightarrow{\mathcal{L}} Z \sim N(0,1)$$
である．H_0 の下で T は標準正規分布で近似できる．$|T|$ が大きいとき H_0 を棄却する．標準正規分布の上側 $100\alpha\%$ 点を $z(\alpha)$ とする．標準正規分布の密度関数が 0 について対称より H_0 の下で
$$\begin{aligned} P_0(|T| > z(\alpha/2)) &\approx P(|Z| > z(\alpha/2)) \\ &= P(Z > z(\alpha/2) \quad \text{または} \quad Z < -z(\alpha/2)) \\ &= 2P(Z > z(\alpha/2)) = \alpha \end{aligned}$$
ゆえに水準 α の検定方式は検定関数 $\phi(\cdot)$ を使って，
$$\phi(\boldsymbol{X}) = \begin{cases} 1 & (|T| > z(\alpha/2) \text{ のとき}) \\ 0 & (|T| < z(\alpha/2) \text{ のとき}) \end{cases}$$
と表現される．

問 8.4 帰無仮説 H_0 vs. 対立仮説 $H_2 : \mu > \mu_0$ に対する水準 α の漸近的な検定について述べよ．

[5] 漸近的な信頼区間 (8.17) より，中心極限定理とスラツキーの定理を使って

$$\frac{\sqrt{n}(\hat{\mu} - \mu)}{\sqrt{\hat{\mu}}} \xrightarrow{\mathcal{L}} Z \sim N(0,1) \tag{8.20}$$

を得る．ここで

$$\lim_{n \to \infty} P\left(\left|\frac{\sqrt{n}(\hat{\mu} - \mu)}{\sqrt{\mu}}\right| < z(\alpha/2)\right) = 1 - \alpha \tag{8.21}$$

が分かる．(8.21) 式の確率の中を平方して

$$\frac{n(\hat{\mu} - \mu)^2}{\mu} < z^2(\alpha/2) \iff n\mu^2 - \left(2n\hat{\mu} + z^2(\alpha/2)\right)\mu + n\hat{\mu}^2 < 0$$

$$\iff \frac{2n\hat{\mu} + z^2(\alpha/2) - \sqrt{4nz^2(\alpha/2)\hat{\mu} + z^4(\alpha/2)}}{2n}$$

$$< \mu < \frac{2n\hat{\mu} + z^2(\alpha/2) + \sqrt{4nz^2(\alpha/2)\hat{\mu} + z^4(\alpha/2)}}{2n} \tag{8.22}$$

を得る．(8.21) より，区間 (8.22) も，μ に関する信頼係数 $1-\alpha$ の近似両側信頼区間である．(8.20), (8.22) より，μ に関する区間推定は次のようにまとめられる．(8.19) より，信頼係数 $1-\alpha$ の μ に関する両側信頼区間は，次で与えられる．

$$\hat{\mu} - z(\alpha/2) \cdot \sqrt{\frac{\hat{\mu}}{n}} < \mu < \hat{\mu} + z(\alpha/2) \cdot \sqrt{\frac{\hat{\mu}}{n}} \quad \text{または} \quad (8.22)$$

信頼係数 $1-\alpha$ の σ に関する両側信頼区間は，

$$\hat{\sigma} - z(\alpha/2) \cdot \frac{1}{2\sqrt{n}} < \sigma < \hat{\sigma} + z(\alpha/2) \cdot \frac{1}{2\sqrt{n}}$$

で与えられる．

8.4　2 標本モデルの推測法

$X_1, \cdots, X_{n_1}$ をポアソン分布 $\mathcal{P}_o(\mu_1)$ からの無作為標本とし，$Y_1, \cdots, Y_{n_2}$ をポアソン分布 $\mathcal{P}_o(\mu_2)$ からの無作為標本とする．さらに，$(X_1, \cdots, X_{n_1})$ と $(Y_1, \cdots, Y_{n_2})$ は互いに独立とする．

$$W_1 \equiv X_1 + \cdots + X_{n_1}, \qquad W_2 \equiv Y_1 + \cdots + Y_{n_2}$$

とおく．このとき，μ_i の点推定量は，

表 **8.1** 2 標本ポアソンモデル

群	サイズ	データ	平均	分布
第 1 群	n_1	$X_1,\cdots,X_{n_1}$	μ_1	$\mathcal{P}_o(\mu_1)$
第 2 群	n_2	$Y_1,\cdots,Y_{n_2}$	μ_2	$\mathcal{P}_o(\mu_2)$

総標本サイズ: $n \equiv n_1 + n_2$ (すべての観測値の個数)
μ_1, μ_2 は未知母数とする.

$$\hat{\mu}_i = \frac{W_i}{n_i} \qquad (i=1,2) \tag{8.23}$$

で与えられる. $n \equiv n_1 + n_2$ とおき, $0 < \lim_{n\to\infty} n_1/n = \lambda < 1$ を仮定する. このとき, (8.17) と同様に,

$$\sqrt{n}(\hat{\mu}_1 - \mu_1) \xrightarrow{\mathcal{L}} N\left(0, \frac{\mu_1}{\lambda}\right), \quad \sqrt{n}(\hat{\mu}_2 - \mu_2) \xrightarrow{\mathcal{L}} N\left(0, \frac{\mu_2}{1-\lambda}\right) \tag{8.24}$$

が成り立つ. ここで,

$$\sigma_i \equiv \sqrt{\mu_i}$$

の推定量として, (8.18) と同様に, $i=1,2$ に対して,

$$\hat{\sigma}_i \equiv \sqrt{\hat{\mu}_i}, \quad \frac{1}{2}\left\{\sqrt{\frac{W_i+1}{n_i}} + \sqrt{\frac{W_i}{n_i}}\right\}, \quad \text{or} \quad \sqrt{\frac{W_i}{n_i} + \frac{3}{8n_i}} \tag{8.25}$$

を提案できる.

(8.19) と同様に

$$2\sqrt{n}\,(\hat{\sigma}_1 - \sigma_1) \xrightarrow{\mathcal{L}} N\left(0, \frac{1}{\lambda}\right), \quad 2\sqrt{n}\,(\hat{\sigma}_2 - \sigma_2) \xrightarrow{\mathcal{L}} N\left(0, \frac{1}{1-\lambda}\right) \tag{8.26}$$

を得る. (8.26) の漸近分布の分散は未知母数 μ_i を含んでいない.

$$T \equiv \frac{2\,(\hat{\sigma}_1 - \hat{\sigma}_2)}{\sqrt{\dfrac{1}{n_1} + \dfrac{1}{n_2}}} \quad \text{or} \quad \frac{\hat{\mu}_1 - \hat{\mu}_2}{\sqrt{\dfrac{\hat{\mu}_1}{n_1} + \dfrac{\hat{\mu}_2}{n_2}}} \tag{8.27}$$

とおく.

[6] 漸近的な検定

帰無仮説 $H_0: \mu_1 = \mu_2$ vs. 両側対立仮説 $H_1: \mu_1 \neq \mu_2$

に対する水準 α の検定を考える.このとき,(8.24), (8.26) より,H_0 の下で,

$$T \xrightarrow{\mathcal{L}} N(0,1) \tag{8.28}$$

である.すなわち,H_0 の下で,T の従っている分布は標準正規分布で近似できる.$|T|$ が大きいとき H_0 を棄却する.水準 α の検定方式は,

$$\begin{cases} |T| > z(\alpha/2) \text{ ならば } H_0 \text{ を棄却} \\ |T| < z(\alpha/2) \text{ ならば } H_0 \text{ を棄却しない} \end{cases}$$

で与えられる.

問 8.5 片側検定について,次の (1), (2) に答えよ.

(1) 帰無仮説 H_0 vs. 対立仮説 $H_2: \mu_1 > \mu_2$ に対する水準 α の漸近的な検定について述べよ.

(2) 帰無仮説 H_0 vs. 対立仮説 $H_3: \mu_1 < \mu_2$ に対する水準 α の漸近的な検定について述べよ.

[7] 漸近的な信頼区間

(8.26), (8.24) を使って,

$$\frac{2\{\hat{\sigma}_1 - \hat{\sigma}_2 - (\sigma_1 - \sigma_2)\}}{\sqrt{\dfrac{1}{n_1} + \dfrac{1}{n_2}}} \xrightarrow{\mathcal{L}} N(0,1), \tag{8.29}$$

$$\frac{\hat{\mu}_1 - \hat{\mu}_2 - (\mu_1 - \mu_2)}{\sqrt{\dfrac{\hat{\mu}_1}{n_1} + \dfrac{\hat{\mu}_2}{n_2}}} \xrightarrow{\mathcal{L}} N(0,1) \tag{8.30}$$

が示される.

(8.29) より,$\sigma_1 - \sigma_2$ についての信頼係数 $1-\alpha$ の漸近的な両側信頼区間は,次で与えられる.

$$\hat{\sigma}_1 - \hat{\sigma}_2 - z(\alpha/2) \cdot \sqrt{\frac{1}{4n_1} + \frac{1}{4n_2}}$$

$$< \sigma_1 - \sigma_2 < \hat{\sigma}_1 - \hat{\sigma}_2 + z(\alpha/2) \cdot \sqrt{\frac{1}{4n_1} + \frac{1}{4n_2}} \qquad (8.31)$$

(8.30) より,$\mu_1 - \mu_2$ についての信頼係数 $1-\alpha$ の漸近的な信頼区間は,次によって与えられる.

$$\hat{\mu}_1 - \hat{\mu}_2 - z(\alpha/2) \cdot \sqrt{\frac{\hat{\mu}_1}{n_1} + \frac{\hat{\mu}_2}{n_2}}$$
$$< \mu_1 - \mu_2 < \hat{\mu}_1 - \hat{\mu}_2 + z(\alpha/2) \cdot \sqrt{\frac{\hat{\mu}_1}{n_1} + \frac{\hat{\mu}_2}{n_2}} \qquad (8.32)$$

(8.29) と (8.30) は見かけ上は変わらないが,よく紹介されている (8.30) は標準正規分布への収束が遅く,さらに,母数 μ_1, μ_2 にも依存する.漸近理論を使ってデータ解析に応用するならば,

$$\hat{\sigma}_i \equiv \frac{1}{2}\left\{\sqrt{\frac{W_i+1}{n_i}} + \sqrt{\frac{W_i}{n_i}}\right\} \quad \text{or} \quad \sqrt{\frac{W_i}{n_i} + \frac{3}{8n_i}}$$

として,(8.29) の正規近似がよいので,この漸近理論を使った方が良い.すなわち,(8.32) よりも (8.31) の信頼区間を使った方がよい.

[8] **同時信頼区間** 同時信頼区間を紹介する.I_1, I_2 を区間とし,

$$P(\mu_1 \in I_1, \mu_2 \in I_2) \geqq 1-\alpha$$

のとき,$\mu_1 \in I_1, \mu_2 \in I_2$ を,μ_1, μ_2 に関する信頼係数 $1-\alpha$ の**同時信頼区間**という.同時信頼区間は多重比較法の1つである.

$i=1,2$ に対して,

$$G_i \equiv \left\{\frac{\chi^2_{2W_i}\left(\{1+\sqrt{1-\alpha}\}/2\right)}{2n_i} < \mu_i < \frac{\chi^2_{2(W_i+1)}\left(\{1-\sqrt{1-\alpha}\}/2\right)}{2n_i}\right\}$$

とおく.(c.3) に対応して,次の仮定 (c.4) をおく.

$$e^{-n_i\mu_i} \leqq (1-\sqrt{1-\alpha})/2 \qquad (i=1,2) \qquad (\text{c.4})$$

このとき,G_1, G_2 は互いに独立であるので,(8.14) より,

$$P(G_1 \cap G_2) = P(G_1)P(G_2) = \{1-P(G_1^c)\}\{1-P(G_2^c)\} \geqq 1-\alpha$$

が成り立つ.これにより,

$$\frac{\chi^2_{2W_i}\left(\{1+\sqrt{1-\alpha}\}/2\right)}{2n_i} < \mu_i < \frac{\chi^2_{2(W_i+1)}\left(\{1-\sqrt{1-\alpha}\}/2\right)}{2n_i} \quad (i=1,2)$$

は，μ_1, μ_2 に関する信頼係数 $1-\alpha$ の同時信頼区間である．この同時信頼区間は正確に保守的な手法である．この 2 つの区間が交わらなければ μ_1 と μ_2 が異なると判定する．

8.5 地震データの解析

マグニチュード 9.0 の東日本大地震が 2011 年 3 月 11 日 14 時 46 分に発生した．その直前と前年 11, 12 月に日本の本土またはその近海で発生したマグニチュード 5 以上の回数を表 8.2 に示す．

表 8.2 東日本大地震以前のマグニチュード 5 以上のデータ

群	期 間	日数	回数	1 日の平均回数
第 1 群	2011 年 3 月 7 日から 3 月 10 日まで	4	21	5.25
第 2 群	2010 年 11 月 1 日から 12 月 31 日まで	61	20	0.33

表 8.2 のデータは気象庁のウェブページから入手している．インターネットが使える環境であれば誰もが入手可能である．

第 1 群と第 2 群の比較だけを考える．第 1 群を第 1 標本，第 2 群を第 2 標本として，第 1 群の第 i 日目におきたマグニチュード 5 以上の地震の回数を X_i，第 2 群の第 j 日目におきたマグニチュード 5 以上の地震の回数を Y_j とする．X_i, Y_j はポアソン分布に従い，

$$P(X_i = x) = \frac{(\mu_1)^x}{x!} e^{-\mu_1}, \qquad E(X_i) = \mu_1$$
$$P(Y_j = x) = \frac{(\mu_2)^x}{x!} e^{-\mu_2}, \qquad E(Y_j) = \mu_2$$

となる．

$\alpha = 0.01$ として [8] の同時信頼区間を求める．$n_1 = 4$, $n_2 = 61$, $w_1 = 21$, $w_2 = 20$ を当てはめると，

$$\{1+\sqrt{1-\alpha}\}/2 = 0.997, \qquad \{1-\sqrt{1-\alpha}\}/2 = 0.00506,$$

$$n_1\hat{\mu}_1 = 21, \quad n_2\hat{\mu}_2 = 20$$

であるので,

$$\max\{e^{-n_1\hat{\mu}_1}, e^{-n_2\hat{\mu}_2}\} = 2.06 \times 10^{-9} < 0.00506$$

となり, (c.4) は満たされているといってよい.

$$2w_1 = 42, \quad 2(w_1+1) = 44, \quad 2w_2 = 40, \quad 2(w_2+1) = 42$$

となる. 表計算ソフト Excel を使って,

$$\chi^2_{42}(0.997) = 20.80, \quad \chi^2_{44}(0.00506) = 74.91,$$
$$\chi^2_{40}(0.997) = 19.42, \quad \chi^2_{42}(0.00506) = 72.31$$

を得る. 上記の χ^2 分布の上側 $100\alpha\%$ 点を求める Excel の使用方法は,「まえがき」の最後にある Website を見てほしい.

$n_1 = 4, n_2 = 61$ より, 信頼係数 0.99 の同時信頼区間は,

$$2.60 < \mu_1 < 9.36, \quad 0.16 < \mu_2 < 0.59$$

となる. この 2 つの信頼区間の交わりはなく, 大地震直前はマグニチュード 5 以上の地震が異常な回数で起こっていることがわかる.

表 8.3 東日本大地震前後のマグニチュード 4 以上のデータ

群	期間	日数	回数	1 日の平均回数
第 1 群	2012 年 4 月 1 日から 4 月 30 日まで	30	97	3.23
第 2 群	2010 年 11 月 1 日から 12 月 31 日まで	61	49	0.80

震災から 1 年後と前年 11, 12 月に日本の本土またはその近海で発生したマグニチュード 4 以上の回数を表 8.3 に示す. $n_1 = 30, n_2 = 61, w_1 = 97, w_2 = 49$ である.

$$T \equiv \frac{2(\hat{\sigma}_1 - \hat{\sigma}_2)}{\sqrt{\dfrac{1}{n_1} + \dfrac{1}{n_2}}}, \quad \hat{\sigma}_i \equiv \frac{1}{2}\left\{\sqrt{\frac{W_i+1}{n_i}} + \sqrt{\frac{W_i}{n_i}}\right\} \quad (i = 1, 2)$$

として, [6], [7] の漸近的推測法を適用する.

$|T| = 8.090 > 2.576 = z(0.005)$ となり, 水準 0.01 で帰無仮説 $H_0 : \mu_1 = \mu_2$

が棄却された．さらに，

$$0.615 < \sigma_1 - \sigma_2 < 1.189$$

となり，震災から 1 年後も異常な回数の地震が続いていることが分かる．

多標本のポアソンモデルにおける平均母数の統計的多重比較法を参考文献 (著 3), (著 4) に論述していた．これらの論文で提案した手法も地震の解析に役立てることができるので参考にしてほしい．

第 9 章

尤度による
推測法の導き方

第 5 章と第 6 章の統計解析法は第 4 章の規準で最良の手法になっている．しかしながら，その証明を論述することは多くの数学的知識を要する．この章ではそれらの手法がどのように導かれるかを発見的に論述し，数多く存在する手法も統一的に導くことができることを示す．

9.1 最尤推定量

確率ベクトル $\boldsymbol{X} = (X_1, \cdots, X_n)$ の同時確率または同時密度関数を $f_n(\boldsymbol{x}|\boldsymbol{\theta})$ ($\boldsymbol{x} \in \mathfrak{X} \subset R^n, \boldsymbol{\theta} \in \boldsymbol{\Theta}$) とする．与えられた観測値 $\boldsymbol{x}$ に対して $f_n(\boldsymbol{x}|\boldsymbol{\theta})$ は $\boldsymbol{\theta}$ の関数とみることができ，この関数から $\boldsymbol{\theta}$ の尤 (もっと) もらしい推定を探す．ここで $f_n(\boldsymbol{x}|\boldsymbol{\theta})$ を $\boldsymbol{\theta}$ の関数とみるとき，この関数を**尤 (ゆう) 度関数**といい，

$$L_n(\boldsymbol{\theta}|\boldsymbol{x}) \equiv f_n(\boldsymbol{x}|\boldsymbol{\theta})$$

と書く．$L_n(\boldsymbol{\theta}|\boldsymbol{X})$ を最大にする $\boldsymbol{\theta}$ を**最尤推定量**という．すなわち，

$$L_n(\hat{\boldsymbol{\theta}}_n|\boldsymbol{X}) = \max\{L_n(\boldsymbol{\theta}|\boldsymbol{X})|\boldsymbol{\theta} \in \boldsymbol{\Theta}\}$$

なる $\hat{\boldsymbol{\theta}}_n$ が $\boldsymbol{\theta}$ の最尤推定量である．また，**対数尤度関数** $\log\{L_n(\boldsymbol{\theta}|\boldsymbol{X})\}$ を -2 倍したものを $\ell_n(\boldsymbol{\theta})$ とおく．すなわち，$\ell_n(\boldsymbol{\theta}) \equiv -2\log\{L_n(\boldsymbol{\theta}|\boldsymbol{X})\}$ とおく．ここで

$$\ell_n(\hat{\boldsymbol{\theta}}_n^{\#}) = \min\{\ell_n(\boldsymbol{\theta})|\boldsymbol{\theta} \in \boldsymbol{\Theta}\} \tag{9.1}$$

によって $\hat{\boldsymbol{\theta}}_n^{\#}$ を定義すれば $-2\log(z)$ は z の狭義減少関数より，$\hat{\boldsymbol{\theta}}_n^{\#} = \hat{\boldsymbol{\theta}}_n$ である．すなわち，$\hat{\boldsymbol{\theta}}_n^{\#}$ は最尤推定量となる．特に (9.1) を満たす $\hat{\boldsymbol{\theta}}_n^{\#}$ を求めることによって最尤推定量を求める方法は指数型の密度に対して有効である．

例 9.1 正規 1 標本モデルにおける平均と分散

5.3 節で述べた正規母集団での 1 標本モデルを考える．このとき，$\boldsymbol{X} \equiv (X_1, \cdots, X_n)$ の同時密度関数は

$$\begin{aligned} f_n(\boldsymbol{x}|\boldsymbol{\theta}) &= \prod_{i=1}^{n}\left[\frac{1}{\sqrt{2\pi}\sigma}\exp\left\{-\frac{(x_i-\mu)^2}{2\sigma^2}\right\}\right] \\ &= (2\pi\sigma^2)^{-\frac{n}{2}}\exp\left\{-\frac{\sum_{i=1}^{n}(x_i-\mu)^2}{2\sigma^2}\right\} \end{aligned}$$

で与えられる．ただし，μ, σ^2 が未知より $\boldsymbol{\theta} = (\mu, \sigma^2)$ とする．ここで，

$$\ell_n(\boldsymbol{\theta}) = n\cdot\log(2\pi\sigma^2) + \frac{\sum_{i=1}^{n}(X_i-\mu)^2}{\sigma^2} \tag{9.2}$$

を得る．$\dfrac{\partial \ell_n(\boldsymbol{\theta})}{\partial \mu} = 0, \dfrac{\partial \ell_n(\boldsymbol{\theta})}{\partial (\sigma^2)} = 0$ を解くと

$$\tilde{\mu} = \bar{X}_n = \frac{1}{n}\sum_{i=1}^{n}X_i, \qquad \tilde{\sigma}_0^2 = \frac{n-1}{n}\tilde{\sigma}_n^2 = \frac{1}{n}\sum_{i=1}^{n}(X_i-\bar{X}_n)^2$$

となり，それぞれ μ, σ^2 の最尤推定量となる．ただし，$\bar{X}_n, \tilde{\sigma}_n^2$ は 5.3 節で定義した標本平均と標本分散とする．補題 2.25 の (1) を適用して，

$$E(\tilde{\sigma}_0^2) = \frac{n-1}{n}\sigma^2 \tag{9.3}$$

が示せる．これにより，$\tilde{\sigma}_0^2$ は不偏でない，そこで通常は最尤推定量に $n/(n-1)$ を乗じて不偏にした 5.3 節の $\tilde{\sigma}_n^2$ が σ^2 の推定量として使われる．

問 9.1 (9.3) 式を示せ．

例 9.2 正規 2 標本モデルにおける平均と分散

6.2 節で論述した正規母集団での 2 標本モデルを考える．このとき，$(X_1, \cdots, X_{n_1}, Y_1, \cdots, Y_{n_2})$ の同時密度関数は

$$f_n(\boldsymbol{x}, \boldsymbol{y}|\boldsymbol{\theta}) = (2\pi\sigma^2)^{-\frac{n}{2}} \exp\left\{-\frac{\sum_{i=1}^{n_1}(x_i - \mu_1)^2 + \sum_{j=1}^{n_2}(y_j - \mu_2)^2}{2\sigma^2}\right\}$$

で与えられる．ただし，μ_1, μ_2, σ^2 がともに未知より $\boldsymbol{\theta} = (\mu_1, \mu_2, \sigma^2)$ で，$n \equiv n_1 + n_2$ とする．ここで，

$$\ell_n(\boldsymbol{\theta}) = n \cdot \log(2\pi\sigma^2) + \frac{\sum_{i=1}^{n_1}(X_i - \mu_1)^2 + \sum_{j=1}^{n_2}(Y_j - \mu_2)^2}{\sigma^2} \tag{9.4}$$

を得て，$\dfrac{\partial \ell_n(\boldsymbol{\theta})}{\partial \mu_1} = 0, \dfrac{\partial \ell_n(\boldsymbol{\theta})}{\partial \mu_2} = 0, \dfrac{\partial \ell_n(\boldsymbol{\theta})}{\partial (\sigma^2)} = 0$ を解くと

$$\tilde{\mu}_1 = \bar{X}, \qquad \tilde{\mu}_2 = \bar{Y}, \qquad \tilde{\sigma}_0^2 = \frac{n-2}{n}\tilde{\sigma}_n^2$$

となり，それぞれ μ_1, μ_2, σ^2 の最尤推定量となる．ただし，$\bar{X}, \bar{Y}, \tilde{\sigma}_n^2$ は 6.2 節で定義したものとする．補題 2.25 の (1) を適用して，

$$E(\tilde{\sigma}_0^2) = \frac{n-2}{n}\sigma^2 \tag{9.5}$$

が示せる．これにより，$\tilde{\sigma}_0^2$ は不偏でない，そこで通常は最尤推定量に $n/(n-2)$ を乗じて不偏にした 6.2 節の $\tilde{\sigma}_n^2$ が σ^2 の推定量として使われる．

問 **9.2** (9.5) 式を示せ．

9.2 尤度比検定

確率ベクトル $\boldsymbol{X} = (X_1, \cdots, X_n)$ の同時確率または同時密度関数を $f_n(\boldsymbol{x}|\boldsymbol{\theta})$ $(\boldsymbol{x} \in \mathfrak{X} \subset R^n, \boldsymbol{\theta} \in \Theta)$ とする．Θ_0 を母数空間 Θ の空でない真の部分集合とする．$\boldsymbol{\theta} \in \Theta$ での $\boldsymbol{\theta}$ の最尤推定量を $\hat{\boldsymbol{\theta}}_n$，$\boldsymbol{\theta} \in \Theta_0$ での $\boldsymbol{\theta}$ の最尤推定量を $\hat{\boldsymbol{\theta}}_n^*$ とする．すなわち，

$$L_n(\hat{\boldsymbol{\theta}}_n|\boldsymbol{X}) = \max\{L_n(\boldsymbol{\theta}|\boldsymbol{X})|\boldsymbol{\theta} \in \Theta\},$$
$$L_n(\hat{\boldsymbol{\theta}}_n^*|\boldsymbol{X}) = \max\{L_n(\boldsymbol{\theta}|\boldsymbol{X})|\boldsymbol{\theta} \in \Theta_0\}$$

である．

帰無仮説 $H_0 : \boldsymbol{\theta} \in \boldsymbol{\Theta}_0$　vs.　対立仮説 $H_1 : \boldsymbol{\theta} \in \boldsymbol{\Theta} \cap \boldsymbol{\Theta}_0^c$ 　　　(9.6)

に対して，尤度比

$$K_n \equiv \frac{L_n(\hat{\boldsymbol{\theta}}_n|\boldsymbol{X})}{L_n(\hat{\boldsymbol{\theta}}_n^*|\boldsymbol{X})}$$

が大きいとき帰無仮説 H_0 を棄却する検定法を**尤度比検定**という．すなわち，有意水準 α に依存する $t(\alpha)$ が存在して，$K_n > t(\alpha)$ のとき H_0 を棄却する方法が尤度比検定である．$\log(z)$ は z の狭義増加関数より，対数尤度比

$$\kappa_n \equiv 2\log\left\{\frac{L_n(\hat{\boldsymbol{\theta}}_n|\boldsymbol{X})}{L_n(\hat{\boldsymbol{\theta}}_n^*|\boldsymbol{X})}\right\} = \ell_n(\hat{\boldsymbol{\theta}}_n^*) - \ell_n(\hat{\boldsymbol{\theta}}_n)$$

が大きいとき帰無仮説 H_0 を棄却する検定法は尤度比検定となる．

$$P(K_n > t(\alpha)) = P(\kappa_n > 2\log\{t(\alpha)\})$$

より，$\kappa_n > 2\log\{t(\alpha)\}$ のとき H_0 を棄却する．

例 9.3　正規 1 標本モデル

5.3 節で述べた正規母集団での 1 標本モデルを考える．「帰無仮説 $H_0 : \mu = \mu_0$ vs. 対立仮説 $H_1 : \mu \neq \mu_0$」の水準 α の尤度比検定を考える．$\boldsymbol{\theta} \equiv (\mu, \sigma^2)$，$\boldsymbol{\Theta}_0 \equiv \{(\mu, \sigma^2) | \mu = \mu_0, \sigma^2 > 0\}$，$\boldsymbol{\Theta} \equiv \{(\mu, \sigma^2) | -\infty < \mu < \infty, \sigma^2 > 0\}$ とおけば，「帰無仮説 H_0 vs. 対立仮説 H_1」は (9.6) の表現となる．帰無仮説 H_0 の下での $\boldsymbol{X} \equiv (X_1, \cdots, X_n)$ の対数尤度の 2 倍は

$$\ell_n(\boldsymbol{\theta}) = n \cdot \log(2\pi\sigma^2) + \frac{\sum_{i=1}^n (X_i - \mu_0)^2}{\sigma^2}$$

である．$\dfrac{\partial \ell_n(\boldsymbol{\theta})}{\partial (\sigma^2)} = 0$ を解くと，$\tilde{\sigma}^{*2} = \dfrac{1}{n}\sum_{i=1}^n (X_i - \mu_0)^2$ となり，$\boldsymbol{\theta} \in \boldsymbol{\Theta}_0$ での最尤推定量は $\hat{\boldsymbol{\theta}}_n^* = (\mu_0, \tilde{\sigma}^{*2})$ となる．一方，例 9.1 より $\boldsymbol{\theta} \in \boldsymbol{\Theta}$ での最尤推定量は $\hat{\boldsymbol{\theta}}_n = (\bar{X}_n, \tilde{\sigma}_0^2)$ となる．ここで，

$$\ell_n(\hat{\boldsymbol{\theta}}_n^*) \equiv -2\log\{L_n(\hat{\boldsymbol{\theta}}_n^*|\boldsymbol{X})\} = n \cdot \log(2\pi\tilde{\sigma}^{*2}) + n,$$

$$\ell_n(\hat{\boldsymbol{\theta}}_n) \equiv -2\log\{L_n(\hat{\boldsymbol{\theta}}_n|\boldsymbol{X})\} = n \cdot \log(2\pi\tilde{\sigma}_0^2) + n$$

を得る．これにより，対数尤度比は，$\kappa_n = n\log(\tilde{\sigma}^{*2}/\tilde{\sigma}_0^2)$ となり，κ_n は

$$\frac{\tilde{\sigma}^{*2}}{\tilde{\sigma}_0^2} = \frac{\sum\limits_{i=1}^{n}(X_i - \mu_0)^2}{\sum\limits_{i=1}^{n}(X_i - \bar{X}_n)^2}$$

の狭義の増加関数である．さらに，

$$\sum_{i=1}^{n}(X_i - \mu_0)^2 = \sum_{i=1}^{n}(X_i - \bar{X}_n)^2 + n(\bar{X}_n - \mu_0)^2 \tag{9.7}$$

の関係を使うと，

$$\frac{\tilde{\sigma}^{*2}}{\tilde{\sigma}_0^2} = 1 + \frac{n(\bar{X}_n - \mu_0)^2}{\sum\limits_{i=1}^{n}(X_i - \bar{X}_n)^2} = 1 + \frac{1}{n-1}T_S^2$$

となる．ゆえに，κ_n は $|T_S|$ の狭義の増加関数となり，5.3 節の検定統計量と一致する．すなわち，任意の u に対して

$$P(\kappa_n > u) = P(|T_S| > v)$$

となる v が存在する．

問 9.3 (9.7) 式を示せ．

例 9.4 正規 2 標本モデル

6.2 節で述べた正規 2 標本モデルと同じ設定とする．「帰無仮説 $H_0: \mu_1 = \mu_2$ vs. 対立仮説 $H_1: \mu_1 \neq \mu_2$」の水準 α の尤度比検定を考える．$\boldsymbol{\theta} \equiv (\mu_1, \mu_2, \sigma^2)$，$\boldsymbol{\Theta}_0 \equiv \{(\mu_1, \mu_2, \sigma^2)|\mu_1 = \mu_2 = \mu, -\infty < \mu < \infty, \sigma^2 > 0\}$，$\boldsymbol{\Theta} \equiv \{(\mu_1, \mu_2, \sigma^2)|-\infty < \mu_1, \mu_2 < \infty, \sigma^2 > 0\}$ とおけば，「帰無仮説 H_0 vs. 対立仮説 H_1」は (9.6) の表現となる．帰無仮説 H_0 の下での対数尤度の 2 倍は

$$\ell_n(\boldsymbol{\theta}) = n \cdot \log(2\pi\sigma^2) + \frac{\sum\limits_{i=1}^{n_1}(X_i - \mu)^2 + \sum\limits_{j=1}^{n_2}(Y_j - \mu)^2}{\sigma^2}$$

である．$\dfrac{\partial \ell_n(\boldsymbol{\theta})}{\partial \mu} = 0, \dfrac{\partial \ell_n(\boldsymbol{\theta})}{\partial(\sigma^2)} = 0$ を解くと

$$\tilde{\mu}^* = \frac{1}{n}(n_1 \bar{X} + n_2 \bar{Y}), \qquad \tilde{\sigma}^{*2} = \frac{1}{n}\left\{\sum_{i=1}^{n_1}(X_i - \tilde{\mu}^*)^2 + \sum_{j=1}^{n_2}(Y_j - \tilde{\mu}^*)^2\right\}$$

となり，$\theta \in \Theta_0$ での最尤推定量は $\hat{\boldsymbol{\theta}}_n^* = (\tilde{\mu}^*, \tilde{\mu}^*, \tilde{\sigma}^{*2})$ となる．一方，例 9.2 より $\boldsymbol{\theta} \in \Theta$ での最尤推定量は $\hat{\boldsymbol{\theta}}_n = (\tilde{\mu}_1, \tilde{\mu}_2, \tilde{\sigma}_0^2)$ となる．ここで，

$$\ell_n(\hat{\boldsymbol{\theta}}_n^*) \equiv -2\log\{L_n(\hat{\boldsymbol{\theta}}_n^*|\boldsymbol{X},\boldsymbol{Y})\} = n \cdot \log(2\pi\tilde{\sigma}^{*2}) + n,$$

$$\ell_n(\hat{\boldsymbol{\theta}}_n) \equiv -2\log\{L_n(\hat{\boldsymbol{\theta}}_n|\boldsymbol{X},\boldsymbol{Y})\} = n \cdot \log(2\pi\tilde{\sigma}_0^2) + n$$

を得る．これにより，対数尤度比は，$\kappa_n = n\log(\tilde{\sigma}^{*2}/\tilde{\sigma}_0^2)$ となり，κ_n は

$$\frac{\tilde{\sigma}^{*2}}{\tilde{\sigma}_0^2} = \frac{\sum_{i=1}^{n_1}(X_i - \tilde{\mu}^*)^2 + \sum_{j=1}^{n_2}(Y_j - \tilde{\mu}^*)^2}{\sum_{i=1}^{n_1}(X_i - \tilde{\mu}_1)^2 + \sum_{j=1}^{n_2}(Y_j - \tilde{\mu}_2)^2}$$

の狭義の増加関数である．さらに，

$$\sum_{i=1}^{n_1}(X_i - \tilde{\mu}^*)^2 + \sum_{j=1}^{n_2}(Y_j - \tilde{\mu}^*)^2 = \sum_{i=1}^{n_1}(X_i - \tilde{\mu}_1)^2 + \sum_{j=1}^{n_2}(Y_j - \tilde{\mu}_2)^2 + \frac{n_1 n_2}{n}(\bar{X} - \bar{Y})^2 \qquad (9.8)$$

の関係を使うと，

$$\frac{\tilde{\sigma}^{*2}}{\tilde{\sigma}_0^2} = 1 + \frac{n_1 n_2 (\bar{X} - \bar{Y})^2}{n\left\{\sum_{i=1}^{n_1}(X_i - \tilde{\mu}_1)^2 + \sum_{j=1}^{n_2}(Y_j - \tilde{\mu}_2)^2\right\}} = 1 + \frac{1}{n-2}T_S^2$$

となる．ゆえに，κ_n は $|T_S|$ の狭義の増加関数となり，6.2 節の検定統計量と一致する．

問 9.4 (9.8) 式を示せ．

9.3 順位検定の導き方

　順位検定の導き方について考える．4.2 節の基準に沿って，理論的導き方により統計量は決定されるが，厳密な理論は数学的知識を多く必要とするので，ここでは発見的な方法を紹介する．正規分布の場合の最良な検定統計量を T_S の記号を使って表示した．この T_S を基に順位検定を導く．

例 9.5　符号付順位検定

5.4 節の設定で，$Y_1 \equiv X_1 - \mu_0, \cdots, Y_n \equiv X_n - \mu_0$ とおけば，5.3 節の t 検定統計量は，$\boldsymbol{Y} \equiv (Y_1, \cdots, Y_n)$ の関数となる．ここで，$U(\boldsymbol{Y}) \equiv T_S$ で $Y_1, \cdots, Y_n$ の代わりに $\mathrm{sign}(Y_1)R_1^+, \cdots, \mathrm{sign}(Y_n)R_n^+$ を代入すると，

$$U(\mathbf{sign}(\boldsymbol{Y})\boldsymbol{R}^+) = \frac{\sqrt{n-1}T_R}{\sqrt{\frac{1}{6}n^2(n+1)(2n+1) - T_R^2}}$$

となる．$|U(\mathbf{sign}(\boldsymbol{Y})\boldsymbol{R}^+)|$ は 5.4 節の $|T_R|$ の狭義増加関数であり，$U(\mathbf{sign}(\boldsymbol{Y})\boldsymbol{R}^+)$ は T_R の狭義増加関数である．すなわち，任意の u, u' に対して，

$$P(|U(\mathbf{sign}(\boldsymbol{Y})\boldsymbol{R}^+)| > u) = P(|T_R| > v),$$
$$P(U(\mathbf{sign}(\boldsymbol{Y})\boldsymbol{R}^+) > u') = P(T_R > v')$$

となる v, v' が存在する．「帰無仮説 $H_0 : \mu = \mu_0$ vs. 対立仮説 $H_1 : \mu \neq \mu_0$」の検定として $|U(\mathbf{sign}(\boldsymbol{Y})\boldsymbol{R}^+)|$ が大きいとき帰無仮説 H_0 を棄却することは，$|T_R|$ が大きいとき帰無仮説 H_0 を棄却することと同値である．したがって「帰無仮説 $H_0 : \mu_1 = \mu_0$ vs. 対立仮説 $H_2 : \mu_1 > \mu_0$」の検定として $U(\mathbf{sign}(\boldsymbol{Y})\boldsymbol{R}^+)$ が大きいとき帰無仮説 H_0 を棄却することは，T_R が大きいとき帰無仮説 H_0 を棄却することと同値である．この方法により 5.4 節のウィルコクソンの符号付順位検定法が得られる．

例 9.6　2 標本順位検定

6.2 節の t 検定統計量 $U(\boldsymbol{X}, \boldsymbol{Y}) \equiv T_S$ で，$X_1, \cdots, X_{n_1}, Y_1, \cdots, Y_{n_2}$ の代わりに 6.3 節で定義した順位 $R_1, \cdots, R_n$ を代入すると，$\bar{R} \equiv \frac{1}{n_1}\sum_{i=1}^{n_1} R_i$，$\bar{R}^* \equiv \frac{1}{n_2}\sum_{j=n_1+1}^{n} R_j$ とおくことにより，

$$U(\boldsymbol{R}) = \frac{\sqrt{(n-2)n_1 n_2}(\bar{R} - \bar{R}^*)}{\sqrt{n\left\{\sum_{i=1}^{n_1}(R_i - \bar{R})^2 + \sum_{j=n_1+1}^{n}(R_j - \bar{R}^*)^2\right\}}}$$

となる．ここで，$\sum_{i=1}^{n} R_i = \sum_{i=1}^{n} i = \frac{1}{2}n(n+1)$ より，

$$\bar{R} - \bar{R}^* = \bar{R} - \frac{1}{n_2}\left\{\frac{1}{2}n(n+1) - n_1\bar{R}\right\}$$
$$= \left(1 + \frac{n_1}{n_2}\right)\bar{R} - \frac{n(n+1)}{2n_2} = \left(\frac{n}{n_2}\right)T_R \qquad (9.9)$$

と表せる.ただし,T_R は 6.3 節で定義した順位検定統計量とする.(9.8) の関係式を使うと

$$\sum_{i=1}^{n_1}(R_i - \bar{R})^2 + \sum_{j=n_1+1}^{n}(R_j - \bar{R}^*)^2 = \sum_{i=1}^{n}\left(i - \frac{n+1}{2}\right)^2 - \frac{n_1 n_2}{n}(\bar{R} - \bar{R}^*)^2 \qquad (9.10)$$

となる.(9.9), (9.10) より,ある定数 $c_n, d_n > 0$ が存在して,

$$U(\boldsymbol{R}) = \frac{d_n T_R}{\sqrt{c_n - T_R^2}} \qquad (9.11)$$

と表現できる.ここで,$|U(\boldsymbol{R})|$ は 6.3 節の $|T_R|$ の狭義増加関数であり,$U(\boldsymbol{R})$ は T_R の狭義増加関数である.「帰無仮説 $H_0: \mu_1 = \mu_2$ vs. 対立仮説 $H_1: \mu_1 \neq \mu_2$」の検定として $|U(\boldsymbol{R})|$ が大きいとき帰無仮説 H_0 を棄却することは,$|T_R|$ が大きいとき帰無仮説 H_0 を棄却することと同値である.また,「帰無仮説 $H_0: \mu_1 = \mu_2$ vs. 対立仮説 $H_2: \mu_1 > \mu_2$」の検定として $U(\boldsymbol{R})$ が大きいとき帰無仮説 H_0 を棄却することは,T_R が大きいとき帰無仮説 H_0 を棄却することと同値である.この方法により 6.3 節の順位検定法が得られる.

問 9.5 (9.11) 式の c_n, d_n を求めよ.

付録 A

基礎数学と残された部分の証明

A.1 微分積分学

上限と下限

○ 集合 A に対して次の 2 つの条件 (i), (ii) を満たす実数 α があるとき，α を A の**上限**といい，$\sup A = \alpha$ と書く．

(i) すべての $x \in A$ に対して $x \leqq \alpha$

(ii) 任意に $\varepsilon > 0$ をあたえたとき，$\alpha - \varepsilon < x$ となる $x \in A$ が存在する．

○ 集合 A に対して次の 2 つの条件 (i), (ii) を満たす実数 β があるとき，β を A の**下限**といい，$\inf A = \beta$ と書く．

(i) すべての $x \in A$ に対して $x \geqq \beta$

(ii) 任意に $\varepsilon > 0$ をあたえたとき，$\beta + \varepsilon > x$ となる $x \in A$ が存在する．

注：最大，最小は存在しないことがあるが，上限と下限は必ず存在する．

上極限と下極限

○ 数列 $\{a_n\}$ に対し，

$$\limsup_{n\to\infty} a_n \equiv \lim_{N\to\infty} \sup\{a_n | N \leqq n\}, \quad \liminf_{n\to\infty} a_n \equiv \lim_{N\to\infty} \inf\{a_n | N \leqq n\}$$

と書き，それぞれ，$\{a_n\}$ の**上極限**, **下極限**という．

数列 $\{a_n\}, \{b_n\}$ に対し，

$$\limsup_{n\to\infty}(a_n+b_n) \leqq \limsup_{n\to\infty} a_n + \limsup_{n\to\infty} b_n,$$

$$\liminf_{n\to\infty}(a_n+b_n) \geqq \liminf_{n\to\infty} a_n + \liminf_{n\to\infty} b_n$$

が成り立つ．

数列の収束

○ 数列 $\{a_n\}$ が実数 α に収束する

$\iff \lim_{n\to\infty} a_n$ が存在して α に等しい ($\lim_{n\to\infty} a_n = \alpha$)

$\iff$ 任意に $\varepsilon > 0$ を与えたとき，ある N が存在して，$N < n$ となるすべての自然数 n に対して $|a_n - \alpha| < \varepsilon$

$\iff \limsup_{n\to\infty} a_n = \liminf_{n\to\infty} a_n = \alpha$

定理 A.4 上に有界な増加列は収束する．下に有界な減少列も収束する．

正項級数

$a_n \geqq 0 \ (n=1,2,\cdots)$ のとき，$\sum_{n=1}^{\infty} a_n \equiv \lim_{n\to\infty} \sum_{m=1}^{n} a_m$ を**正項級数**という．

命題 A.1 正項級数は 0 以上の実数値に収束するか $+\infty$ に発散する．

関数の連続性

○ 関数 $f(x)$ が $x = x_0$ で**連続**である

$\iff \lim_{x\to x_0} f(x)$ が存在して $f(x_0)$ に等しい ($\lim_{n\to x_0} f(x) = f(x_0)$)

$\iff$ 任意に $\varepsilon > 0$ を与えたとき，ある $\delta > 0$ が存在して，$|x - x_0| < \delta$ ならば $|f(x) - f(x_0)| < \varepsilon$

関数 $f(x)$ が $x = x_0$ で連続であるとき，x_0 は $f(x)$ の**連続点**という．

指数と正弦関数の極限

指数と正弦関数について,

$$\lim_{x\to\infty}\left(1+\frac{1}{x}\right)^x = \lim_{x\to-\infty}\left(1+\frac{1}{x}\right)^x = \lim_{x\to 0}(1+x)^{\frac{1}{x}} = e$$

$$\lim_{x\to 0}\frac{\sin x}{x} = 1, \qquad |\sin x| \leqq |x|$$

が成り立つ.

2 重積分の変数変換公式

2 次元ベクトル (t_1, t_2) から 2 次元ベクトル (x_1, x_2) への変換である (t_1, t_2) の関数を

$$(x_1, x_2) = \boldsymbol{\psi}(t_1, t_2) \equiv (\psi_1(t_1, t_2), \psi_2(t_1, t_2))$$

とする.変換 $\boldsymbol{\psi}(\cdot, \cdot)$ によって,領域 A が領域 B の上に 1 対 1 に写され,$\psi_1(t_1, t_2), \psi_2(t_1, t_2)$ は連続な偏導関数をもつとする.このとき,

$$\iint_B f(x_1, x_2) dx_1 dx_2 = \iint_A f(\boldsymbol{\psi}(t_1, t_2)) |J(\boldsymbol{\psi}(t_1, t_2))| dt_1 dt_2$$

が成り立つ.ただし,$J(\boldsymbol{\psi}(t_1, t_2))$ は第 2 章 2.8 節の (2.20) 式で y_1, y_2 をそれぞれ t_1, t_2 に替えたものでヤコビアンとよばれ,$J(\boldsymbol{\psi}(t_1, t_2)) \neq 0$ とする.

スティルチェス積分の定義

$g^+(x) \equiv \max\{g(x), 0\}$, $g^-(x) \equiv \max\{-g(x), 0\}$ とおくと,$g^+(x), g^-(x) \geqq 0$ である.$F_X(x) \equiv P(X \leqq x)$ とする.

$$\int_{-\infty}^{\infty} g^+(x) dF_X(x) \equiv \lim_{n\to\infty} \sum_{k=0}^{n2^n - 1} \frac{k}{2^n} P\left(\frac{k}{2^n} \leqq g^+(X) < \frac{k+1}{2^n}\right),$$

$$\int_{-\infty}^{\infty} g^-(x) dF_X(x) \equiv \lim_{n\to\infty} \sum_{k=0}^{n2^n - 1} \frac{k}{2^n} P\left(\frac{k}{2^n} \leqq g^-(X) < \frac{k+1}{2^n}\right)$$

でおくとき,

$$\int_{-\infty}^{\infty} g(x) dF_X(x) \equiv \int_{-\infty}^{\infty} g^+(x) dF_X(x) - \int_{-\infty}^{\infty} g^-(x) dF_X(x)$$

が,$F_X(x)$ に関する $g(x)$ のスティルチェス積分である.

A.2 本論で残した部分の証明

定理 2.3 (D5), (D6) の証明

(D5) $B_1 = A_1$, $B_i \equiv A_i - A_{i-1} (i \geqq 2)$ とおく.
$\bigcup_{n=1}^{k} B_n = A_k = \bigcup_{n=1}^{k} A_n$ より, $\bigcup_{n=1}^{\infty} B_n = \bigcup_{n=1}^{\infty} A_n$ である.
また $B_1, B_2, \cdots$ は互いに排反である. ここで定義 2.2 の (C3) と (D2) を使うと,

$$P\left(\bigcup_{n=1}^{\infty} A_n\right) = P\left(\bigcup_{n=1}^{\infty} B_n\right) = \sum_{n=1}^{\infty} P(B_n)$$
$$= \lim_{k \to \infty} \sum_{n=1}^{k} P(B_n) = \lim_{k \to \infty} P\left(\bigcup_{n=1}^{k} B_n\right) = \lim_{k \to \infty} P(A_k)$$

(D6) $B_i \equiv A_i^c$ とすると $B_1 \subset B_2 \subset \cdots \subset B_k \subset \cdots$ である. よって事象の公式 (A8), (D1), (D5) を適用して

$$1 - P\left(\bigcap_{n=1}^{\infty} A_n\right) = 1 - P\left(\left(\bigcup_{n=1}^{\infty} B_n\right)^c\right)$$
$$= P\left(\bigcup_{n=1}^{\infty} B_n\right)$$
$$= \lim_{n \to \infty} P(B_n) = 1 - \lim_{n \to \infty} P(B_n^c)$$
$$= 1 - \lim_{n \to \infty} P(A_n)$$

を得る. ゆえに,

$$P\left(\bigcap_{n=1}^{\infty} A_n\right) = \lim_{n \to \infty} P(A_n)$$

となる. □

補題 2.11 (1), (2) の証明

(1) $C \equiv \{\omega | X(\omega) < a\}$ とおく. $A_n \subset C$ は自明. よって, $\bigcup_{n=1}^{\infty} A_n \subset C$ である. $\omega \in C$ とすると, $X(\omega) < a$. (E1) より, $a - X(\omega) > 1/n_0$ を満たす $n_0 \in \mathbf{N}$ が存在する. ここで, $\omega \in A_{n_0} \subset \bigcup_{n=1}^{\infty} A_n$ である. ここで前半の等式が示さ

れた．

$D \equiv \{\omega | X(\omega) \leqq a\}$ とおく．$D \subset B_n$ は自明．よって，(i) $\bigcap_{n=1}^{\infty} B_n \supset D$ である．$\bigcap_{n=1}^{\infty} B_n - D \neq \emptyset$ と仮定すると，$\omega_0 \in \bigcap_{n=1}^{\infty} B_n - D$ となるある ω_0 が存在する．(ii) $\omega_0 \in \bigcap_{n=1}^{\infty} B_n$ かつ (iii) $\omega_0 \notin D$ が成り立つ．(iii) より，$X(\omega_0) > a$ である．(E1) より，$X(\omega_0) - a > 1/n_1$ を満たす $n_1 \in \boldsymbol{N}$ が存在する．$\omega_0 \notin B_{n_0}$．ここで，$\omega_0 \notin \bigcap_{n=1}^{\infty} B_n$．これは，(ii) に矛盾．ゆえに，$\bigcap_{n=1}^{\infty} B_n - D = \emptyset$．この結果と (i) により，後半が示された (背理法を使っている)．

(2) $\bigcup_{n=1}^{\infty} A_n \subset \Omega$ は自明．$\omega \in \Omega$ とする．$X(\omega) \in R$．ここで (E2) より，$X(\omega) < n_0$ を満たす $n_0 \in \boldsymbol{N}$ が存在する．$\omega \in A_n \subset \bigcup_{n=1}^{\infty} A_n$．ここで，前半の結論が示された．

$\bigcap_{n=1}^{\infty} B_n \neq \emptyset$ と仮定すると，(a) $\omega_0 \in \bigcap_{n=1}^{\infty} B_n$ を満たす ω_0 が存在する．$X(\omega_0) \in R$．ここで (E3) より，$X(\omega_0) > -n_1$ を満たす $n_1 \in \boldsymbol{N}$ が存在する．$\omega_0 \notin B_{n_1}$ であるので，(a) に矛盾する．これにより，後半の結論が示された．□

基本定理 3.2 の証明

$I_k \equiv \int_0^k e^{-x^2} dx$ とおく．このとき，

$$I_k^2 = \int_0^k e^{-x^2} dx \cdot \int_0^k e^{-y^2} dy = \iint_{B_k} e^{-(x^2+y^2)} dxdy$$

となる．ただし，$B_k \equiv \{(x,y) | 0 \leqq x \leqq k, 0 \leqq y \leqq k\}$．さらに $C_k \equiv \{(x,y) | x^2 + y^2 \leqq k^2, 0 \leqq x, 0 \leqq y\}$ とおけば，$C_k \subset B_k \subset C_{\sqrt{2}k}$ が成り立つ．ここで

$$\iint_{C_k} e^{-(x^2+y^2)} dxdy < I_k^2 < \iint_{C_{\sqrt{2}k}} e^{-(x^2+y^2)} dxdy \tag{A.1}$$

と得る．両側の式を極座標変換 $(x = r\cos\theta, y = r\sin\theta)$ して積分すると，

$$\iint_{C_k} e^{-(x^2+y^2)}dxdy = \int_0^{\frac{\pi}{2}} d\theta \int_0^k e^{-r^2} r dr = \frac{\pi}{4}(1-e^{-k^2}),$$
$$\iint_{C_{\sqrt{2}k}} e^{-(x^2+y^2)}dxdy = \frac{\pi}{4}(1-e^{-2k^2})$$

である．$k \to \infty$ として，(A.1) の両辺とも $\frac{\pi}{4}$ に収束するので，

$$\int_0^\infty e^{-x^2} dx = \lim_{k \to \infty} I_k = \frac{\sqrt{\pi}}{2} \qquad \square$$

定理 3.11 の証明

$Y \equiv \Sigma^{-\frac{1}{2}} X,\ \nu \equiv \Sigma^{-\frac{1}{2}} \mu$ とおく．

($\Longrightarrow$) 定理 3.7 より，$Y \equiv (Y_1, \cdots, Y_n)^T \equiv \Sigma^{-\frac{1}{2}} X$ は $N_n(\nu, I_n)$ に従う．命題 3.9 より，$Y_1, \cdots, Y_n$ は互いに独立で各 Y_i は平均 ν_i，分散 1 の正規分布に従う．$b \equiv \Sigma^{\frac{1}{2}} a$ とおく．系 3.6 より 1 次結合 $a^T X = b^T Y$ は，平均 $b^T \nu = a^T \Sigma^{\frac{1}{2}} \nu = a^T \mu$，分散 $b^T b = a^T \Sigma^{\frac{1}{2}} \Sigma^{\frac{1}{2}} a = a^T \Sigma a$ の正規分布に従う．

($\Longleftarrow$) 任意の a に対して $a_1 Y_1 + \cdots + a_n Y_n = a^T Y = a^T \Sigma^{-\frac{1}{2}} X$ は $N(a^T \nu, a^T a)$ に従う．a は任意より各 Y_i は分散 1 の正規分布に従う．

また，
$$2 = V(Y_i + Y_j) = V(Y_i) + V(Y_j) + 2\mathrm{Cov}(Y_i, Y_j) = 2 + 2\mathrm{Cov}(Y_i, Y_j)$$

より，$\mathrm{Cov}(Y_i, Y_j) = 0$ が成り立ち，Y_i と Y_j $(i \neq j)$ の相関は 0 である．これは，$Y_1, \cdots, Y_n$ は互いに独立であることを示している．ゆえに，命題 3.9 より，$Y \sim N_n(\nu, I_n)$ となる．定理 3.7 より，$X = \Sigma^{\frac{1}{2}} Y \sim N_n(\Sigma^{\frac{1}{2}} \nu, \Sigma^{\frac{1}{2}} I_n \Sigma^{\frac{1}{2}}) = N_n(\mu, \Sigma)$ を得る． $\square$

定理 3.13 の証明

一般性を失うことなく，$a_1, \cdots, a_{k_1}$ を 1 次独立，かつ $b_1, \cdots, b_{k_2}$ を一次独立と仮定できる．さらに，(3.24) より，a_i と b_j は直交しているので，$a_1, \cdots, a_{k_1}, b_1, \cdots, b_{k_2}$ は一次独立な $(k_1 + k_2)$ 個の n 次元行ベクトルである．これは，$k_1 + k_2 \leqq n$ を意味している．Y, Z を次で定義する．

$$Y \equiv \begin{pmatrix} a_1 \\ a_2 \\ \vdots \\ a_{k_1} \end{pmatrix} X, \quad Z \equiv \begin{pmatrix} b_1 \\ b_2 \\ \vdots \\ b_{k_2} \end{pmatrix} X$$

このとき,系 3.12 より,$(Y^T, Z^T)^T$ は $(k_1 + k_2)$ 次元の正規分布に従う.さらに,仮定 (3.24) と命題 3.8 より,Y と Z は互いに独立である.定理 2.29 より,これらのベクトル値関数である AX と BX も互いに独立である. □

補題 3.31 の証明を与える.この証明を読む前に A.1 節で述べた関数の連続性について復習することを勧める.この補題の証明の後,スラツキーの定理と多変量中心極限定理の証明を与える.

補題 3.31 の証明

任意に $\varepsilon > 0$ を与えたとき,$\delta > 0$ が存在して,$|x - c| < \delta$ となるすべての実数 x に対して $|g(x) - g(c)| < \varepsilon$ となることより,

$$\{\omega \mid |g(Y_n(\omega)) - g(c)| < \varepsilon\} \supset \{\omega \mid |Y_n(\omega) - c| < \delta\}$$

である.これにより,

$$P(|g(Y_n) - g(c)| < \varepsilon) \geqq P(|Y_n - c| < \delta) = 1 - P(|Y_n - c| \geqq \delta)$$

を得る.$n \to \infty$ として最右辺は 1 に収束する.ゆえに,

$$\lim_{n \to \infty} P(|g(Y_n) - g(c)| \geqq \varepsilon) = 1 - \lim_{n \to \infty} P(|g(Y_n) - g(c)| < \varepsilon) = 0$$

が成り立つ. □

定理 3.32 (スラツキーの定理) の証明

(1) 確率変数 W の分布関数を $F_W(x)$ で書くことにする.x を $Z + c$ の分布関数の連続点とすれば,定理 2.15 より分布関数の不連続点は高々可算個,ゆえに $x \pm \varepsilon$ が $Z + c$ の分布関数の連続点となるような十分小さな正の数 ε をとることができる.

$$\Omega = \{Y_n \geqq c - \varepsilon\} + \{Y_n < c - \varepsilon\}$$

より,

$$F_{Y_n+Z_n}(x) = P(Y_n + Z_n \leqq x, Y_n \geqq c - \varepsilon) + P(Y_n + Z_n \leqq x, Y_n < c - \varepsilon)$$
$$= P(\{\omega | Y_n(\omega) + Z_n(\omega) \leqq x \text{ かつ } Y_n(\omega) \geqq c - \varepsilon\})$$
$$+ P(\{\omega | Y_n(\omega) + Z_n(\omega) \leqq x \text{ かつ } Y_n(\omega) < c - \varepsilon\})$$
$$= P(\{\omega | Y_n(\omega) + Z_n(\omega) \leqq x \text{ かつ } -Y_n(\omega) \leqq -c + \varepsilon\})$$
$$+ P(\{\omega | Y_n(\omega) + Z_n(\omega) \leqq x \text{ かつ } Y_n(\omega) < c - \varepsilon\})$$
$$\leqq P(\{\omega | Z_n(\omega) \leqq x - c + \varepsilon\}) + P(\{\omega | |Y_n(\omega) - c| > \varepsilon\})$$
$$= P(Z_n \leqq x - c + \varepsilon) + P(|Y_n - c| > \varepsilon)$$
$$= F_{Z_n+c}(x + \varepsilon) + P(|Y_n - c| > \varepsilon) \tag{A.2}$$

を得る. さらに,

$$\lim_{n \to \infty} F_{Z_n+c}(x) = \lim_{n \to \infty} P(Z_n \leqq x - c) = P(Z \leqq x - c) = F_{Z+c}(x)$$

である. ゆえに, $Z_n + c \xrightarrow{\mathcal{L}} Z + c$ が示される. よって, (A.2) を使って

$$\limsup_{n \to \infty} F_{Y_n+Z_n}(x) \leqq \lim_{n \to \infty} F_{Z_n+c}(x + \varepsilon) + \lim_{n \to \infty} P(|Y_n - c| > \varepsilon)$$
$$= F_{Z+c}(x + \varepsilon) \tag{A.3}$$

である.

$$\Omega = \{Y_n \leqq c + \varepsilon\} + \{Y_n > c + \varepsilon\}$$

より, (A.2) と同様に

$$1 - F_{Y_n+Z_n}(x)$$
$$= 1 - P(Y_n + Z_n \leqq x)$$
$$= P(Y_n + Z_n > x)$$
$$= P(Y_n + Z_n > x, Y_n \leqq c + \varepsilon) + P(Y_n + Z_n > x, Y_n > c + \varepsilon)$$
$$= P(Y_n + Z_n > x, -Y_n \geqq -c - \varepsilon) + P(Y_n + Z_n > x, Y_n > c + \varepsilon)$$
$$\leqq P(Z_n > x - c - \varepsilon) + P(|Y_n - c| > \varepsilon)$$

を得る. ここで

$$F_{Y_n+Z_n}(x) \geqq P(Z_n \leqq x-c-\varepsilon) - P(|Y_n-c|>\varepsilon)$$

となり，

$$\liminf_{n\to\infty} F_{Y_n+Z_n}(x) \geqq \lim_{n\to\infty} F_{Z_n+c}(x-\varepsilon) = F_{Z+c}(x-\varepsilon) \tag{A.4}$$

である．(A.3) と (A.4) により

$$F_{Z+c}(x-\varepsilon) \leqq \liminf_{n\to\infty} F_{Y_n+Z_n}(x) \leqq \limsup_{n\to\infty} F_{Y_n+Z_n}(x) \leqq F_{Z+c}(x+\varepsilon)$$

を得る．上式で $\varepsilon \to +0$ とすれば $\lim_{n\to\infty} F_{Y_n+Z_n}(x) = F_{Z+c}(x)$ が成り立つ．

(2) $cZ_n \xrightarrow{\mathcal{L}} cZ$ は自明で，$Y_nZ_n = (Y_n-c)Z_n + cZ_n$ より，$(Y_n-c)Z_n \xrightarrow{P} 0$ を示せばよい．任意の $\varepsilon>0$ に対して，$\pm\dfrac{\varepsilon}{\eta}$ が $F_Z(x)$ の連続点になるように $\eta>0$ をとると，

$$P(|(Y_n-c)Z_n|<\varepsilon) \geqq P(\eta\cdot|Z_n|<\varepsilon, |Y_n-c|<\eta) \tag{A.5}$$

が成り立つ．$\lim_{n\to\infty} P(|Y_n-c|<\eta) = 1$ により補題 3.30 を使って，

$$\lim_{n\to\infty} P(\eta\cdot|Z_n|<\varepsilon) = \lim_{n\to\infty} P(\eta\cdot|Z_n|<\varepsilon, |Y_n-c|<\eta) \tag{A.6}$$

が示される．(A.5), (A.6) を使うことにより，

$$\liminf_{n\to\infty} P(|(Y_n-c)Z_n|<\varepsilon) \geqq \lim_{n\to\infty} P(\eta\cdot|Z_n|<\varepsilon) = P\left(|Z|<\frac{\varepsilon}{\eta}\right)$$

である．上式の右辺で $\eta \to +0$ とすれば右辺は 1 に収束する．ゆえに，$\lim_{n\to\infty} P(|(Y_n-c)Z_n|<\varepsilon) = 1$ である．

(3) $g(x)=1/x$ で $g(x)$ を定義すれば，補題 3.31 より，$g(Y_n) \xrightarrow{P} 1/c$ が成り立つ．ここで，(2) を適用して結論を得る． □

定理 3.40 (多変量中心極限定理) の証明

$\boldsymbol{c} \equiv (c_1,\cdots,c_k)^T$ とおく．このとき，

$$\sqrt{n}\cdot\boldsymbol{c}^T(\bar{\boldsymbol{Z}}_n - \boldsymbol{\mu}) = \sqrt{n}\left(\frac{1}{n}\right)\sum_{i=1}^{n}\boldsymbol{c}^T(\boldsymbol{Z}_i - \boldsymbol{\mu})$$

となり，定理 2.27 より $E\{\boldsymbol{c}^T(\boldsymbol{Z}_i-\boldsymbol{\mu})\}=0$, $V\left(\boldsymbol{c}^T(\boldsymbol{Z}_i-\boldsymbol{\mu})\right) = \boldsymbol{c}^T\boldsymbol{\Sigma}\boldsymbol{c}$ が成

り立つ．さらに $c^T(Z_i - \mu)$ $(i=1,2,\cdots)$ は独立で同一の分布に従う．この2つのことにより，定理 3.27 の一次元中心極限定理と定理 2.27 を適用すると，

$$\sqrt{n} \cdot c^T(\bar{Z}_n - \mu) \xrightarrow{\mathcal{L}} Y \sim N(0, c^T \Sigma c)$$

が示せ，定理 3.39 より結論が導かれる． □

付録 B

分布の数表と参考文献

B.1 数表

分布の上側 $100\alpha\%$ 点を付表として載せている．しかしながら，数表にも限りがある．付表 1-5 に載せられていない連続分布の上側 100α 点は Excel を使って求めることができる．その方法の解説が「まえがき」の最後に書いた Website にある．

付表 1　標準正規分布 $N(0,1)$ の上側 $100\alpha\%$ 点: α を与えたとき
$$\int_{z(\alpha)}^{\infty} \varphi(x)dx = \alpha \text{ を満たす } z(\alpha) \text{ の値}$$

$100\alpha\%$	50	25	10	5	2.5	1	0.5	0.1
$z(\alpha)$ の値	0	0.6745	1.282	1.645	1.960	2.326	2.576	3.090

付表 2　χ_m^2 分布の上側 $\beta \equiv 100\alpha\%$ 点: α と m を与えたとき
$$\int_{\chi_m^2(\alpha)}^{\infty} f_\chi(x|m)dx = \alpha \text{ を満たす } \chi_m^2(\alpha) \text{ の値}$$

$\beta \setminus m$	1	2	3	4	5	6	7	8
5%	3.84	5.99	7.82	9.49	11.07	12.59	14.07	15.51
1%	6.64	9.21	11.35	13.23	15.09	16.81	18.48	20.09

付表 3 t_m 分布の上側 $\beta \equiv 100\alpha\%$ 点: α と m を与えたとき $\int_{t(m;\alpha)}^{\infty} f_t(x|m)dx = \alpha$ を満たす $t(m;\alpha)$ の値

$\beta \setminus m$	1	2	3	4	5	6	7	8	9	10
5%	6.31	2.92	2.35	2.13	2.02	1.94	1.89	1.86	1.83	1.81
2.5%	12.71	4.30	3.18	2.78	2.57	2.45	2.36	2.31	2.26	2.23
1%	31.82	6.96	4.54	3.75	3.36	3.14	3.00	2.90	2.82	2.76
0.5%	63.66	9.92	5.84	4.60	4.03	3.71	3.50	3.36	3.25	3.17

$\beta \setminus m$	11	12	13	14	15	16	17	18	19	20
5%	1.80	1.78	1.77	1.76	1.75	1.75	1.74	1.73	1.73	1.72
2.5%	2.20	2.18	2.16	2.14	2.13	2.12	2.11	2.10	2.09	2.09
1%	2.72	2.68	2.65	2.62	2.60	2.58	2.57	2.55	2.54	2.53
0.5%	3.11	3.05	3.01	2.98	2.95	2.92	2.90	2.88	2.86	2.85

$\beta \setminus m$	21	22	23	24	25	26	27	28	29	30
5%	1.72	1.72	1.71	1.71	1.71	1.71	1.70	1.70	1.70	1.70
2.5%	2.08	2.07	2.07	2.06	2.06	2.06	2.05	2.05	2.05	2.04
1%	2.52	2.51	2.50	2.49	2.49	2.48	2.47	2.47	2.46	2.46
0.5%	2.83	2.82	2.81	2.80	2.79	2.78	2.77	2.77	2.76	2.75

付表 4 $F_{m_2}^{m_1}$ 分布の上側 5% 点: $\alpha = 0.05$ とし m_1, m_2 を与えたとき, $\int_{F_{m_2}^{m_1}(\alpha)}^{\infty} f(x|m_1, m_2)dx = 0.05$ を満たす $F_{m_2}^{m_1}(\alpha)$ の値

$m_2 \setminus m_1$	1	2	3	4	5	6	7	8
5	6.61	5.79	5.41	5.19	5.05	4.95	4.88	4.82
6	5.99	5.14	4.76	4.53	4.39	4.28	4.21	4.15
7	5.59	4.74	4.35	4.12	3.97	3.87	3.79	3.73
8	5.32	4.46	4.07	3.84	3.69	3.58	3.50	3.44
9	5.12	4.26	3.86	3.63	3.48	3.37	3.29	3.23
10	4.96	4.10	3.71	3.48	3.33	3.22	3.14	3.07
11	4.84	3.98	3.59	3.36	3.20	3.09	3.01	2.95
12	4.75	3.89	3.49	3.26	3.11	3.00	2.91	2.85
13	4.67	3.81	3.41	3.18	3.03	2.92	2.83	2.77
14	4.60	3.74	3.34	3.11	2.96	2.85	2.76	2.70
15	4.54	3.68	3.29	3.06	2.90	2.79	2.71	2.64
16	4.49	3.63	3.24	3.01	2.85	2.74	2.66	2.59
17	4.45	3.59	3.20	2.96	2.81	2.70	2.61	2.55
18	4.41	3.55	3.16	2.93	2.77	2.66	2.58	2.51
19	4.38	3.52	3.13	2.90	2.74	2.63	2.54	2.48
20	4.35	3.49	3.10	2.87	2.71	2.60	2.51	2.45

付表 5　$F_{m_2}^{m_1}$ 分布の上側 1% 点: $\alpha = 0.01$ とし m_1, m_2 を与えたとき，$\int_{F_{m_2}^{m_1}(\alpha)}^{\infty} f(x|m_1, m_2)dx = 0.01$ を満たす $F_{m_2}^{m_1}(\alpha)$ の値

$m_2 \setminus m_1$	1	2	3	4	5	6	7	8
5	16.26	13.27	12.06	11.39	10.97	10.67	10.46	10.29
6	13.75	10.92	9.78	9.15	8.75	8.47	8.26	8.10
7	12.25	9.55	8.45	7.85	7.46	7.19	6.99	6.84
8	11.26	8.65	7.59	7.01	6.63	6.37	6.18	6.03
9	10.56	8.02	6.99	6.42	6.06	5.80	5.61	5.47
10	10.04	7.56	6.55	5.99	5.64	5.39	5.20	5.06
11	9.65	7.21	6.22	5.67	5.32	5.07	4.89	4.74
12	9.33	6.93	5.95	5.41	5.06	4.82	4.64	4.50
13	9.07	6.70	5.74	5.21	4.86	4.62	4.44	4.30
14	8.86	6.51	5.56	5.04	4.70	4.46	4.28	4.14
15	8.68	6.36	5.42	4.89	4.56	4.32	4.14	4.00
16	8.53	6.23	5.29	4.77	4.44	4.20	4.03	3.89
17	8.40	6.11	5.19	4.67	4.34	4.10	3.93	3.79
18	8.29	6.01	5.09	4.58	4.25	4.01	3.84	3.71
19	8.19	5.93	5.01	4.50	4.17	3.94	3.77	3.63
20	8.10	5.85	4.94	4.43	4.10	3.87	3.70	3.56

付表 6　ウィルコクソンの符号付順位統計量 T_R の上側分位点 $w^s(n; \alpha)$: α と n を与えたとき，$P_0(T_R > w^s(n; \alpha)) \leqq \alpha$ かつ $P_0(T_R \geqq w^s(n; \alpha)) > \alpha$ を満たす $w^s(n; \alpha)$ の値. 2.5% 点と 0.5% 点は，それぞれ，両側 5% 点と両側 1% 点である.

	100α%					100α%			
n	5%	2.5%	1%	0.5%	n	5%	2.5%	1%	0.5%
7	20	22	26	28	17	69	83	97	105
8	24	28	32	34	18	75	89	105	115
9	27	33	37	41	19	82	96	114	124
10	33	37	43	47	20	88	104	122	134
11	38	44	50	54	21	95	113	131	145
12	42	50	58	62	22	101	121	141	155
13	47	55	65	71	23	108	128	150	166
14	53	61	73	79	24	116	136	160	176
15	58	68	80	88	25	123	145	171	187
16	64	76	88	96	26	129	153	181	199

付表 7　ウィルコクソンの順位和統計量 T_R の上側分位点 $w(n, n_1; \alpha)$: α と n, n_1 を与えたとき, $P_0(T_R > w(n, n_1; \alpha)) \leqq \alpha$ かつ $P_0(T_R \geqq w(n, n_1; \alpha)) > \alpha$ を満たす $w(n, n_1; \alpha)$ の値. $w(n, n - n_1; \alpha) = w(n, n_1; \alpha)$ が成り立つ.

n	n_1	$100\alpha\%$				n	n_1	$100\alpha\%$			
		5%	2.5%	1%	0.5%			5%	2.5%	1%	0.5%
10	3	7.5	8.5	9.5	10.5	16	8	16.0	18.0	22.0	24.0
10	4	8.0	9.0	10.0	11.0	17	3	13.0	15.0	18.0	19.0
10	5	7.5	9.5	10.5	11.5	17	4	15.0	17.0	20.0	22.0
11	3	8.0	9.0	11.0	12.0	17	5	16.0	18.0	21.0	23.0
11	4	9.0	10.0	12.0	13.0	17	6	16.0	19.0	23.0	25.0
11	5	9.0	11.0	12.0	13.0	17	7	17.0	20.0	23.0	25.0
12	3	8.5	10.5	11.5	12.5	17	8	17.0	20.0	24.0	26.0
12	4	10.0	11.0	13.0	14.0	18	3	14.5	16.5	18.5	19.5
12	5	10.5	11.5	13.5	15.5	18	4	16.0	18.0	21.0	23.0
12	6	10.0	12.0	14.0	15.0	18	5	16.5	19.5	22.5	24.5
13	3	10.0	11.0	13.0	14.0	18	6	18.0	21.0	24.0	26.0
13	4	11.0	13.0	14.0	16.0	18	7	18.5	21.5	25.5	27.5
13	5	11.0	13.0	15.0	17.0	18	8	19.0	22.0	26.0	28.0
13	6	12.0	14.0	16.0	17.0	18	9	18.5	22.5	25.5	28.5
14	3	10.5	12.5	14.5	15.5	19	3	15.0	17.0	20.0	21.0
14	4	12.0	14.0	16.0	17.0	19	4	17.0	19.0	22.0	24.0
14	5	12.5	14.5	16.5	18.5	19	5	18.0	21.0	24.0	27.0
14	6	13.0	15.0	17.0	19.0	19	6	19.0	22.0	26.0	28.0
14	7	12.5	15.5	17.5	19.5	19	7	20.0	23.0	27.0	29.0
15	3	12.0	13.0	15.0	16.0	19	8	20.0	24.0	28.0	30.0
15	4	13.0	15.0	17.0	19.0	19	9	20.0	24.0	28.0	31.0
15	5	13.0	16.0	18.0	20.0	20	3	15.5	18.5	20.5	22.5
15	6	14.0	16.0	19.0	21.0	20	4	17.0	20.0	24.0	26.0
15	7	14.0	17.0	20.0	21.0	20	5	18.5	22.5	25.5	28.5
16	3	12.5	14.5	16.5	17.5	20	6	20.0	24.0	28.0	30.0
16	4	14.0	16.0	18.0	20.0	20	7	20.5	24.5	28.5	31.5
16	5	14.5	17.5	19.5	21.5	20	8	21.0	25.0	30.0	32.0
16	6	15.0	18.0	21.0	23.0	20	9	21.5	25.5	30.5	32.5
16	7	15.5	18.5	21.5	23.5	20	10	22.0	26.0	30.0	33.0

B.2　参考文献

統計書として，
- (統 1) 赤平昌文『統計解析入門』 森北出版 (2003).
- (統 2) 国沢清典，羽鳥裕久『数理統計演習』 サイエンス社 (1977).
- (統 3) 竹内啓，藤野和建 『2 項分布とポアソン分布』 東京大学出版会 (1981).
- (統 4) 柳川堯『統計数学』 近代科学社 (1990).
- (統 5) 坂田年男，高田佳和，百武弘登 『基礎統計学』 朝倉書店 (1992).
- (統 6) 長畑秀和『R で学ぶ統計学』共立出版 (2009).
- (統 7) 杉山高一，藤越康祝，杉浦成昭，国友直人 編集 『統計データ科学事典』 朝倉書店 (2007).
- (統 8) Hájek, J., Šidák, Z. and Sen, P. K. *Theory of Rank Tests*, 2nd Edition, Academic Press (1999).
- (統 9) Lehmann, E. L. and Casella, G. *Theory of Point Estimation*, 2nd Edition, Springer (1998).

を参考にした．(統 1) 〜 (統 4) は数理統計の理論的書籍で，(統 5), (統 6) はデータ解析用に説明がうまく書かれた書籍である．(統 7) は著者もかかわった事典である．(統 8), (統 9) は本文中に引用した．次の 2 つの英語の論文も本文中に引用した．

- (論 1) Anscombe, F. J., The transformation of Poisson, binomial, and negative binomial data, *Biometrika*, **35**. 246–254 (1948).
- (論 2) Freeman, M. F. and Tukey, J. W., Transformations related to the angular and the square root, *Ann. Math. Statist.* **21**, 607–611 (1950).

本書のより深い理解を与える数学の書籍として，
- (数 1) 酒井文雄 『大学数学の基礎』 共立出版 (2011).
- (数 2) 中内伸光 『数学の基礎体力をつけるためのろんりの練習帳』 共立出版 (2002).
- (数 3) 飯高茂 『微積分と集合 そのまま使える答えの書き方』 講談社サイエンティフィク (1999).

(数 4) 原惟行，松永秀章 『イプシロン・デルタ論法完全攻略』 共立出版 (2011).
(数 5) 桑村雅隆 『微分積分入門』 裳華房 (2008).
(数 6) 志賀浩二 『複素数 30 講』 朝倉書店 (1989).
(数 7) 伊藤清三 『ルベーグ積分入門』 裳華房 (1963).
(数 8) 伊藤清 『確率論』 岩波基礎数学選書 岩波書店 (1991).

をあげておく．(数 1), (数 2), (数 3) に数理論理学の基礎が書かれている．(数 5) は微分積分をやさしく書いている．(数 7), (数 8) を，それぞれ，積分論，確率論の名著として引用している．

本書に関わる拙書または拙論として
(著 1) 白石高章 『多群連続モデルにおける多重比較法——パラメトリック，ノンパラメトリックの数理統計』 共立出版 (2011).
(著 2) 白石高章 『統計科学——パラメトリック，ノンパラメトリック，セミパラメトリックの基礎から，Esoft, Excel によるデータ解析まで』日本評論社 (2003).
(著 3) 白石高章 多群の 2 項モデルとポアソンモデルにおけるすべてのパラメータの多重比較法，日本統計学会和文誌, **42**, 55–90 (2012).
(著 4) Shiraishi, T., Multiple comparison procedures for Poisson parameters in multi-sample models, *Behaviormetrika*, **39**, 167–182 (2012).
(著 5) 白石高章，多群 2 項モデルにおける逆正弦変換による多重比較検定法，応用統計学, **40**, 1–17 (2011).
(著 6) 白石高章，多群 2 項モデルにおける対数変換による同時信頼区間，応用統計学, **38**, 131–150 (2009).

がある．(著 1) は，数学的に精密な証明を載せているため，頻繁に引用した．本書では第 7, 8 章以外は，(著 2) をやさしい内容に改訂したものである．さらに (著 2) で述べていたセミパラメトリック法を削除している．(著 3)〜(著 6) において，第 7, 8 章の発展として多重比較法を論じた．また，日本統計学会の許可を得て，(著 3) の第 2 節と第 6 節を詳しく書きかえ本書の第 7, 8 章に載せた．

あとがき

　統計科学の数理的研究も将来目指せるように，事象，確率測度，確率変数等を，曖昧にしないように書いた．このために，近年微分積分学の教科書にとりいれられている数理論理学 (記号論理学) の初歩を説明することから始めた．統計学の書籍では初めてであるが理解を円滑にする入り方になっている．
　市販されているほとんどの統計書において，連続型のデータに関しては，正規分布に従う場合の推測論だけを載せている．これではデータ解析としては十分でないので，観測値の従う分布が未知であっても統計解析が可能な順位に基づくノンパラメトリック法も論じた．ノンパラメトリック論は，検定と信頼区間に関して，正確な手法と漸近的な手法を紹介した．さらに，分布と外れ値に関する頑健性も解説した．独立性を仮定しない，通常の設定条件よりも緩い設定の下で，2 標本のノンパラメトリック法が行えることを，6.5 節で論じた．より詳しいノンパラメトリック論と多標本モデルの統計理論については，拙書『多群連続モデルにおける多重比較法』を読んでもらうとよい．
　2 項分布の理論を使う比率のモデルに関する手法として，F 分布を使った正確な手法とよばれている推測法が知られている．著者の最近の研究で，正確な手法とよばれている推測法は，実は正確に保守的な推測法であることが分かり，すべての文献に正則条件も不足していることを発見した．自由度が 0 の F 分布を定義することにより，うまく定義された (well-defined) F 分布の上側確率と 2 項分布の上側または下側確率が一致していることを，補題 7.5 として述べた．補題 7.5 に対応する表現が，これまでの書籍では，明解になっていなかった．補題 7.5 を使って，事象と確率変数の関係を定理 7.6 で述べた．これによって，正確に保守的な推測法と正確な推測法について，詳細に厳密な解説を行うことができた．第 7 章の最後の節で，連続モデルの場合と 2 項モデルの場合の漸近的な相違を述べた．2 標本の一般化である多標本の比率のモデルの多重比較理論を学ぶには，参考文献の (著 3), (著 5), (著 6) を読んでもらうとよい．
　稀におこる現象の回数はポアソン分布に従う．ポアソン分布に従う観測値の

データは，いくらでも存在し，ポアソンモデルの統計手法は重要である．しかしながら，比率のモデルに関する手法と同様に，正確な手法とよばれている推測法は，正確に保守的な推測法であり，すべての文献で正則条件も不足していた．補題 8.3 と定理 8.4 を導き，この 2 つの結果を介して，上記の内容の修正を，厳密に解説した．第 8 章の最後の節で，紹介した統計手法を使って，東日本大地震のデータを解析した．多標本のポアソンモデルの統計理論を知るには，参考文献の (著 3), (著 4) を読んでもらうとよい．

筆者は，現在，離散モデルの推測法，多重比較法，ノンパラメトリック法の研究を主に行っている．これらの研究を基に，本書の第 6 〜 8 章の内容を執筆した．それらの研究成果は，日本学術振興会科学研究費補助金基盤研究 (C) 及び 2012 年度南山大学パッヘ研究奨励金 I-A-2 の援助を受けたことによって得られた．

現在，データ解析用の書籍が数多く出版されている．実際のデータに適用できる統計解析法を記述しており，ブラックボックス化された知識を与えてくれる．しかしながら，必ずしもすべてのページに間違いもなく最適な手法が書かれているわけではない．また，統計科学の進展はめまぐるしいにもかかわらず古典的な手法のみが紹介されているものもある．データ解析用の書籍は，執筆者の知識と思考を公表しているものであると考え，最適な手法は，自らその理由を理解し使われることが望ましい．

実際，知識だけを書いた書籍から，最適性の数理理論により，もっと良い手法があることや誤りを発見することがある．文献を読み，新たな問題を発見し解決するには，その人がどれだけ数理の知識と厳密な数学を積んできたかにも依存する．また，文献そのものを疑うことも研究の 1 つである．その場合，誤りを発見し訂正できる能力は，これまで真摯に数理に取り組み数理の基礎をどれだけ吸収できたかに依る．数理の能力をあげれば，データ解析用の書籍から研究内容を見つけることも可能になる．読者には，数理理論による統計科学の基礎と数学をさらに広く学ぶことを希望する．

2012 年 7 月

白石 高章

索引

数字・アルファベット

0 について対称な分布	98
$100(1-\alpha)\%$信頼区間	152
1 次元データ	2
1 標本モデル	136
2 項定理	202
2 項分布	202
2 次元確率ベクトル	64
2 次元正規分布	107
2 次元離散型確率ベクトル	65
2 重積分の変数変換公式	85, 253
2 標本モデル	136
F 分布	116, 207
t 検定	165, 185
t 分布	118

あ

アルキメデスの公理	50
異常値	26
異常値をもつ混合正規分布	159
一様最強力検定	143
一様最小分散不偏推定量	148
一様分布	158
一致推定量	151
ウィルコクソンの順位検定	188
ウィルコクソンの符号付順位検定	167
ウェルチの検定法	188
ウォルシュの平均	174

か

階級	5
階級値	5
カイ二乗分布	115
下極限	252
確率関数	55
確率空間	37
確率収束	127
確率測度	37
確率変数	49
下限	251
可算集合	32
仮説検定	137
可測集合	36
可測集合族	36
片側仮説	164, 184
頑健性	25
ガンマ関数	111
ガンマ分布	111, 226
棄却域	166
記号論理	29
期待値	57, 67
帰無仮説	137
逆関数	158
共分散	69
極値	15
寄与率	18
空事象	27
区間推定	147, 167, 187
組合せ	202
クラメル–ウォルドのテクニック	134
クラメル–ラオの下限	150
クラメル–ラオの不等式	150
グリベンコの定理	128
経験分布関数	178
決定係数	18
検出力	142, 176, 196
検出力関数	142
検定	140
検定関数	140
検定統計量	141
混合正規分布	159

さ

最強力検定	143

最小二乗法	16	正規分布	93
再生的	97	正則	100
最尤推定量	243	正定値対称行列	101
差事象	28	積事象	28
残差平方和	18	説明変数	16
散布図	12	漸近的な検定	214, 217, 234, 237
試行	27	漸近的な信頼区間	214, 218, 234, 237
事象	27	漸近分布	128
事象族	34	漸近理論	128
二乗損失	147	線形重回帰式	23
指数型分布族	148	線形重回帰モデル	23
指数分布	112, 226	線形単回帰直線	17
実現値	123	線形単回帰モデル	16
質的データ	2	全事象	27
従属	44	尖度	61
従属変数	16	相関係数	69
周辺分布関数	65, 73	相関図	12
周辺密度関数	66, 74	相関表	12
シュミットの正規直交化法	101	相対効率	148, 177, 197
シュワルツの不等式	15, 68	相対度数	6
順位区間推定	174, 193	存在命題	30
順位分布	122		
順序統計量	124	**た**	
上極限	252	タイ	192
上限	251	第1種の誤り	137
条件付確率	43, 81	対角行列	101
条件付確率測度	43	対偶法	31, 32
条件付期待値	71, 80	対称な分布	98
条件付確率関数	66, 79	大数の法則	126
条件付分散	71, 80	対数尤度関数	243
条件付密度関数	67, 80	第2種の誤り	137
信頼係数 $1-\alpha$ の信頼区間	151	対立仮説	137
水準 α の検定	139, 140	互いに独立	44, 47, 65, 66, 74, 81
推定量	147	高々可算	32
スティルチェス積分	57, 253	多項分布	125
スラッキーの定理	131	多次元確率ベクトル	73
正確な検定	212, 232	多次元正規分布	104
正確に保守的な検定	211, 231	多次元データ	4
正確に保守的な信頼区間	210, 231	多次元分布	122

索引 | 271

多次元離散型確率ベクトル	74
多重比較法	220
多変量中心極限定理	134
多変量分布	122
チェビシェフの不等式	62
中心極限定理	128
直接法	31
直和	28
対をなすデータ	155
デルタ法	132
点推定	147
同時信頼区間	220, 238
同時確率	65
同時分布関数	65, 73
同時密度関数	66, 74
同値 $\iff$	14
特性関数	92
特性関数と分布関数は1対1対応	92
独立変数	16
度数	6
度数分布表	5
ド・モルガン	31

な

並べ替え t 検定	194
並べ替え分布	124
ネイマン–ピアソン	142, 143
ネイマン–ピアソンの基本定理	144

は

排反	28
背理法	31, 63, 255
箱ひげ図	10
外れ値	26
非心 t 分布	120
ヒストグラム	6
被説明変数	16
肥満度	5
標準正規分布	93

標準偏差	59
標本	2
標本 $100\alpha\%$ 点	9
標本共分散	14
標本空間	27, 135
標本サイズ	164, 184
標本尖度	11
標本相関係数	13
標本第 1 四分位点	9
標本第 3 四分位点	9
標本第 2 四分位点	9
標本中央値	9
標本抽出	2
標本特性値	8
標本範囲	11
標本標準偏差	8
標本変動係数	8
標本分散	8
標本平均	8
標本メディアン	9
標本レンジ	11
標本歪度	11
頻度関数	55
フィッシャー情報量	150
符号	167
負の 2 項分布	205, 227
不偏推定量	148
分割表	4
分散	59
分散安定化変換	213, 234
分散共分散行列	77
分布関数	53
分布収束	128, 134
分布に従う	95
分布の $100\alpha\%$ 点	63
分布の上側 $100\alpha\%$ 点	64
分布の第 1 四分位点	63
分布の第 3 四分位点	64
分布の第 2 四分位点	64

分布の探索	179
分布の中央値	64
分布のメディアン	64
分布は 0 について対称	156
分布は μ について対称	156
分類	4
平均	77
平均値	58
平均二乗誤差	147
ベイズの法則	43
ベータ関数	112
ベータ分布	112
巾等行列	102
ベルヌーイ試行	202, 216
ポアソン過程	225
ポアソン分布	224
法則収束	128, 134
補事象	28
母集団	1, 27
母数空間	135
ボックス–ミュラー	161
ホッジス–レーマン順位推定量	174, 192

ま

マクローリンの級数展開	90
マクローリンの展開式	90
マルコフの不等式	62
密度関数	55
無相関	69
モーメント	59

や

ヤコビアン	85, 253
有意水準	139, 140
有意水準点	141
尤度関数	243
尤度比検定	246
余事象	28

ら

離散型	2
離散型確率変数	55
離散分布	55
両側仮説	164, 184
両側指数分布	159
量的データ	2
累積相対度数	6
累積度数	6
累積度数グラフ	6
連続	252
連続型	2
連続型確率変数	55
連続点	252
連続分布	55
ロジスティック分布	159
ロジット変換	215, 218, 219
ロピタルの定理	89

わ

歪度	61
和事象	28

白石高章（しらいし・たかあき）

略歴
1955 年　福岡県に生まれる
1980 年　九州大学大学院理学研究科博士前期課程修了
1981 年　九州大学大学院理学研究科博士後期課程中退
1981 年　筑波大学数学系助手
1987 年　筑波大学数学系講師
1988 年　横浜市立大学理学部助教授
2000 年　横浜市立大学大学院総合理学研究科教授
現　在　南山大学理工学部教授．理学博士
著　書　『統計科学』（日本評論社, 2003）
　　　　『統計データ科学事典』（分担執筆，朝倉書店, 2007）
　　　　『多群連続モデルにおける多重比較法』（共立出版, 2011）

とうけいかがく　　き そ
統計科学の基礎────データと確率の結びつきがよくわかる数理
2012 年 10 月 10 日　第 1 版第 1 刷発行
2022 年 12 月 25 日　第 1 版第 4 刷発行

　　　著　者　　　　　　　　　　白　石　高　章
　　　発行所　　　　　　　　株式会社 日本評論社
　　　　　　　〒170-8474 東京都豊島区南大塚 3-12-4
　　　　　　　　　　　　　電話　(03) 3987-8621［販売］
　　　　　　　　　　　　　　　　(03) 3987-8599［編集］
　　　印　刷　　　　　　　　　　三美印刷株式会社
　　　製　本　　　　　　　　　株式会社難波製本
　　　装　幀　　　　　　　　Malpu Design（清水良洋）

JCOPY〈(社)出版者著作権管理機構 委託出版物〉
本書の無断複写は著作権法上での例外を除き禁じられています．複写される場合は，そのつど事前に，(社)出版者著作権管理機構（電話 03-5244-5088, FAX 03-5244-5089, e-mail: info@jcopy.or.jp）の許諾を得てください．
また，本書を代行業者等の第三者に依頼してスキャニング等の行為によりデジタル化することは，個人の家庭内の利用であっても，一切認められておりません．

Ⓒ Takaaki Shiraishi 2012　　　　　Printed in Japan
　　　　　　　　　　　　ISBN978-4-535-78700-1

現代統計学

統計教育大学間連携ネットワーク[監修]
美添泰人・竹村彰通・宿久洋[編集]

ビッグデータ解析や機械学習など近年大きく変化した統計手法に対応し、これから統計を学ぶ人に必要な基礎理論を解説した一冊。　◆A5判／定価2,970円（税込）

実例で学ぶ確率・統計

廣瀬英雄[著]

身近な話題に関する例題から入り、その背景にある確率・統計の概念を学ぶ。中心極限定理や、ビッグデータ解析で使う回帰も詳述。　◆A5判／定価3,080円（税込）

［新装版］
確率の基礎から統計へ

吉田伸生[著]

確率の入門から統計の初歩までやさしく解説。身近で興味が持てそうな例から始め、抽象的な数学的概念に親しめるよう配慮。　◆A5判／定価2,420円（税込）

統計学ガイダンス

日本統計学会＋数学セミナー編集部[著]

ビッグデータの時代に求められる統計学とは何か？　統計の学び方から先端の話題まで、統計学の「いま」を紹介。

（数学セミナー増刊）◆B5判／定価1,650円（税込）

日本評論社
https://www.nippyo.co.jp/